Günter M. Ziegler

Mathematik –
Das ist doch keine Kunst!

KNAUS

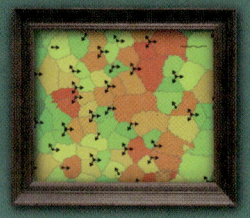

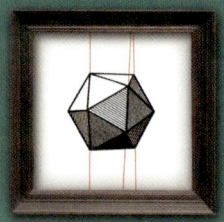

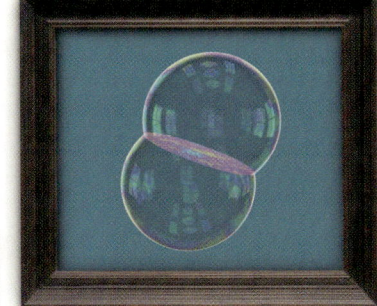

Inhalt

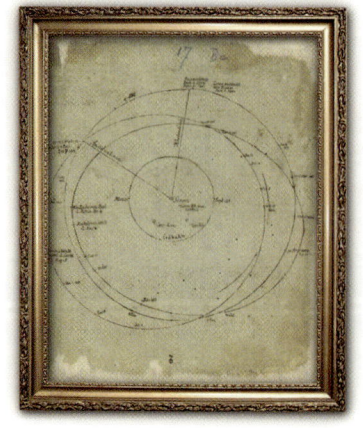

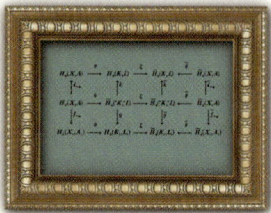

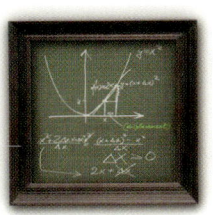

Vorschau

Bilder meiner Ausstellung

Ich bin Alice. Nicht die Blondine aus der Telefonwerbung, die sich in einem roten Band verfängt, sondern Alice im Wunderland, die sich gleich am Anfang ihrer Reise fragt: Welchen Sinn hat ein Buch ohne Bilder oder Gespräche? Und deshalb präsentiere ich Ihnen hier, ein paar Jahre nach meinem letzten Buch (*Darf ich Zahlen?* – ohne Bilder und Gespräche), mein Bilderbuch, ein Buch voller Bilder und mit vielen Gesprächen.

Ich bin ein Augen-Mensch: Deshalb fasziniert mich die Geometrie, deshalb sammle ich Bilder, und weil ich Mathematiker bin, sammle ich Bilder aus der Mathematik. Weil ich an die Kraft der Bilder glaube, habe ich im Mathematikjahr 2008 einige Kollegen um »Vorher-Nachher-Bilder« gebeten: Bilderpaare, die zeigen, was Mathematik kann. Zwei dieser Bilderpaare finden Sie in diesem Buch, unter den Überschriften »Ein Chip im Museum« und »Berlin Alexanderplatz«.

Ich bin ein Augenwinkel-Mensch: Bilder fallen mir auf. »Da war doch was!« Deshalb bin ich leider sehr anfällig für Werbung. In den Kapiteln

»Ertragswinkel« und »Möbiusbänder liegen im Trend« sehen Sie daher Fundstücke aus der Werbung. Anderes kommt – freiwillig oder nicht – aus der Zeitung.

Eigentlich würde ich gerne sagen: Ich bin nicht der Autor dieses Buches, es sind die Bilder, »die ihre Geschichte erzählen«. Das klingt ja gut, aber so einfach ist das leider nicht. Dieses Buch hat 24 Kapitel, die alle mit einem Bild oder einem Bilderpaar anfangen. Man könnte sich das wie einen Adventskalender vorstellen – auf jedem Türchen ein Bild, und macht man das Türchen auf, so findet man die Geschichte dahinter. Aber in Wahrheit erzählen viele der Bilder von selbst gar nicht so viel. Als ich im September 2012 mit diesem Buch angefangen habe, kannte ich die Geschichten auch nur unvollständig, also habe ich mich auf die Jagd gemacht, in Bibliotheken gestöbert, Bücher gewälzt und viele Menschen befragt, über E-Mail, Internet, Telefon oder persönlich. Die Recherche war für jedes einzelne der Bilder und Themen spannend und immer wieder überraschend: Die Geschichten und die Bild-Interpretationen haben sich immer wieder geändert, manchmal wirklich ins Gegenteil verkehrt. So etwa das Foto von dem kleinen Mädchen mit den Taschenrechnern. Es taucht immer wieder mal auf, wenn gemeldet wird, dass Mädchen Mathe können – mindestens so gut wie die Jungs. Dass das so ist, weiß inzwischen ja fast jeder (und jede), aber was ist mit dem Mädchen auf dem Foto? Kann es Mathe? Das wollte ich wissen. Die Antwort dazu hat mich am 7. Oktober 2012 abends in einem kleinen österreichischen Restaurant namens »Sissi« in Berlin-Schöneberg über facebook erreicht: siehe das Kapitel mit der Jahreszahl 1998.

Meine kleine Ausstellung von Mathematikbildern präsentiere ich hier unter dem Titel *Mathematik: Das ist doch keine Kunst!* Damit ist natürlich nicht gemeint, Mathe sei einfach, ein Kinderspiel. Zumindest glaube ich das nicht, ganz im Gegenteil. (Der Kindermund hat dazu noch ganz andere, nicht stubenreine Beschreibungen parat – siehe ebenfalls das Kapitel zur Jahreszahl 1998. Und auch berühmte, erwachsene Mathematiker äußern sich gelegentlich dazu recht unfein – siehe unser Kapitel zum Jahr 1970.)

»Das ist doch keine Kunst!« ist also mindestens zweideutig. Mit diesem Satz war übrigens auch ein Bericht von Anna von Münchhausen in der *Zeit* vom 1. Juni 2011 überschrieben, über einen Kunstfälscher- und Auktionshaus-Skandal. Wie treffend! Wobei Mathematik tatsächlich Kunst hervorbringt, die sich im Museum sehen lassen kann (und dort hin und wieder auch hängt). Aber ist so etwas dann wirklich Kunst? Wir schauen genau drauf auf unsere Bilder: Was sieht man da? Wo steckt die Mathematik? Wer hat das gemacht, und warum? Ist das echt? Und ist das alles richtig? Mathematik ist schwierig, eine Kunst, und deshalb werden beim Mathematik-Machen regelmäßig auch Fehler gemacht, das ist einfach so. Immer wieder werden wir in diesem Buch nach Fehlern suchen – und auch welche entdecken. Auf den Bildern selbst und in den Geschichten hinter den Bildern. Augen auf!

Die Frage, ob das Kunst ist, stellt sich natürlich besonders bei den Bildern, die direkt oder indirekt aus der mathematischen Forschung kommen und (hier) in unserem Museum landen – beantworten Sie die Frage doch zum Beispiel anhand des Ausstellungsplakats von Dietmar Guderian oder bei den Graphiken von John Sullivan und Ina Prinz.

Ist das eine Kunst? Die Frage kann man zum Beispiel da stellen, wo Bilder als Beweis für eine Entdeckung herhalten können oder sollen – in dieser Ausstellung etwa bei den Bildern von Carl Friedrich Gauß, Martin Grötschel, Larry Page oder Maxim Pshenichnikov.

Ist das Kunst, auch wenn's mathematisch nicht stimmt? Anlass zum Nachdenken geben uns da eine Werbekampagne der Deutschen Bank und Zeichnungen von Albrecht Dürer und Leonardo da Vinci.

Kurz: Dies ist also der Katalog zu einer, zu meiner Ausstellung »Bilder aus der Mathematik«, die es nie gegeben hat, die es vielleicht aber geben sollte und geben könnte: 24 Bilder oder Bilder-Paare aus der Mathematik. Und weil das »Angstgruselhorrorfach der Deutschen« noch nicht genug ist, kombinieren wir es hier mit dem Langweiligsten aus dem Kunstunterricht (Bildbetrachtung) und mit dem Langweiligsten aus dem Deutschunterricht (Bildbeschreibung).

Reizt Sie das? Ich hoffe doch! Und ich glaube, dass diese Kunstausstellung viele Überraschungen für Sie bereithält. Einige der Bilder sind bekannt, einige sind neu, wurden noch nie veröffentlicht. Manche hängen wirklich im Museum, aber das sind die wenigstcn. Und zu den Bildern gehören die Menschen, Mathematiker, Künstler, Mathematiker als Künstler und Künstler als Mathematiker – die hier sozusagen neben ihren Bildern in der Ausstellung stehen und viel zu erzählen haben. Hören Sie ihnen zu, nehmen Sie sich Zeit für die Bilder – wenn Sie das denn schaffen, während ich Sie stolz durch meine kleine Privatsammlung führe und immer wieder dazwischenquatsche.

Übrigens: Keiner zwingt Sie, in der vorgegebenen Reihenfolge durch das Museum zu gehen. Das Schöne an diesem Buch ist, dass man's auch irgendwo in der Mitte aufschlagen und einfach schmökern kann. Das ist wie bei der Schokolade im Adventskalender, Türchen auf und … oder auch alles auf einen Sitz.

Musik zur Ausstellung: »Pictures at an Exhibition« von Emerson, Lake & Palmer – die uns zum Umschlagbild inspiriert und mich schon beim Schreiben begleitet haben (zu laut, findet Barbara, die über mir wohnt). Alice, die neben uns gewohnt hat, ist inzwischen weggezogen.

Nun aber herzlich willkommen: Die Ausstellung ist eröffnet!

Ihr Günter M. Ziegler,
Berlin, im Sommer 2013

− 20 000

Der Knochen
mit den Primzahlen

»Ein einzelner Knochen kann schon zusammenbrechen unter der Last der Vermutungen, die man auf ihn stützt«, schrieb der Mathematik-Ethnologe George Gheverghese Joseph 1992 über die nicht-europäischen Wurzeln der Mathematik. Gemeint hat er damit den sogenannten Ishango-Knochen, den »Knochen mit den Primzahlen«, ein archäologisches Fundstück, das in den fünfziger Jahren in Zentralafrika entdeckt wurde und heute im Museum für Naturgeschichte in Brüssel ausgestellt wird. Das Objekt ist winzig: ein kleiner, dünner, nur 102 Millimeter langer Knochen, an dem sich allerlei Spekulationen und Phantasien emporranken.

Was das für ein Knochen ist? Das wissen wir nicht. Angeblich der Unterarmknochen eines Pavians, das behauptet jedenfalls die englische Version von Wikipedia mit Verweis auf eine nicht mehr existente Webseite eines Mathematikers aus Australien. Das Zehenglied eines Löwen, weiß das deutsche Wikipedia zu berichten und beruft sich auf den belgischen Mathematiker Dirk Huylebrouck. Das Museum in Brüssel, das den Knochen verwahrt, schreibt: »Dieser Knochen wurde verschmälert, abgekratzt, poliert und graviert, so sehr, dass es inzwischen schwierig ist, den ursprünglichen Besitzer zu identifizieren. Es war definitiv ein Säugetier, vielleicht ein Löwe.«

Auch wenn das Tier, das seinen Knochen einst (wie auch immer) lassen musste, nicht mehr ermittelt werden kann – so viel immerhin steht fest: Der kleine Knochen stammt aus Zentralafrika. Der Fundort Ishango liegt etwa 15 Kilometer nördlich des Äquators am Nordwestufer des Edward-Sees, an der Grenze zwischen Kongo und Uganda.

Der Edward-See (links) – Ishango lag einst an der Flussmündung am nördlichen Seeufer (rechts). Dort entdeckte Jean de Heinzelin (unten) den Knochen von Ishango.

Dort, an der Steilküste am Nordufer, hatte der belgische Biologe Hubert Damas 1935 Testgrabungen gemacht und die Proben nach Brüssel ge-

schickt. Darunter war auch das Bruchstück eines frühmenschlichen Unterkiefers, das allemal interessant aussah; was schließlich 1950 dazu führte, dass Victor van Straelen, Direktor des Instituts für die Nationalparks in Belgisch-Kongo, den damals dreißigjährigen Geologen und Archäologen Jean de Heinzelin de Braucourt mit einer großangelegten archäologischen Expedition beauftragte. Der Ort Ishango ist eine Art frühzeitliches Pompeji: Er war über Jahrhunderte besiedelt, bevor er durch einen Vulkanausbruch verschüttet wurde. Die Datierung der Siedlungsreste war schwierig, auch wegen der Vulkanasche, die die Artefakte zwar wunderbar konserviert hat, die Ergebnisse der üblichen Radiokarbonmethode aber wegen ihrer sehr niedrigen Konzentration des Kohlenstoff-Isotops ^{14}C verfälschen kann. De Heinzelin schätzte das Alter des Wohnplatzes auf mindestens 8500 Jahre; heute, nach weiteren Grabungen und Untersuchungen aus dem Jahr 1985, wissen wir, dass die Fundstücke etwa 22 000 Jahre alt sind. Über seine Entdeckungen schrieb Jean de Heinzelin:

> Das faszinierendste und phantasieanregendste Fundstück aus Ishango ist nicht eine Harpunenspitze, sondern ein knöcherner Werkzeuggriff, an dessen Kopf in einer engen Aushöhlung ein kleines Quarz-Bruchstück befestigt ist. Zunächst einmal legen seine Form und der scharfe Stein an seiner Spitze nahe, dass er zum Gravieren oder Tätowieren verwendet wurde oder sogar zu irgendeiner Art von Schreiben. Noch interessanter sind jedoch seine Markierungen: Gruppen von Einkerbungen in drei Spalten. Das Muster dieser Einkerbungen führt mich zu der Vermutung, dass sie mehr darstellen als Dekoration. Wenn man sie zählt, entstehen mehrere Zahlenfolgen. In einer der Spalten finden sich vier Gruppen von 11, 13, 17 und 19 einzelnen Kerben.

Ein kleiner Knochen also, mit einem Quarz am Ende verziert. Kunst? Ein Werkzeuggriff, wie de Heinzelin meinte? Oder ein Schreibgerät? Das wäre interessant in Zeiten lange vor dem Beginn des Schreibens. Oder doch ein Tätowierstab? Damit hätten wir schon mal vier Theorien auf dem Tisch! Der Mathematiker aber wird ganz sicher bei der fünften Theorie hellhörig werden: 11, 13, 17 und 19 – das sind die Primzahlen zwischen 10 und 20!

Aber wie sollen die Steinzeitmenschen von Ishango Primzahlen verstanden haben, Jahrtausende vor der Entwicklung des Rechnens mit

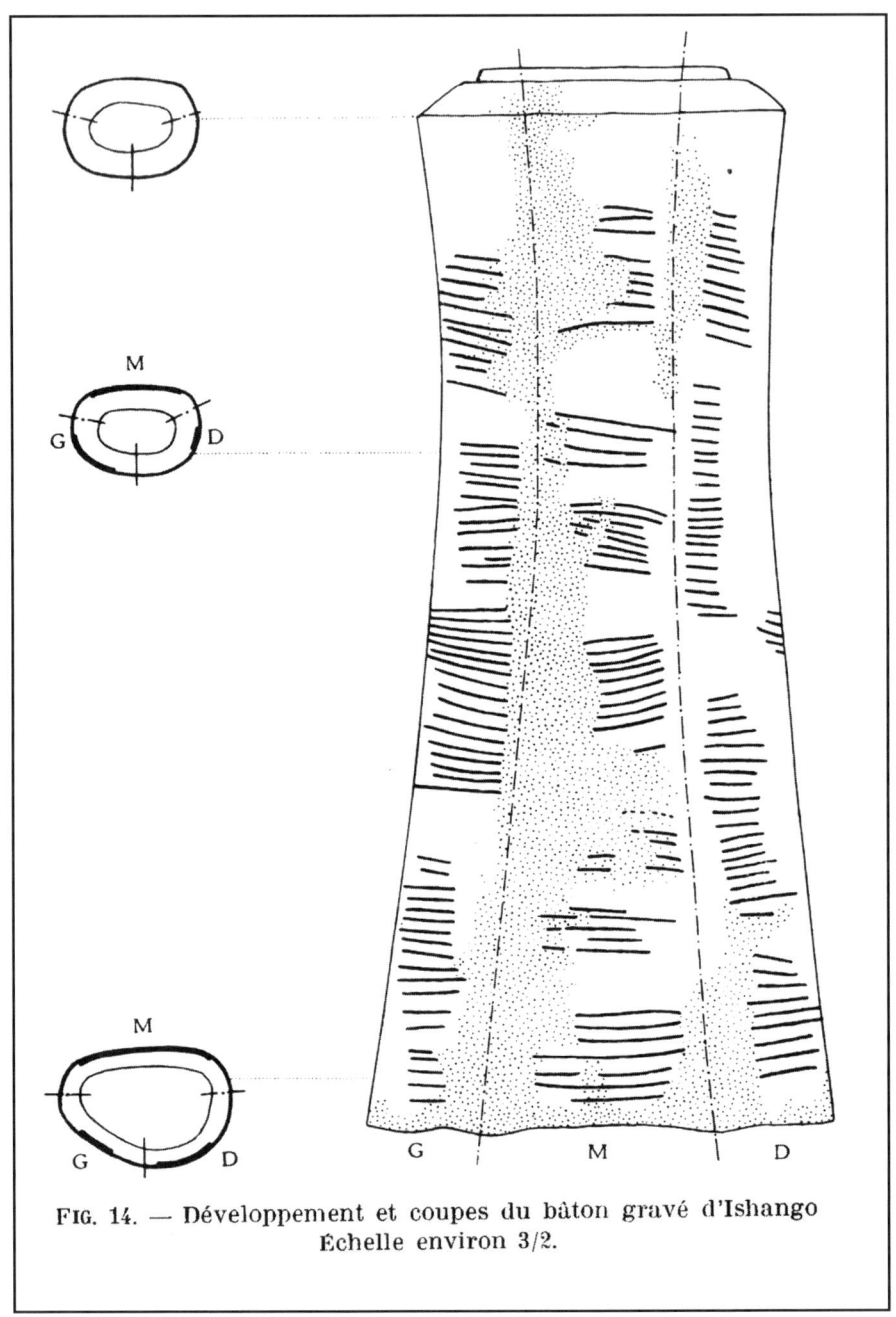

FIG. 14. — Développement et coupes du bâton gravé d'Ishango
Échelle environ 3/2.

Die Kerben auf dem Ishango-Knochen; Schema-Zeichnung des
belgischen Archäologen Jean de Heinzelin

Zahlen? Und es geht ja nicht nur um diese eine Zahlenfolge. Auf dem Ishango-Knochen sind drei Reihen von Einkerbungen in kleinen Gruppen zu erkennen. In einer der drei Reihen finden sich 11, 13, 17 und 19 Kerben – eben die Primzahlen zwischen 10 und 20, die eine Summe von 60 ergeben. In einer zweiten Reihe sind vier Gruppen von 11, 21, 19 und 9 Kerben, insgesamt also wieder 60. Und in der dritten Spalte sieht man 3, 6, 4, 8, 10, 5, 5 und 7 Kerben, mit Summe 48 – wenn nicht die 10 doch eine 9 ist. Jean de Heinzelin schreibt: »Ich kann kaum glauben, dass diese Zahlenfolgen zufällig sind. Die Gruppen in den einzelnen Spalten sind sehr unterschiedlich, und in jeder Spalte finden sich innere Beziehungen, die ganz anders sind als in den anderen.«

In der dritten Zahlenspalte beispielsweise sieht Jean de Heinzelin Verdopplungsmuster. Er hält es natürlich für möglich, dass die Muster alle zufällig sind. Aber der Archäologe sagt, es sei sehr viel wahrscheinlicher, dass die Kerbungen einst ganz bewusst angebracht wurden. Wenn dem so ist, stellen sie eine Art von Zahlenspiel dar, entworfen von Leuten, die ein Zahlensystem hatten, das vielleicht auf der Zahl 6 oder 10 oder 12 basierte – und die auch Verdopplung und möglicherweise Primzahlen kannten.

Damit ist das Spiel natürlich eröffnet! Was bedeuten die Zahlen? 11, 13, 17 und 19 sind ja eben nicht nur Primzahlen, das sind auch die Vielfachen von 6, jeweils plus oder minus 1. Die Zahlen 9, 11, 19, 21 wiederum sind Vielfache von 10, wieder jeweils plus oder minus 1. Und die Summen 48 und 60, das sind jeweils Vielfache von 12. Alles Zufall?

Männerphantasien oder der Knochen im Weltall

1968, also vor 45 Jahren, kam »2001: Odyssee im Weltraum« in die Kinos, ein berühmter Science-Fiction-Film von Stanley Kubrick. Das Drehbuch entstand in Zusammenarbeit mit Arthur C. Clarke, einem britischen Autor und Visionär mit Mathematik- und Physikstudium, der 1945 die geostationären Kommunikationssatelliten erfunden hat, und im März 2008 neunzigjährig verstorben ist. Der Film hat viele interessante Aspekte, von der Tricktechnik bis zur Musik, er enthält insbesondere aber auch »einen der irrwitzigsten Schnitte der Filmgeschichte«. So jedenfalls steht es auf der DVD-Hülle, also muss es stimmen.

Sehen wir uns die Szene einmal an: Ein Frühmensch hat gerade entdeckt, dass man mit einem Knochen wunderbar Artgenossen erschlagen kann, was man kulturpessimistisch leichtfertig als Moment der Menschwerdung interpretieren könnte. Er schleudert diesen Knochen, die Mordwaffe, in die Höhe – und dann kommt der Schnitt auf einen futuristischen Raumtransporter, der schwerelos und still am schwarzen Himmel steht. Arthur C. Clarke nennt das den »three million year cut«. Das ist vielleicht eine kleine Übertreibung. Wenn der Schnitt vom Beginn der Steinzeit ins Jahr 2001 führt, ist das eher ein »thirty thousand year cut«, aber drei Millionen klingt natürlich besser. (Wie jede Übertreibung kann auch diese noch überboten werden: Im Internet findet man den Schnitt auch als »four million year cut« beschrieben.)

Ein Knochen wird in den Raum geschleudert, sozusagen als Brücke von der Steinzeit ins moderne High-Tech-Zeitalter? Eine typische Männerphantasie als Symbol für den Weg der Menschheit?

Da liegt es doch fast nahe, den Kubrick-Knochen umzuinterpretieren in den Ishango-Knochen. Schließlich trägt er Primzahlen, also genau jene Zahlentheorie, die auch Grundlage ist für die sichere und fehlerfreie Datenübertragung und Kommunikationstechnik, vom Mobiltelefon bis zur Raumfahrt.

Die Verbindung zwischen Ishango-Knochen und Raumfahrt hat als Erster wohl der amerikanische Journalist Alexander Marshack propagiert, der 1958 ein Buch für das »Internationale Geophysikalische Jahr« zu Beginn des Raumfahrtzeitalters schrieb – ein Außenseiter, der mithilfe von damals völlig neuen Mikroskop-Methoden den Ishango-Knochen und andere steinzeitliche Artefakte untersuchen durfte. Weil die beiden äußeren Spalten jeweils die Summe 60 ergeben, interpretierte Marshack die Zahlensysteme als Mondkalender und damit als Grundlage und Anfang von Astronomie und später Raumfahrt.

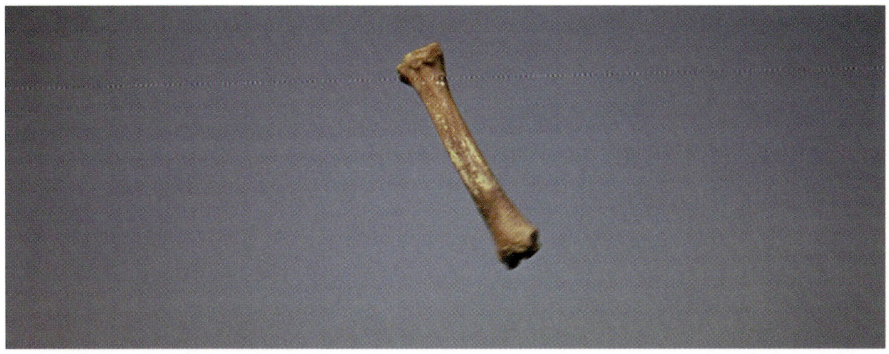

Großer Wurf: Der »three million year cut« aus »2001: A Space Odyssey«

Im Jahr 1996 hat dann der belgische Mathematiker Dirk Huylebrouck vorgeschlagen, den »three million year cut« auch außerhalb eines Film-sets zu realisieren und den Ishango-Knochen (oder eine Kopie davon) mit einem Space Shuttle in den Weltraum zu transportieren. Er solle schwerelos im Raum schweben – als Referenz an »2001«, aber auch um sichtbar (!) den Bogen zu spannen von den Anfängen der menschlichen Kultur bis zur Erfindung der Zukunft.

Huylebrouck beschreibt stolz, er habe schon ein Jahr zuvor einem be-freundeten Astronauten eine Kopie des Ishango-Knochens zugesteckt – der Astronaut war bis zu den Startvorbereitungen in Houston gekom-men, durfte am Ende aber leider doch nicht ins All. 2009 gab es einen weiteren Anlauf in Sachen »großer Wurf«: Huylebrouck und andere wollten erreichen, dass der belgische Astronaut Frank De Winne den Ishango-Knochen in die Internationale Raumstation ISS mitnehmen dürfe. Was wäre das für ein wunderbares Bild gewesen für das Internationale Jahr der Astronomie!

Aber natürlich kann so ein kleiner Knochen auch zermahlen werden in den Mühlen einer Großbürokratie, wie sie bei der Europäischen Weltraumbehörde ESA vorherrscht. Das bisher Letzte, was ich zu dem Thema gehört habe, stammt aus einer E-Mail von Jules Grandsire, Abteilung »PR & Communications« des European Astronaut Centre der ESA in Köln. Am 25. August 2008 schrieb er: »Danke für Ihre E-Mails und Information über den Ishango-Knochen. Die ESA hat Ihre Anfrage registriert und wird die Machbarkeit untersuchen. Wir melden uns wieder bei Ihnen, sobald das nötig wird.«

Eine kleine Verbindung zwischen »2001: Odyssee im Weltraum« und dem Ishango-Knochen gibt es aber doch. Der Knochen lag nämlich über Jahrzehnte irgendwo versteckt im Archiv des Naturhistorischen Museums und wurde erst 2001 in einer goldenen Vitrine mit Ehrenplatz präsentiert. 2001!

Frauenphantasien oder Mondkalender und Perioden

Der Knochen im Weltall, nichts als eine Männerphantasie! Diese schnöde Erkenntnis hat unter anderem Claudia Zaslavsky (1917 – 2006) geliefert, die Mutter des Mathematikers Tom Zaslavsky.

In ihrem Buch *Africa Counts* über Zahlen und Muster in der afrikanischen Kultur beschäftigte sie sich zwar ausführlich mit Alexander Marshacks Interpretation der Kerben als Mondkalender – aber nur, um ein paar Jahre später zu fragen, wer in der Steinzeit denn an Mondkalendern interessiert gewesen sein könnte. Und wer eigentlich Zeit dazu hatte, sie zu erstellen.

Dankenswerterweise beantwortet Claudia Zaslavsky diese Fragen gleich selbst: Wenn die Männer unterwegs und auf der Jagd waren (und ein so traditionelles Rollenbild dürfen wir für diese Zeit vielleicht annehmen), dann blieben die Frauen doch zuhause in der Siedlung, zählten die Tage, versuchten den Zusammenhang zwischen Jahreszeiten, Regenperioden und Mondphasen zu verstehen, und führten den Kalender. Ein solcher Mondkalender könnte für den Ackerbau von Belang gewesen sein, und auch der war vermutlich damals Frauensache. Aber möglicherweise ging es den steinzeitlichen Damen auch um andere Zyklen als nur um die 29,5 Tage für Mondphasen?

Wie dem auch sei, bewiesen wäre damit in jedem Fall: Trotz aller Männerphantasien über Knochen als Waffen, High-Tech im All

Afrika zählt: Eine andere Mathematikgeschichte

und so weiter – Frauen waren die ersten Mathematiker. Stellen wir uns also ein Mädchen vor in der Siedlung Ishango am Rand des Sees, das Kerben auf einem kleinen Knochen anbringt, zählt, vergleicht, rechnet. Auf jenem kleinen Knochen, den sein Entdecker, Jean de Heinzelin, mehr als 20 000 Jahre später als Rechenhilfe interpretiert. Hier sehen wir zum allerersten Mal ein Mädchen mit Taschenrechner (aber noch nicht das Mädchen, von dem im Vorwort die Rede war)!

. C X .

VIGINTISEX BASIVM ELE
VATVS VACVVS ·

XXXVIII

εἰκοσίεξ βασίων ἀρθαῦυκνόν·

Ein Genie macht Fehler

Ein halbreguläres Polyeder, aus Dreiecken und Quadraten zusammengesetzt, mit einer dünnen Schnur mit geschwungenen Enden an einem Schild aufgehängt, auf dem VIGINTISEX BASIUM PLANUS VACUUS steht: Wir sehen ein sogenanntes Rhombenkuboktaeder mit 26 Seitenflächen (*vigintisex basium*) in einer »hohlen« (*vacuus*) Darstellung. Und ein dazugehöriges Sternpolyeder, mit VIGINTISEX BASIUM ELEVATUS VACUUS bezeichnet: auf die 26 Seitenflächen des Modells ist jeweils eine Spitze aufgesetzt worden (*elevatus*). Die Polyeder müssen wir uns natürlich etwas genauer ansehen. Sie stammen aus einem im Dezember 1498 fertiggestellten Manuskript für das Buch *Divina Proportione* des Franziskanermönchs Luca Pacioli. Uns interessiert das Werk wegen der 60 farbigen Bildtafeln im Anhang – allesamt Polyederzeichnungen. Der Autor schreibt, sie seien »mit aller Vollkommenheit der Perspektive auf die Ebene projicirt, wie es nur unnser Leonardo Vinci versteht«.

Und ist das Kunst?

Zweifellos! Jedenfalls, wenn man den Urheber der Zeichnungen in die Betrachtung miteinbezieht.

Luca Pacioli stellt sich die Polyeder als Körper gefertigt aus wertvollem Material vor: »Dieselben verdienten nicht aus schlechtem Stoffe (wie es für mich aus Mangel nothwendig gewesen), sondern aus kostbarem Metall und mit feinen Edelsteinen geschmückt zu sein. Aber Euer Hoheit wird die Liebe und die Gesinnung in Ihrem beständigen Sklaven berücksichtigen.« Ein Satz, mit dem er sich an seinen Gönner, Ludovico Sforza, genannt »Il Moro«, wandte. Das Renaissance-Genie Leonardo da Vinci und der mathematikbegabte Mönch Luca Pacioli hatten sich im Vorjahr am Hofe des Herzogs von Mailand kennengelernt. Es war eine in vieler Hinsicht bemerkenswerte Zusammenarbeit, die hier ihren Ausgangspunkt nahm.

Leonardo und Luca

Leonardo da Vinci wurde am 15. April 1452 in Anchiano in der Provinz Florenz als uneheliches Kind geboren. Sein Vater war ein wohlhabender Notar, zu dessen Klienten die Medici ebenso gehörten wie Mitglieder des Rates der Stadt Florenz. Seine Mutter Caterina war eine damals zweiundzwanzigjährige getaufte arabische Sklavin, die eine Zeitlang in den Diensten des Notars stand, kurz nach Leonardos Geburt aber einen anderen heiratete. Leonardo wuchs (gemeinsam mit elf Halbgeschwistern) im Haushalt seines Vaters auf. Eine gute Schulbildung scheint er nicht erhalten zu haben. Für die Mathematik allerdings interessierte er sich früh, wenngleich er sie nicht besonders gut im Griff hatte. Er beherrschte zwar die praktische Geometrie meisterhaft und postulierte später: »Niemand, der nicht Mathematiker ist, soll mich lesen«, womit er auf den Spruch über Platons Akademie anspielte: »Kein der Geometrie Unkundiger trete hier ein«. Algebra und die Zahlen blieben ihm jedoch offenbar fremd.

Folgt man dem Historiker Augusto Marinoni (1911–1997), einem Italiener, der sich zeitlebens mit da Vinci beschäftigt hat, war Leonardos Vorbildung in den mathematischen Wissenschaften »recht dürftig. Er ist nie sehr geschickt im Rechnen gewesen, und auch was die Grundbegriffe angeht, hatte er beachtliche Lücken.« Tatsächlich hat Leonardo erst unter der Anleitung von Luca Pacioli, also als Mittvierziger, die Elemente des Euklid studiert – ein reifer Schüler. Verrechnet hat er sich dennoch immer wieder. So auch, als er 1504 (da war er 52!) die Anzahl seiner Notizbücher festhielt: »25 kleine Hefte, 2 größere Hefte, 16 noch größere Hefte, 6 in Velinleder gebundene Hefte, 1 in grünes Wildleder gebundenes Heft – zusammen 48.« Keine sehr gute Ausgangslage für eine Karriere als Genie …

Nach seiner Lehrzeit bei Andrea del Verrocchio, einem der bekanntesten Bildhauer und Maler in Florenz, arbeitete er in einer Künstlergemeinschaft, zu der auch Botticelli und Perugino gehörten. Dann kam die Chance auf eine »Festanstellung«: Von 1482 an war Leonardo da Vinci am Hof von Ludovico Sforza in Mailand. Ob man ihn dort wegen seiner Fähigkeiten als Maler einstellte, ist nicht ganz klar. In seinem »Bewerbungsschreiben« erwähnte Leonardo auch seine Kenntnisse in Militärtechnik und Architektur – für den Herzog, der seine Macht festigen und sich das eine oder andere Denkmal setzen lassen wollte, nicht uninteressant. Bevor er im Auftrag Sforzas das »Letzte Abendmahl« schuf, organisierte Leonardo da Vinci jedenfalls zunächst die erste Mailänder Müllabfuhr, verschönerte den herzöglichen Palast, schuf ein Reiterstandbild seines Gönners – und glänzte als Bühnenbildner und Regisseur von Hofzeremonien und Maskenspielen.

Im Gegensatz zu Leonardo war der Franziskanermönch Luca Pacioli schon ein berühmter Mann, als er anno 1497 nach Mailand kam. Er war um das Jahr 1445 in Borgo San Sepolcro in der Toskana geboren worden und konnte damit den rund sieben Jahre jüngeren Leonardo da Vinci als »Florentiner Landsmann« bezeichnen. Pacioli war studierter Mathematiker und von 1477 an als Professor an fast allen italienischen Universitäten tätig gewesen. Im Jahr 1494 war sein sechshundertseitiges Lehrbuch *Summa de Arithmetica, Geometria, Proportioni et Proportionalità* erschienen, möglicherweise das erste gedruckte Buch eines Mathematikers überhaupt. Es enthält nicht nur das gebündelte mathematische Wissen der Zeit, sondern auch die erste vollständige Darstellung der »Venezianischen Methode«, der Doppelten Buchführung. Betriebswirten ist Pacioli daher noch heute ein Begriff. Es kann gut sein, dass Leonardo die Einladung des gelehrten Mönchs eingefädelt und forciert hat; jedenfalls trafen sich die beiden in Mailand, wurden sehr schnell Freunde, und arbeiteten zusammen. Serge Bramly schreibt in seiner großen Leonardo-Biographie von 1988 dazu:

> Pacioli und Leonardo sind voneinander fasziniert. Während der eine Euklid und Archimedes erklärt, holt der andere seine Entwürfe hervor, öffnet seine Arbeitshefte, stellt seine *Mechanik* sowie seine Ansichten über die Kunst, seine persönliche Auffassung von den *Proportionen* und der Harmonie dar – ihm zufolge anwendbar auf sämtliche Teile des Universums.

Jeder konnte vom anderen viel lernen, die beiden Männer ergänzten sich perfekt. Wohl auch deshalb, weil sie sehr unterschiedliche Ausgangspositionen hatten: Pacioli hatte eine Universitätsausbildung, lehrte an den ersten Adressen des Landes, hatte Bücher geschrieben und publiziert. Er hatte Zugang zum Hof und zur High Society der Stadt. Leonardo dagegen war als uneheliches Kind ohne große Schulbildung und soziale Stellung ein Niemand. Erst im Laufe seiner Mailänder Zeit wurde er als Maler bekannt und später berühmt. So war es ein Glücksfall, dass beide bei Ludovico Sforza in Lohn und Brot standen.

Wie mag es wohl gewesen sein, das Zusammenleben und -lernen von Leonardo und seinem älteren Mathematiklehrer? So eine Art »When I kissed the teacher« vielleicht? Was ja passen würde, wo es doch auch in dem ABBA-Song heißt »He was a teacher of geometry« … Kein Zweifel, dass Leonardo homosexuell war, »auch wenn Anhänger eines heiligen

Leonardo-Bildes behaupten, er habe sein Leben im Zölibat verbracht«, wie der Biograph Charles Nicholl berichtet. Aber nach allem, was wir heute wissen, war nicht Pacioli sein Partner, sondern ein sehr junger Malgehilfe. 1490 war Giacomo, genannt Salai (»Salaino«, kleiner Teufel), ein damals zehnjähriger Knabe, bei Leonardo eingezogen. Der beschrieb seinen Gehilfen schon nach wenigen Tagen als »ladro bugiardo ostinato ghiotto«, als »diebisch, verlogen, trotzig, gefräßig«. Geliebt muss er ihn aber doch haben, da er ihn trotz einer langen Liste von Missetaten nicht einfach auf die Straße setzte. Salai blieb und wurde auch viele Jahre später noch in Leonardos Testament großzügig bedacht. Man kann sich einen Straßenjungen aus einem Pasolini-Film dazu ausmalen.

Die göttliche Proportion

Nicht lange nach Paciolis Einstand als Mathematikgelehrter am Mailänder Hof wurde die Idee zu dem bereits erwähnten Buch *De Divina Proportione* geboren. Pacioli schrieb, Leonardo illustrierte. Es ist ein merkwürdiges Werk geworden. In seinem Zentrum steht die Beschreibung der regelmäßigen und halbregelmäßigen Polyeder – und auf dem langen und langatmigen Weg dorthin philosophiert Pacioli über die Rolle der Mathematik, die er in »Arithmetik, Geometrie und Proportion« unterteilt, betont ausführlich und immer wieder die Nützlichkeit und Wichtigkeit der Mathematik (auch für die Kunst, die Architektur, die Kriegsführung etc.), rühmt seinen Herzog über alle Maßen, und entwickelt die einfachen mathematischen Konzepte, die dann für die Konstruktion und Beschreibung der Polyeder benötigt werden. Dabei beschäftigt ihn besonders der goldene Schnitt (»Göttliche Proportion«), also das Verhältnis $1:\Phi$, in dem sich die Diagonalen des regelmäßigen Fünfecks teilen, wobei $\Phi = \frac{1}{2}(1+\sqrt{5}) \approx 1{,}618$ eine *irrationale* Zahl ist, die sich aber durch $\frac{8}{5}$ ganz gut annähern lässt. Weil das Streckenverhältnis $1:\Phi$ aber im regelmäßigen Fünfeck »drinsteckt«, findet man es natürlich auch vielfach im regelmäßigen Dodekaeder (das von 12 regelmäßigen Fünfecken begrenzt ist) und dem regelmäßigen Ikosaeder (in dem die Nachbarn jeder der 12 Ecken ein regelmäßiges Fünfeck bilden).

Der goldene Schnitt ist ein ästhetisches Modethema, das sich über die Jahrtausende zieht, schon bei Euklid propagiert wird, dem Luca Pacioli und Leonardo da Vinci ihr Buch widmen, das aber erst viel später endgültig in der Populärkultur angekommen ist, nachdem der deutsche Adolf Zeising (1810 – 1876) mit seinem Buch *Neue Lehre von den Proportionen des menschlichen Körpers* aus dem Jahr 1854 den goldenen Schnitt in Malerei und Architektur, Pflanzenwachstum und Zahlenmustern identifizierte und damit im kollektiven Bewusstsein der Deutschen irgendwo zwischen Mathematik und Esoterik fest verankert hat.

Doch zurück ins fünfzehnte Jahrhundert: Paciolis Werk wurde offenbar am 14. Dezember 1498 fertiggestellt, jedenfalls steht dieses Datum am Ende des Manuskripts, von dem es drei Exemplare gab. Eines davon erhielt Ludovico Sforza, dem das Werk auch gewidmet war: »Brief von der göttlichen Proportion an Se. Exzellenz Fürst Ludovico Maria Sforza Anglo, Herzog von Mailand, Zierde des Friedens wie des Krieges, von Bruder Luca Pacioli aus Borgo San Sepolchro vom Orden der Minoriten, Professor der heiligen Theologie«, heißt es auf der ersten Seite dieses persönlichen Exemplars, das heute in der Bibliothek von Genf aufbewahrt wird. Eine weitere Abschrift erhielt Galeazzo de Sanseverino, Mäzen und generöser Förderer vieler Künstler und Wissenschaftler. Sie ist ebenfalls noch erhalten und wird heute in Mailand verwahrt; aus einem Reprint dieses Exemplars stammen unsere farbigen Bilder des Rhombenkuboktaeders und des Sternpolyeders. Die dritte Abschrift, die als Vorlage für die Druckfassung von 1509 diente, gilt als verschollen. Der explizite Beleg dafür, dass die Polyederbilder von Leonardo sind, findet sich in Kapitel VI des Buches:

> Wie ihr vollständig aus den Anordnungen aller regelmäßigen und von ihnen abhängigen Körper [...] seht, die vom würdigsten Perspectivmaler, Architekten, Musiker und mit allen Fähigkeiten ausgestatteten Leonardo da Vinci aus Florenz in

der Stadt Mailand gemacht worden, als wir uns im Dienst des durchlauchtigen Herzogs, jenes Ludwig Maria Sforza Anglo, in den Jahren unseres Heils von 1496 bis 1499 wieder fanden, von wo wir nachher zusammen zu verschiedenen Zwecken in jenen Angelegenheiten abgereist und zu Florenz auch zusammen gewohnt u. s. w.

In diesem Zitat findet sich auch schon ein kleiner Verweis darauf, wie es weiterging mit den beiden Freunden.

Flucht nach Venedig

Die Zeit am Hof von Mailand war im Jahr 1499 zu Ende. Im Herbst spitzte sich die politische Situation zu, die Lage wurde zunehmend unsicher: die Franzosen unter Louis XII. bedrohten die Stadt. Ludovico Sforza versuchte, Geld zu sammeln und Allianzen zu schmieden, um die Stadt zu verteidigen. Leonardo und Pacioli konnten sich sehr leicht ausrechnen, dass es in absehbarer Zeit keine finanziellen Zuwendungen mehr von ihrem Gönner geben würde – weder für den Lehrer noch für den Künstler. Sie beschlossen, Mailand zu verlassen, auch wenn ihnen die Entscheidung nicht leicht gefallen sein dürfte. Jeder von ihnen ließ etwas zurück, das ihm am Herzen lag: Leonardo das »Letzte Abendmahl«, Pacioli das Manuskript seiner *Divina Proportione*.

Wenigstens erfreute Salaino mit seiner Jugend und seinen hübschen Locken die beiden Herren. Sie machen sich zu dritt auf den Weg. Leonardo, inzwischen eine stadtbekannte Persönlichkeit, eine auffällige Gestalt mit langem Bart und einem ungewöhnlichen rosa Mantel, hatte »den Pater Luca Pacioli bei sich, jenen exzentrischen, fröhlichen Mathematiker, und auch Andrea Salaino, dessen Vorliebe für teure Kleidung nicht nachgelassen hatte«, wie R. Emmett Taylor schreibt.

Dürfen wir uns das Ganze als eine Renaissance-Version der Flucht nach Ägypten vorstellen? Zwei Männer und ein Kind? Sicher nicht zu

Fuß mit Esel, die Männer waren nicht arm, finanziell ging es ihnen gut. Leonardo hat 600 Dukaten nach Florenz transferiert, eine große Menge Geld. Über Mantua und Venedig ging die Reise des Trios weiter nach Florenz, wo Pacioli wohl umgehend einen bezahlten Lehrauftrag an der Universität annahm. Man bezog gemeinsam Quartier, gründete eine Künstler-Mathematiker-WG. Ob das damals ungewöhnlich war und neugierig beäugt wurde, weiß ich nicht.

Kristalle der Mathematik

Im Museo di Capodimonte in Neapel hängt ein interessantes Portraitgemälde aus dem Jahr 1495, das dem Venezianer Maler Jacopo de' Barbari (ca. 1475 – 1516) zugeschrieben wird. Es zeigt den Mönch Pacioli als Mathematiker, fünfzigjährig, mit allen Insignien seiner Zunft, darunter Zirkel und Lineal, eine Kreidetafel (mit der Aufschrift »Euklid«), Kreide und Schwamm. Rechts vorne sehen wir keine Bibel, sondern ein Mathematikbuch: ohne Zweifel seine 1494 erschienene *Summa*.

Aber wer ist der hübsche junge Mann rechts neben Pacioli? Ein Schüler des Mönchs? Es soll Guidobaldo da Montefeltro sein, Herzog von Urbino, dem auch das Buch gewidmet war. Der war damals 22 Jahre alt. Und längst nicht so hübsch, zumindest wenn man sich an dem Portrait orientiert, das Raffael zwölf Jahre später von ihm malte, auf dem der Adelige blass und schmal und streng wirkt. Das sei der junge Albrecht Dürer, als Vierundzwanzigjähriger auf Italienreise, argumentierte der Mathematiker (und Lehrer und Dichter) Nick MacKinnon in einer sorgfältigen Studie über das Gemälde aus dem Jahr 1993. Albrecht Dürer befand sich im Winter anno 1494/1495 tatsächlich auf einer Italienreise. Aus Venedig schrieb er seinem Gönner Willibald Pirckheimer: »Hier bin ich ein Herr, daheim ein Schmarotzer.«

Aber zurück zum Bild: Rechts vorne sehen wir einen regelmäßigen Dodekaeder als Modell. Der bemerkenswerteste Blickfang des Gemäldes

Luca Pacioli, gemalt von Jacopo de' Barbari, 1495

ist aber links oben ein Rhombenkuboktaeder aus Glas, zur Hälfte mit Wasser gefüllt und an einem dünnen Faden aufgehängt. Genau wie dasselbe Polyeder in der Zeichnung von Leonardo. Man muss sich Sorgen machen, ob das hält.

Doch was hat dieses Rhombenkuboktaeder in einem Ölgemälde zu suchen? Was ist daran so besonders? Und was ist das überhaupt?

Zunächst einmal ist ein Rhombenkuboktaeder ein Polyeder, auf gut Deutsch ein »Vielflächner«. Von diesen gibt es nur 5 »reguläre«, die von lauter gleichen regelmäßigen Polygonen begrenzt werden und an jeder Ecke dieselbe Struktur haben: Tetraeder (aus 4 gleichseitigen Dreiecken zusammengesetzt), Würfel (6 Quadrate), Oktaeder (8 gleichseitige Dreiecke), Dodekaeder (12 Fünfecke) und Ikosaeder (20 Dreiecke). Diese 5 »Kristalle der Mathematik« werden Platon zugeschrieben und heißen daher die platonischen Körper. Wenn man aber die Bedingungen etwas abschwächt, findet man weitere interessante und hübsche Objekte: Für die »archimedischen Körper« fordert man zum Beispiel, dass die Flächenstücke alle regelmäßig sein müssen, aber nicht unbedingt alle gleich, dass trotzdem aber die Struktur an allen Ecken gleich sein soll. Von denen gibt es 13 Beispiele zusätzlich zu den platonischen Körpern.

Alle diese Objekte werden in Luca Paciolis Buch beschrieben und sind mit Bildtafeln illustriert: das Rhombenkuboktaeder ist ein besonders schönes Beispiel. Jede seiner 24 Ecken liegt in einem Dreieck und in 2 Quadraten. Es hat 26 Seitenflächen, 8 gleichseitige Dreiecke und 18 Quadrate. Man kann ein Rhombenkuboktaeder konstruieren, indem man zunächst von einem Würfel die 8 Ecken abschneidet und dann auch noch die 12 Kanten abschleift, so dass anstelle jeder Würfelecke eine Dreiecksfläche stehen bleibt, entlang jeder Kante aber ein Quadrat entsteht. Von den 6 ursprünglichen Würfelflächen bleibt jeweils auch ein (kleineres) Quadrat übrig. Das ergibt insgesamt die $8 + 12 + 6 = 26$ Seitenflächen. Man berechne Koordinaten für das Polyeder, die Anzahl der Kanten und das Volumen: Heute ist das eine schöne Übungsaufgabe für den Geometrieunterricht der Oberstufe – damals aber wäre das eine sehr schwierige Aufgabge gewesen, weil die analytische Geometrie noch nicht so weit entwickelt war.

Das gemalte Rhombenkuboktaeder aus Glas ist eine solche Meisterleistung, dass sie eigentlich nur aus Leonardos Pinsel kommen könne, sagt Nick MacKinnon, nicht aus dem Jacopo de' Barbaris. Nun kannten sich Pacioli und Leonardo da Vinci im Jahr 1495 noch gar nicht. Mit anderen Worten: Leonardo müsste das Polyeder später in das Gemälde eingefügt haben – nachdem er von Luca Pacioli Geometrieunterricht erhalten hatte.

Aber ist das wirklich eine Meisterleistung? Darüber wurde erst kürzlich heftig gestritten. Der Bildhauer und Designer George W. Hart (der im Laufe seiner Karriere auch Mathematik studiert hat und Informatikprofessor war) nennt das Polyeder in dem Gemälde »ein Meisterwerk der Reflexion, Brechung und Perspektive« und ist sich ganz sicher, dass ein Glasmodell verwendet wurde. Der Bildhauer Carlo H. Séquin (ein promovierter Physiker, Professor für Informatik an der Universität in Berkeley) widerspricht: Es stelle keineswegs ein mit Wasser gefülltes Glasmodell dar, und die Spiegelungen seien alle erfunden, weil ziemlich falsch. Und die Perspektive sei auch falsch! So zeige das Gemälde die Wasseroberfläche des Polyeders offenbar von oben, während das Auge des Betrachters eigentlich tiefer liege als das »hoch aufgehängte« Polyeder – was nichts anderes heißt, als dass man bei korrekter Perspektive die Wasseroberfläche von unten sehen müsste.

Andreas Loos wiederum, der das Glaspolyeder für uns am Computer als Graphik nachgebaut hat, kam aus dem Staunen kaum heraus: »Da sind so viele Effekte drin, die der Maler richtig gesehen hat, wie die Spiegelung des Dachfensters und die hellen Kanten, das ist wirklich ziemlich unglaublich!«

Trotzdem sieht das Glasmodell in der Computergraphik-Version ganz anders aus, nicht nur, weil man hier die Wasseroberfläche perspektivisch-korrekt durch das Wasser hindurch von unten sieht ... Haben wir hier also den Beleg, dass das große Genie »ge-

Das gemalte Polyeder ...

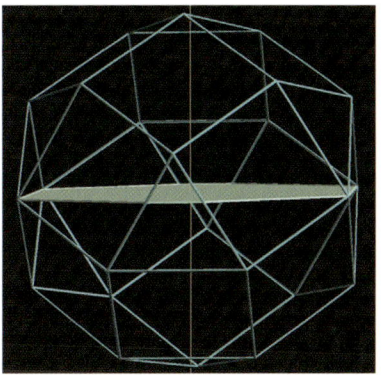

... und ein Computermodell

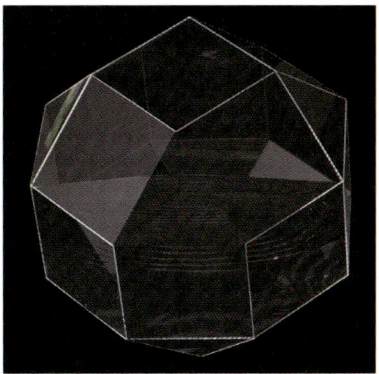

Glaspolyeder, am Computer als Graphik nachgebaut

pfuscht« hat? Unwissentlich vielleicht? Oder sogar ganz bewusst, der Schönheit wegen?

Skandal! Genie macht einen Fehler

Die Diskussionen um das gemalte Glaspolyeder waren aber nur Begleitmusik zu einer viel dramatischeren Entdeckung, die auf den belgischen Bildhauer Rinus Roelofs zurückgeht. Um das Jahr 2000 herum hatte Letzterer sich mit den gezeichneten Polyedern von Leonardo da Vinci beschäftigt – und tatsächlich nicht nur Ungenauigkeiten, sondern auch einen respektablen Fehler entdeckt, der offenbar mehr als 500 Jahre lang niemandem aufgefallen war. Roelofs fand das nicht weiter schlimm: »Fehler zu machen gehört zur Kreativität dazu!« Aber durch einen Vortrag von Roelofs im November des Jahres 2010 wurde der Mathematiker Dirk Huylebrouck auf die ganze Sache aufmerksam. Der reagierte prompt und nutzte Roelofs' Entdeckung, um einen kleinen, aber wirkungsvollen Skandal zu inszenieren:

> Im April 2011 habe ich es gewagt, Rinus Roelofs' Entdeckung über einen geometrischen Fehler des Genies Leonardo da Vinci in einem holländischen Magazin aufzudecken. Der Aufsatz erhielt internationale Aufmerksamkeit, als er auf der Webseite des *Scientific American* erschien, unter dem Titel »Lost in Triangulation: Leonardo da Vinci's Mathematical Slip-Up«.

So beginnt Dirk Huylebrouck seinen Bericht »Lost in Enumeration: Did Leonardo da Vinci slip up?«, in dem er sich in seinem Versuch zur Ehrenrettung des Genies zu folgender Theorie versteigt: Die Zeichnungen von Leonardo (die Originale könne Luca Pacioli besessen, aber verloren haben) könnten schon alle richtig gewesen sein. Fehlerhaft seien nur die überlieferten Zeichnungen und Kupferstiche, die hätten aber wohl Schüler, Gehilfen oder Kopisten angefertigt.

Leonardo da Vinci war ohne Zweifel ein Genie, das größte Genie der Renaissance, wenn nicht sogar darüber hinaus. Huylebrouck stellt scheinbar selbstlos fest: »Natürlich zieht auch der kleinste Fehltritt eines Genies wie Leonardo weltweite Aufmerksamkeit auf sich.«

Na ja, könnte man sagen, vielleicht hat das auch Methode. Wir erklären Leonardo zum universellen Genie, um dann aus jedem kleinen Schnitzer eine große Story machen zu können? Die Methode funktioniert hervorragend, aber sie ist nicht neu. Den Geniekult um Leonardo haben schon dessen Zeitgenossen zelebriert, allen voran sein Freund, Kollege und Mathematiklehrer Luca Pacioli. In der Vorrede seines Buches sonnt sich Pacioli im Ruhm des Genies, nennt ihn »Leonardo da Vinci, unser Florentiner Landsmann, welcher in Skulptur, Gips und Malerei keinen Vergleich zu scheuen braucht«, und lobt ihn dann für lauter unfertige und unvollendete Meisterwerke, nämlich ein Reiterstandbild von gigantischen Ausmaßen (von dem da Vinci ein Tonmodell präsentiert hatte, das aber nie in Bronze realisiert wurde, vermutlich auch nicht realisierbar war), das »Letzte Abendmahl« (das wegen seiner problematischen Maltechnik schon während der Ausführung immense Probleme machte), und ein Buchmanuskript über Bewegung in der Malerei (das Leonardo wohl nie geschrieben hat; ein Buch über Malerei ist erst sehr viel später aus seinen Manuskripten zusammengesetzt und 1651 auch gedruckt publiziert worden).

Doch schauen wir uns jetzt die beiden Zeichnungen von Leonardo noch genauer an, die diesem Kapitel vorangestellt sind. Erste Beobachtung: die Polyeder kann man sich gut vorstellen, sie wirken »dreidimensional«, die Zeichnungen sind also gut gelungen, aber die Perspektive ist sicher nicht perfekt. Da sind zum Beispiel Kanten, die parallel sein sollten, nicht ganz parallel. Offenbar sind die Zeichnungen nicht mit Zirkel und Lineal exakt geometrisch konstruiert worden, sondern vermutlich nach Modellen von Hand gezeichnet. Pacioli hatte tatsächlich Modelle gebaut, er schreibt selbst davon, dass er diese auch dem Fürsten Ludovico vorgeführt hat: »Was unsere Erfahrung in den von uns entworfenen

Modellen und Euer Hoheit Händen dargebracht, zugleich mit dem wissenschaftlichen Beweise […] offenbart.« Schulnote zwei also für Leonardo, was das Abzeichnen von parallelen Linien angeht.

Um den groben Fehler zu entdecken, der ihm unterlaufen ist, sehen wir uns die Struktur der Polyeder einmal genauer an. Zunächst das Bild auf Seite 23, das gezeichnete Rhombenkuboktaeder: In der Mitte des Bildes, vorne auf dem Polyeder, liegt ein Dreieck. Seine Nachbarn sind drei Quadrate, an deren Enden sich jeweils ein weiteres Dreieck findet: eines rechts oben am Bildrand (sozusagen in Ostnordost-Richtung), eines links oben (in Westnordwest-Richtung) und ein drittes Dreieck am unteren Ende der Figur (im Süden).

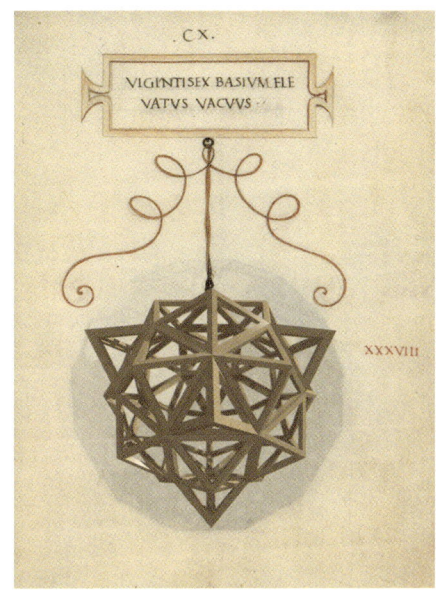

Leonardos Polyeder mit Fehler (links) und korrigiert

Hier sehen wir jetzt links das dazugehörige Sternpolyeder – dasselbe Bild wie auf Seite 22, nur sind diesmal die entscheidenden Stellen rot markiert. Um es zu konstruieren, wird auf jede Seitenfläche des Rhombenkuboktaeders eine Spitze aufgesetzt. Auf die Dreiecke wird eine steile Dreiecksspitze montiert, auf die Quadrate entsprechend eine Vierecksspitze. So sehen wir in der Mitte des Bildes die Dreiecksspitze, und wenn wir von dort nach Ostnordost schauen, kommt als Nachbar eine Vierecksspitze, und dann wieder eine Dreiecksspitze. Ganz ähnlich wenn wir nach Westnordwest gehen: eine Vierecksspitze als Nachbar, und danach eine Dreiecksspitze. Wenn wir aber nach Süden laufen, sollte nach der Vierecksspitze am unteren Bildrand eine Dreiecksspitze kommen – die ist da aber nicht. Leonardo da Vinci hat stattdessen dort eine Vierecksspitze gezeichnet – eindeutig!

Das Genie macht tatsächlich einen Fehler. Skandal?

Jetzt kann man sich natürlich fragen: War das Absicht? Hat Leonardo ein anderes Polyeder gezeichnet, um seinen Freund Pacioli zu ärgern, oder um zu sehen, ob der das überhaupt bemerkt? Wollte er sich vor Kopisten schützen? Der Nachwelt demonstrieren, dass er das »Pseudo-Rhombenkuboktaeder« entdeckt hatte, das an dieser Stelle wirklich eine Vierecksspitze bräuchte? Wollte er uns mit der Einladung zur Fehlersuche eine Freude machen? Das kann ich natürlich auch nicht wissen. Meine Vermutung ist: Leonardo hat sich geirrt, er hat einfach einen Fehler gemacht. Der Fehler findet sich übrigens nicht nur in der Zeichnung, sondern auch auf einem Kupferstich aus dem Jahr 1509. Ein Skandal? Nein, aber doch bemerkenswert!

Sollen wir den Fehler korrigieren? Gregor Lagodzinski und Andreas Loos haben für uns am Computer ein perspektivisch perfektes Holzmodell ohne Leonardos Fehler konstruiert, und ihr Bild anschließend auf der Leonardo-Manuskriptseite platziert. Das Ergebnis sehen Sie im rechten Bild auf der linken Seite.

Unaufhaltsamer Fortschritt?

Sie meinen, heute könnte uns das nicht mehr passieren? Heute könnten wir mit Hilfe von Analytischer Geometrie und Computergraphik solche Patzer wie bei Leonardo vermeiden? Keineswegs! Die platonischen und archimedischen Polyeder sind mathematische Diamanten, einzigartig,

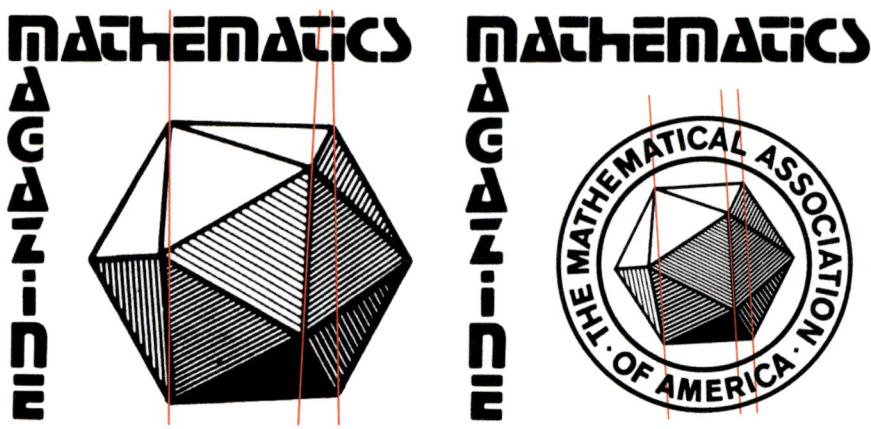

Das Logo der MAA aus dem *Mathematics Magazine*: links das Original, rechts die korrigierte Version

für die Ewigkeit. Deshalb sind sie nicht nur »a girl's best friends« (oder sollten das sein), sondern genau deshalb schmücken sich auch mathematische Verbände damit. So fand sich viele Jahre lang ein Ikosaeder im Zentrum des Logos der »Mathematical Association of America« – aber eben kein symmetrisches regelmäßiges, sondern ein hässliches, ziemlich böse verzerrtes Ikosaeder. Wenn das Ikosaeder richtig gezeichnet worden wäre, dann müssten die roten Hilfslinien im linken Bild nämlich parallel sein, und das sind sie *offensichtlich* nicht.

Noch schlimmer: Das hässliche Ikosaeder war viele Jahre lang, nämlich von 1972 bis 1984, keinem einzigen der Mitglieder der Gesellschaft aufgefallen, bis schließlich Branko Grünbaum, Professor für Geometrie an der University of Washington in Seattle, in einem Aufsatz mit dem schönen Titel »Geometry strikes again« aus dem Jahr 1985 den Skandal offenlegte. Und in diesem Fall würde ich sagen, ja, das ist wirklich ein Skandal! (Das Logo wurde dann auch umgehend korrigiert.)

Die halbregulären Polyeder sind, wie gesagt, klassische griechische Mathematik, sie werden Archimedes zugeschrieben. Die Sternpolyeder dazu hat möglicherweise Pacioli erfunden, jedenfalls hat er sie populär gemacht. Und zwar gleich so, dass sie heute gerne als Baumschmuck zu Weihnachten verwendet, seit fast hundert Jahren im Ort Herrnhut in der Oberlausitz (östlich von Dresden) produziert und weltweit exportiert werden – und zwar unter der Bezeichnung »Herrnhuter Sterne«.

Auch von diesen Sternen gibt's die reale Version, bei der die Geometrie stimmt (zumindest, wenn man die Sterne der Anleitung folgend richtig zusammenbaut). Einzig die Vierecksspitze oben fehlt – an ihrer Stelle befindet sich das Stromkabel, an dem die Sterne hängen, in diesen modernen Zeiten geht es ohne Kerzen. Aber dann ist da ja noch das Logo der Firma zu bestaunen, die die Sterne herstellen lässt. Es zeigt, wie sollte es anders sein, natürlich auch einen »Herrnhuter Stern«.

Wie finden Sie das?

Sollte das Logo nicht wenigstens symmetrisch sein?

Hätte Leonardo da Vinci das womöglich besser gekonnt?

Man weiß es nicht.

Sicher ist in diesem Zusammenhang wohl nur eins: Geometrie ist schwer! Und manchmal durchaus für einen Skandal gut.

Herrnhuter Stern – das Original und das Logo der gleichnamigen Firma

Rechenung auff der Linien vnd Federn/ Auff aller ley handtierung/ Gemacht durch Adam Rysen.

Zum andern mal corrigirt vnd gemehret.

Der ware Proceß vñ kürtzist weg Visier vnd Wechselrüt zu machen auß dem Quadrat/ Durch die Arithmetic vnd Geometri. Von Erhardo Helm/ Mathematico zu Franckfurt/ beschriben.

Zu Francfurt, Bei Christian Egenolph.

1

1522/1525

Eine deutsche Revolution

Vor kurzem wurde aus der englischen Version des Online-Lexikons Wikipedia der »Bicholim-Konflikt« gestrichen, ein Krieg zwischen den portugiesischen Machthabern in Goa und dem Maratha-Reich, der sich vom Sommer 1640 bis Anfang 1641 hingezogen hat. Der Aufsatz über den Krieg, der seit dem 4. Juli 2007 im Netz stand, war im September des gleichen Jahres von Wikipedia wegen seines Detailreichtums noch als »guter Aufsatz« ausgezeichnet worden. Im Dezember 2012 wurde er aber gelöscht – nachdem sich herausgestellt hatte, dass es diesen Krieg tatsächlich nie gegeben hat. Der Eintrag war nur eine kunstvolle Fälschung gewesen.

Die »Große Deutsche Revolution von 1522/1525« hingegen ist ein sehr reales, wichtiges historisches Ereignis, das nicht in Wikipedia steht, und auch nicht in anderen Geschichtsbüchern – zumindest nicht unter diesem Namen. Ein großes Versäumnis, wie ich finde, denn was in diesen Jahren passiert ist, war zweifellos revolutionär und umwälzend und hat Deutschland geprägt, auch wenn es keine blutigen Schlachten und keine Toten gab. Der Grund dafür: Diese Revolution basierte auf drei Büchern, die in den Jahren 1522 und 1525 im Druck erschienen sind.

Das erste Buch der Revolution

Wer heutzutage Rechtsgeschäfte macht, etwa eine Wohnung kauft, der braucht dafür einen Notar, der für die Korrektheit der Abwicklung garantiert, am Ende für seine Leistungen Prozente nimmt und nach meinem Gefühl damit oft unangemessen viel Geld verdient. Etwas ganz Ähnliches machte früher der Rechenmeister: Wer vor 500 Jahren auf dem Markt Geschäfte machen wollte, wartete auf den Rechenmeister, der mit Zahlen umgehen, Maße, Gewichte und Währungen umrechnen konnte, den Dreisatz beherrschte und für seine Rechnungen am Ende bezahlt wurde, wohl, indem er Prozente nahm. Auch wenn wir diesen Beruf heute nicht mehr kennen, zumindest nicht in dieser Form, so waren die Rechenmeister im fünfzehnten Jahrhundert hoch geachtet. Es ist belegt, dass im Jahr 1432 als erster Rechenmeister ein gewisser Johannes Dürschmid das Bürgerrecht in Nürnberg bekam.

Warum aber brauchte man den Rechenmeister? In den öffentlichen Schulen wurde im fünfzehnten Jahrhundert Mathematik nicht gelehrt, auch nicht das Rechnen, sondern bestenfalls ein sehr elementarer Umgang mit kleinen Zahlen. Das reichte schon damals nicht für den Alltag, erst recht nicht für den eines Kaufmanns auf dem Markt. So berichtet Johannes Widmann in seinem Rechenbuch aus dem Jahr 1498, der Alltag des Händlers sei von Übervorteilung, Betrug und List gekennzeichnet. Der ambitionierte Kaufmann schickte deshalb seine Söhne nach Italien, wo sie hoffentlich fleißig zur Messe gingen, keinen Unsinn anstellten (mit Mädchen oder so), und hauptsächlich das Rechnen und die Buchführung lernten, um damit später den väterlichen Betrieb führen zu können. Auf dem Markt aber war Mathematik lange Geheimwissen. Viele Rechenmeister betrieben Schulen, in denen sie ihr Wissen weitergaben. Diese Schulen wurden wie Internate geführt, es wurde eine monatliche Schulgebühr kassiert, und die Frau des Rechenmeisters kochte und putzte, und wurde auch dafür bezahlt, die Kleidung der Schüler in Ordnung zu halten. Die Söhne wie auch die Schüler des Rechenmeisters mussten sich aber verpflichten, die gelernten Methoden geheim zu halten. Über die Töchter sagte die Regel nichts, aber was verstanden die schon von Mathematik.

In dieser Situation lösten die gedruckten Rechenbücher, in denen das im Alltag benötigte Wissen auf Deutsch (!) erklärt wurde, eine Revolution aus. Nicht das erste, aber das bei Weitem bekannteste und erfolgreichste dieser Bücher erschien 1522. Der Autor war Adam Ries, 1492 oder 1493, das weiß man nicht genau, in Staffelstein (Oberfranken) geboren. Er hat nicht studiert, sondern das Rechnen aus Büchern gelernt. Ab 1518 betrieb er in Erfurt und von 1522 oder 1523 an im sächsischen Annaberg eine Rechenschule.

Das Rechenbuch von 1522 war Adam Ries' zweite Veröffentlichung; das erste aus dem Jahr 1518 beschäftigte sich nur mit dem Rechenbrett. Vier Jahre später wurde dann in Erfurt sein Werk *Rechenung auff der Linhien und Federn* gedruckt, das nicht nur das Rechnen »auf den Linien« des Rechenbretts, sondern auch das uns geläufige (!) schriftliche Rechnen »mit der Feder« auf Papier erklärte. Das Buch war ein riesiger Erfolg, wurde in den Jahren bis 1656 mindestens 113 Mal gedruckt, in immer wieder bearbeiteten und revidierten Ausgaben. Die meisten davon allerdings nicht unter der Regie von Adam Ries (wie auch, der starb ja schon 1559), der daran auch nicht verdiente: Damals gab es kein Urheberrecht, und ein »Reichsprivileg«, das einen Nachdruck für fünf Jahre verbot, bekam Adam Ries erst für sein drittes Buch, das aus dem Jahr 1550 stammt.

Eigentlich würde man annehmen, dass sich von diesem weitverbreiteten Schulbuch wenigstens ein paar Exemplare in den Schatzkammern deutscher Universitätsbibliotheken fänden – aber dem ist nicht so. Die Erstausgabe war alles andere als prunkvoll, auch nicht mit Illustrationen versehen: Adam Ries hatte offenbar kein Geld für Holzschnitte und Verzierungen, als er das Manuskript auf eigene Rechnung in Druck gab. Das »Buch der Revolution« lässt sich, zumindest was die Erstausgabe angeht, in ganz Deutschland nicht auftreiben; das einzige erhaltene Exemplar wird in England verwahrt, in der Bibliothek des St. John's College in Cambridge. Unser prächtiges Kapitelauftaktbild stammt aus einer 1535 in Frankfurt am Main gedruckten Ausgabe, »zum andern mal corrigirt und gemehret« – der ältesten, die das Adam-Ries-Museum in Annaberg besitzt. Das Titelblatt zeigt einen kunstvollen Holzschnitt, der die Arbeit des Rechenmeisters darstellt. Der Holzschnitt findet sich auch in späteren Ausgaben, etwa in der 1574 ebenfalls in Frankfurt gedruckten Version, von der das Arithmeum in Bonn ein Exemplar besitzt. Es ist in einer kommentierten Reprint-Ausgabe zu haben, aus der ich im Folgenden auch zitiere.

Adam Ries' *Rechenbüchlin* legt gleich nach der Vorrede unter der Überschrift »Numerirn« los mit einer Erklärung der Zahlen und Zahlnotation. Der Meister fügt hilfreich hinzu: »Numerirn heißt zelen.« Für Anfänger ist das dennoch keine leichte Übung, denn Ries nimmt sich rasch sehr große Zahlen vor: Schon auf der zweiten Seite wird erklärt, dass die Zahl 86789325178

> sechs und achtzig tausent tausent mal tausent / siben hundert tausent mal tausent / neun unnd achtzig tausent mal tausent / drey hundert tausent / fünff und zwentzig tausent / ein hundert acht und sibentzig

auszusprechen sei – offenbar waren Wörter für Million und Milliarde noch nicht geläufig.

Dann geht es gleich ans Rechnen mit Dezimalzahlen, fast so, wie wir das immer noch mehr oder minder mühsam in der Grundschule lernen. Außerdem erklärt Ries wacker und geduldig all das, was bis heute allen geläufig ist (oder wenigstens sein sollte): Die Grundrechenarten »Addiren oder Summirn«, »Subtrahirn«, »Dupliren« (Verdoppeln) und »Medirn« (Halbieren), »Multiplicirn« und »Dividirn« (Teilen). Der Rechenmeister Christoff Rudolff kommentiert übrigens noch in seinem Rechenbuch von 1526, dass die lateinischen Begriffe üblich seien und er sie deshalb beibehalte. Als Nächstes erläutert Ries kurz das Summieren von Zahlenfolgen (immer plus 3) wie 3, 6, 9, 12, 15, 18, 21, 24, 27, 30, 33,

36, 39, 42, 45, 48 und schließlich sehr ausführlich die *Regula Detri*, die wir als den Dreisatz kennen – immer mit der *Proba*: das Ergebnis wird überprüft. Daraufhin folgt die Umrechnung von Gewichten und anderen Maßeinheiten, und unter der Überschrift »Vom Wucher« werden zu guter Letzt Zinsen und Zinseszinsen besprochen – davon wird auch hier später noch die Rede sein, wenn wir uns eine Werbekampagne der Deutschen Bank ansehen. Das ist, wenn wir ehrlich sind, alles, was man vom mathematischen Schulwissen im Alltag braucht: Differenzial- und Integralrechnung sind Meilensteine der Wissenschaft, aber wann haben Sie das letzte Mal eine Ableitung ausgerechnet? Oder ernsthaft ein Integral berechnet, um ein Volumen zu schätzen? Und auch wenn Sie noch wissen sollten, wie man eine quadratische Gleichung löst: Wann haben Sie das zuletzt tatsächlich gemacht? Nicht nur zum Spaß, ich meine vielmehr: Wann haben Sie das wirklich gebraucht? Eben. So schreibt auch Adam Ries:

> Die Wurzel, den Quadraten, unnd Cubic aufzuziehen, wil ich hie beruhen lassen, sonder zu seiner zeit, so ich das Visiern und etliche Regeln des Coß [der Algebra] erzähle, genugsam erklären.

Und in der Tat, weiter hinten im Rechenbüchlein, wo es dann ums Messen und ums Visieren – also das Ausmessen von Volumina, etwa von Fässern – geht, kommt dazu Einiges.

Ries' Rechenbüchlein »schlug ein wie eine Bombe« würde ich sagen, wenn nicht die martialische Ausdrucksweise für diese friedliche Deutsche Revolution völlig unangebracht wäre. Also: Es war ein Bestseller. Mit diesem Büchlein haben Generationen von Deutschen das Rechnen gelernt, insbesondere die Händler und Kaufleute. Und man kann sagen, dass der Revolutionär Adam Ries und sein Rechenbüchlein die Initialzündung gegeben haben für das Aufblühen des Handels in Deutschland im sechzehnten Jahrhundert. Anders als die Originalexemplare seines Buches hat der Meister auf andere Weise die Zeiten überdauert. Bis heute gilt der Satz: »1 + 1 = 2 nach Adam Riese« – wobei in dieser Feststellung gleich zwei Fehler enthalten sind. Der Mann hieß nämlich Adam Ries, das angehängte »e« stammt aus der Zeit, als Nachnamen im Deutschen noch dekliniert wurden. Und abgesehen davon steht nirgends in Adam Ries' Rechenbüchlein (und auch nicht in seinen anderen Büchern), dass »1 + 1 = 2« sei. Das stimmt zwar in der Summe, aber das Gleichheitszeichen ist eine spätere Erfindung, die üblicherweise auf das Jahr 1557 datiert wird (davon wird im nächsten Kapitel die Rede sein).

Adam Ries starb wenig später, am 30. März oder am 2. April 1559, wohl in Annaberg oder in Wiesa in Sachsen. So wenig präzise wissen wir über sein Lebensende Bescheid. Letztlich nur konsequent, denn schon sein Geburtsjahr ist ja nicht sicher bekannt: Unsere Quelle für die Angabe »geboren 1492 oder 1493« ist das Titelblatt eines weiteren Rechenbuchs namens *Rechenung nach der lenge / auff den Linihen vnd Feder* aus dem Jahr 1550, das Adam Ries »seines Alters im LVIII« zeigt, also mit 58 Jahren. Auch das ist ein Bild der Mathematik: Das einzige überlieferte Portrait jenes Revolutionärs, der die Deutschen einst das Rechnen lehrte.

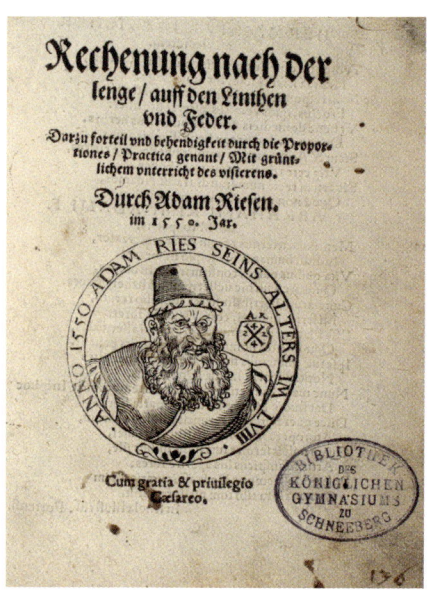

Titelblatt von Adam Ries' *Rechenung nach der lenge*, 1550

1893 hat Deutschland ihm ein Denkmal gesetzt: zum 400. Geburtstag des Rechenmeisters wurde in Annaberg in einem feierlichen Akt eine Bronzebüste enthüllt. Im Jahr 1943 wurde diese dann zu Rüstungszwecken eingeschmolzen und zehn Jahre später durch eine Sandsteinkopie ersetzt. 2010 wurde schließlich eine Bronze-Replik präsentiert (ohne den originalen Sockel). Recht mickrig für einen deutschen Helden, dem das Land sicherlich einen Teil seines Wohlstands verdankt, oder? Wie wäre es denn, mal eines der vielen Kaiser-Wilhelm-I.-Reiterdenkmäler einzuschmelzen und einen stattlicheren Adam Ries daraus zu gießen?

Das zweite Buch der Revolution

Das zweite Buch der Revolution, *Das neue Testament Deutsch*, erschien im September 1522 – und zwar anonym. Mit dem Wormser Edikt vom 8. Mai 1521 war Martin Luther für vogelfrei erklärt worden: Niemand durfte ihn mehr unterstützen oder beherbergen, seine Schriften lesen oder verbreiten. Kurfürst Friedrich der Weise hatte Luther heimlich auf der Wartburg bei Eisenach in Sicherheit gebracht (offiziell hieß es, der Mönch sei entführt worden), wo dieser, getarnt als »Junker Jörg« innerhalb von nur elf Wochen das neue Testament aus dem griechischen Urtext in kraftvolles Deutsch übertrug. Das Werk erschien in einer beachtlichen Auflage von 3000 Stück bei Melchior Lotter in Wittenberg im Druck. Das *Septembertestament* war teuer, es kostete eineinhalb Gulden. Trotzdem war die erste Auflage sehr schnell vergriffen, so dass noch im selben Jahr eine zweite Auflage erschien, mit verbessertem Text und neuen Bildern, das *Dezembertestament*.

Nun hat Luther Religion und Sprache der Deutschen geprägt, zur Mathematik aber wenig beigetragen. Er erklärte verschiedentlich, dass er darüber (und über Physik) nicht diskutieren wolle, das sei nicht sein Metier. Gott jedenfalls stehe über der Mathematik und müsse sich nicht an Naturgesetze halten: »*Deum, inquiens, esse supra mathematicam*«, wie Rudolf Collonius, Teilnehmer am Marburger Religionsgespräch von 1529, notierte. Deshalb wollen wir hier nur eine kurze (nachdrückliche!) Leseempfehlung für die Lutherbibel aussprechen und den wunderbaren, Luther 1628 von Julius Wilhelm Zinckgraf zugeschriebenen Aphorismus zitieren: »Die Arzenei macht kranke, die Mathematik traurige und die Theologie sündhafte Leute« – und es dabei bewenden lassen.

Das dritte Buch der Revolution

Das dritte Buch der Großen Deutschen Revolution erschien 1525 im Druck: Albrecht Dürers *Underweysung der Messung, mit dem Zirckel und Richtscheyt, in Linien, Ebenen unnd gantzen corporen.* Wenn die Deutschen (hoffentlich) aus dem Rechenbüchlein von Adam Ries das Rechnen gelernt haben, und von Luther möglicherweise Moral, dann hat sie vielleicht Albrecht Dürer die Geometrie gelehrt?

Der hatte natürlich aus ganz praktischen Gründen ein Faible für Geometrie: weil es ihm um geometrische Konstruktionen, Architektur und besonders um die richtige Perspektive in der Malerei ging. Aber auch er interessierte sich für Schrift und gab, wie Pacioli, Anweisungen für die geometrische Konstruktion der Buchstaben für ein formschönes Alphabet: Geometrie für die Typographen. Und weil sein Werk über Geometrie hauptsächlich als Lehrbuch für Künstler gedacht war (»zu Nutz aller Kunstliebhabenden« heißt es schon auf dem Titelblatt), konnte der Autor natürlich nicht davon ausgehen, dass seine Leser Geometrie beherrschten, vielleicht sogar die *Elemente* des Euklid auf Latein gelesen und studiert und verinnerlicht hatten. Oder doch?

Sein erstes Kapitel fängt so an:

> Der allerscharfsinnigste Euklides hat den Grund der Geometria zusammengesetzt. Wer denselben wohl versteht, der bedarf diser hernach geschriebenen Ding gar nicht; denn sie sind allein den Jungen und denen, so sonst niemand haben, der sie treulich unterweist, geschrieben.

Der klassische Stoff wird also doch noch einmal erklärt, in schönstem Deutsch, illustriert mit Holzschnitten des Meisters selbst: Punkte, Geraden, Ebenen, aber auch Kurven, die nicht bei Euklid stehen, Dürer offenbar jedoch Freude gemacht haben: Spiralen, die er »Schneckenlinien« nennt und aus denen er die Formen von Bischofsstäben konstruiert. Und dann geht's zurück zur klassischen Geometrie:

> Die Alten haben angezeigt, daß man dreierlei Schnitt durch ei-
> nen Kegel thun kann, die da von einander verschieden sind und
> mit dem Fuß des Kegels nicht eine gleiche Zirkellinie haben.

Das nämlich seien *Elipsis*, *Parabola* und *Hyperbola* – also Ellipse, Parabel und Hyperbel, wie wir sie vielleicht aus dem Mathematikunterricht
kennen (oder auch nicht) – und die schon der griechische Mathematiker Menaichmos (ca. 380 bis 320 vor Christus) klassifiziert und studiert
haben soll. Angeblich hat auch Euklid vier Kapitel über Kegelschnitte
geschrieben, die aber nicht erhalten sind. Das sind jedenfalls »die Alten«, von denen Dürer spricht.

Woraufhin er anfügt:

> Dieser drei Schnitte Namen weiß ich auf Deutsch nicht zu sa-
> gen; wir wollen ihnen aber Namen geben, dabei man sie er-
> kennen kann. Die Elipsis will ich eine Eierlinie nennen, dar-
> um daß sie schier einem Ei gleich ist. Die Parabola sei genannt
> eine Brennlinie, darum so man aus ihr einen Spiegel macht, so
> zündet der an. Aber die Hyperbola will ich eine Gabellinie
> nennen.

Und dann erläutert er uns, wie man eine Ellipse zeichnen kann – den
Text brauchen wir nicht, weil wir ja am Bild ablesen können, wie er's
macht (dazu bitte Seite 50 aufschlagen). Wir sehen allerdings auch, dass
Dürer hier keine sehr überzeugende Ellipse produziert (die müsste nicht
nur eine vertikale, sondern auch eine horizontale Symmetrieachse haben), sondern ein ziemliches *Ei*, das oben spitzer ist als am unteren dicken Ende.

Warum? Weil Dürer ungenau konstruiert hat, oder weil er glaubte,
dass der schräge Schnitt durch den Kegel wirklich ein Ei ergibt?

Auf jeden Fall müssen wir an dieser Stelle zu Albrecht Dürers Ehrenrettung feststellen: Im Gegensatz zu vielen seiner Zeitgenossen wusste
der Nürnberger Maler sehr wohl, Näherungskonstruktionen (*mechani-*

seytten/Also thů ich im durch die gantzen zal/so dann dise puncktē zů rings herum gemacht sind/ als dañ zeůch ich die eyer lini Elipsis von punckt zů punckt/wie ich sölchs hie bey hab aufgerissen.

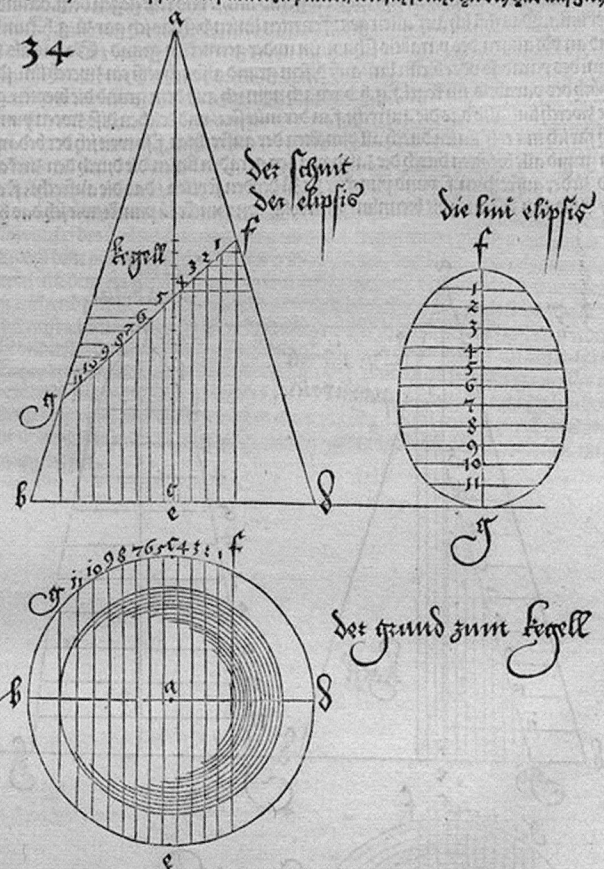

Die Parabola ist gleicher weiß zů machē/als die Elipsis/Ich reiß erstlich den kegel.a.b.c.d.e. vñ dariñ die aufrecht lini.a. vnd schneid das parabel/von oben herab biß durch des kegels fůß/als so das diser schnyt/ein barlini sey gegen des kegels seyten.a.b.vnd diser schnyt sey oben f.vndē g.h.Darnach teil ich.f.g.h.mit eylf puncktē in 12/gleiche felt/vnd reiß zwerch linien durch all puncktē in.f.g.h.vñ die so auf der seyten stē gegen.a.d.die selben zwerch linien zeůch ich von der aufrechtē a.an des kegels lini oder seytē.a.d.Aber die an der andern seiten stē die zeůch ich von der aufrechtē a.an die seytē lini des kegels.a.b.darnach mach ich dē grund des kegels vnder dem kegel/des Centrū a.vnd zirckellini.b.c.d.e.ist.Darnach laß ich auß allen puncktē der zifer vnd f.g.h.gerad linien/auß dem kegel herab fallē/durch den rundē grund/vñ betzeichen sie dariñ mit jren ziffern/zů gleicher weis

C iiij

Dürers »Ei«

che) von exakten Lösungen (*demonstrative*) zu unterscheiden. Seine Konstruktion der Ellipse jedenfalls ist lediglich eine solche Näherungskonstruktion.

Außerdem: Wer's besser kann, soll's sagen; besser noch, vorführen. Oder, in den Worten Dürers ausgedrückt (auf ein anderes, unmögliches Problem bezogen, nämlich die Dreiteilung des Winkels): »Wer es will genauer haben, der suche es demonstrative.«

Und überhaupt: Warum sollten wir uns über Ungenauigkeiten in Albrecht Dürers wunderbaren Stichen echauffieren, wenn sich selbst in Werken wie dem monumentalen *Handbook of Applicable Mathematics* aus dem Jahr 1985 (!) Kegelschnitte finden, die schon die Alten Griechen zu Recht entsetzt hätten, und sicher keine anwendbare Mathematik sind, wie der Titel des Handbuchs suggeriert!

Herr Ries, Herr Dürer, helfen Sie!

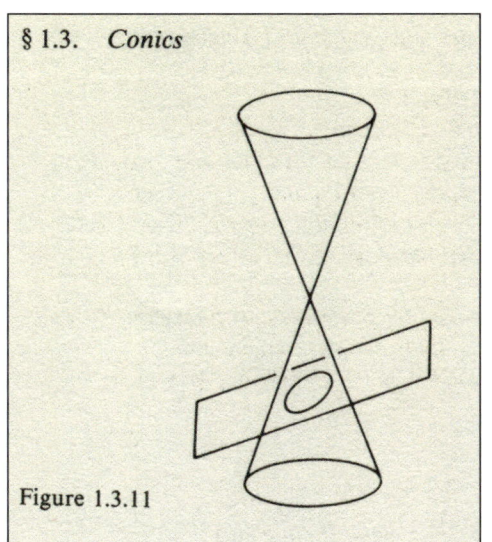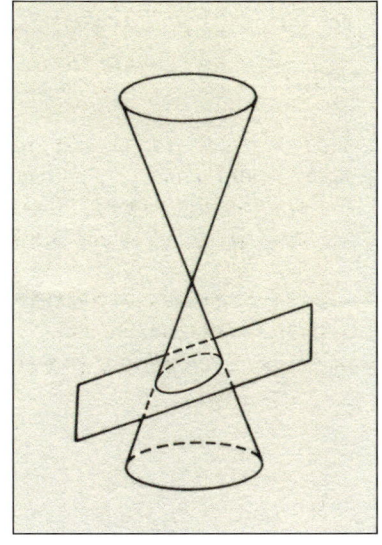

Der Kegelschnitt aus dem *Handbook of Applicable Mathematics* wie gedruckt (links) und korrigiert (rechts)

as their woọkes doe extende) to diſtincte it onely into twoo partes. Whereof the firſte is, *when one number is equalle vnto one other.* And the ſeconde is, *when one nomber is compared as equalle vnto.* 2. *other nombers.*

Alwaies willyng you to remēber, that you reduce your nombers , to their leaſte denominations , and ſmalleſte foọmes, befoọe you pọocede any farther.

And again, if your *equation* be ſoche, that the greateſte denomination *Coßike,* be ioined to any parte of a compounde nomber , you ſhall tourne it ſo , that the nomber of the greateſte ſigne alone , maie ſtande as equalle to the reſte.

And this is all that neadeth to be taughte , concernyng this woọke.

Howbeit, foọ eaſie alteratiō of *equations.* I will pọopounde a fewe erāples, bicauſe the extraction of their rootes, maie the moọe aptly bee wọoughte. And to auoide the tediouſe repetition of theſe woọdes : is equalle to : I will ſette as I doe often in woọke bſe, a paire of paralleles, oọ Gemowe lines of one lengthe, thus:=======,bicauſe noe. 2. thynges, can be moare equalle. And now marke theſe nombers.

1. $14.\mathrecord{} \cdot + \cdot 15.\mathremq{} ===== 71.\mathremq{}$

2. $20.\mathrecord{} ——— 18.\mathremq{} ===== 102.\mathremq{}$

3. $26.\mathremz{} \cdot + 10\mathrecord{} == 9.\mathremz{} — 10\mathrecord{} + 213.\mathremq{}$

4. $19.\mathrecord{} \cdot + 192.\mathremq{} == 10\mathremz{} \cdot + 108\mathremq{} — 19\mathrecord{}$

5. $18.\mathrecord{} \cdot + 24.\mathremq{} ==== 8.\mathremz{} \cdot + 2.\mathrecord{} \cdot$

6. $34\mathremz{} ——— 12\mathrecord{} ==== 40\mathrecord{} \cdot + 480\mathremq{} — 9.\mathremz{}$

1.   In the firſte there appeareth. 2 . nombers , that is
                            $14.\mathrecord{} \cdot$

1557

Die Erfinder des Gleichheitsszeichens

Mit den wenigen Zeilen, die auf unserem Aufmacherbild farbig hervorgehoben sind, revolutionierte der walisische Arzt und Mathematiker Robert Recorde 1557 die Welt der Mathematik, genauer: deren Schreibweise. Noch genauer: Er begründete die Form des Gleichheitszeichens, wie wir es heute kennen und das hier erstmals im Druck erschien. In modernerem Englisch könnte das so aussehen:

> And to avoid the tedious repetition of these words is equal to I will set as I do often in work use, a pair of parallels, or Gemowe lines of one length, thus: ======, because no 2 things can be more equal.

Die »Gemowe lines« sind Zwillingslinien, ein Begriff, der denselben Wortstamm hat wie die *Gemini*, die wir als Sternbild der Zwillinge kennen. Also: »Und um die lästige Wiederholung der Wörter *ist gleich* zu vermeiden, werde ich, wie ich das oft bei der Arbeit tue, ein Paar von Parallelen oder Zwillingslinien derselben Länge verwenden, so: ======, weil keine 2 Dinge gleicher sein können«, heißt das Ganze auf Deutsch. Mit der Einführung des Gleichheitszeichens konnte man nun auch so elementare Weisheiten wie $1 + 1 = 2$ hinschreiben.

Lauter Geschichten

Die Gleichung $1+1=2$ steht also nicht, wie man glauben könnte, am Anfang der Mathematikgeschichte, sie kommt erst nach jahrtausendelanger Vorarbeit. Die *Geschichte des Zählens* mag vielleicht damit begonnen haben, dass in vorhistorischer Zeit jemand versucht hat, seine Schafe (oder sonst irgendetwas) zu zählen, und dafür Markierungen in einen Stock oder Knochen geritzt hat. Solche Markierungen finden sich auf dem Oberarmknochen eines Waldelefanten, der im Landesmuseum für Vorgeschichte in Halle an der Saale ausgestellt wird. Er wurde in den Überresten einer Siedlung aus der Altsteinzeit in Bilzingsleben nördlich von Erfurt gefunden und ist etwa 370 000 Jahre alt. Auf dem Knochen eingeritzt sieht man dünne parallele Linien, die möglicherweise etwas zählen; wir wissen nicht, was. Der Katalogtext behauptet, sie seien eine »graphische Darstellung der Kommunikation«, außerdem »im rechten Winkel nebeneinander auf dem Knochen eingeritzt«. All das sind reine Interpretationen und Spekulationen. Dieser Knochen dokumentiert sicher nicht das erste Mal, dass irgendjemand irgendetwas gezählt hat, aber *Geschichte* beginnt eben erst, wenn jemand über einen Vorgang *schreibt.*

Die *Geschichte der Geometrie* begann vielleicht damit, dass in vorhistorischer Zeit irgendjemand ein Quadrat und einen Kreis in den Sand

»Graphische Darstellung von Kommunikation«? Der Knochen von Bilzingsleben

zeichnete. Wann das gewesen sein könnte, wissen wir nicht, von den ersten Kreisen und Quadraten im Sand ist natürlich nicht viel geblieben. Jedenfalls muss das viele Jahrtausende vor Archimedes gewesen sein, der im Jahr 212 v. Chr. seine Beschäftigung mit einer Geometrieaufgabe am Strand von Syrakus mit dem Leben bezahlt hat – weil ihm die Aufgabe im Sand wichtiger war als der marodierende römische Soldat, den er abgewiesen haben soll mit dem legendären, bewunderswerten, aber im Nachhinein sehr törichten Satz: »Störe meine Kreise nicht!«

Die *Geschichte des Rechnens* und der Arithmetik wiederum dürfte ganz sicher nicht damit begonnen haben, dass irgendjemand irgendwo 1 + 1 = 2 in den Sand oder auf eine Tontafel geschrieben hat. 1 + 1 = 2 ist eine sehr komplexe Aussage, weil da *Algebra* im Spiel ist, also das Summenzeichen, das die Operation des Zusammenzählens bezeichnet, und das Gleichheitszeichen.

Aber bevor wir uns mit dem Kreuz mit dem Pluszeichen auseinandersetzen, fragen wir erst einmal nach der 1 und der 2.

Die 2 und das Gleichheitszeichen

»Woher kommen die Zahlen?« Diese Schülerfrage hat den französischen Mathematiklehrer Georges Ifrah zu einem 580-seitigen Buch angestachelt, das in der deutschen Ausgabe *Universalgeschichte der Zahlen* heißt. Darin verfolgt Ifrah die heutigen Ziffern bis zu den Ursprüngen zurück, wo zwei vertikale (oder auch horizontale) Striche, also = oder II, ursprünglich nicht Gleichheit, sondern die Zahl 2 bezeichneten. Zwei vertikale Striche für die 2 finden sich etwa in der Brahmi-Schrift, die in verschiedenen Regionen Indiens 250 Jahre vor unserer Zeitrechnung in Gebrauch war. Zwei waagrechte Striche für die 2 kann man in buddhistischen Inschriften aus dem zweiten Jahrhundert vor Christus finden. Entdeckt wurden sie in den Grotten am Nana Ghat, einem Berg einhundert Kilometer entfernt von der westindischen Stadt Puna, die man aus Flower-Power-Zeiten noch als Poona kennt. Von dort lässt sich

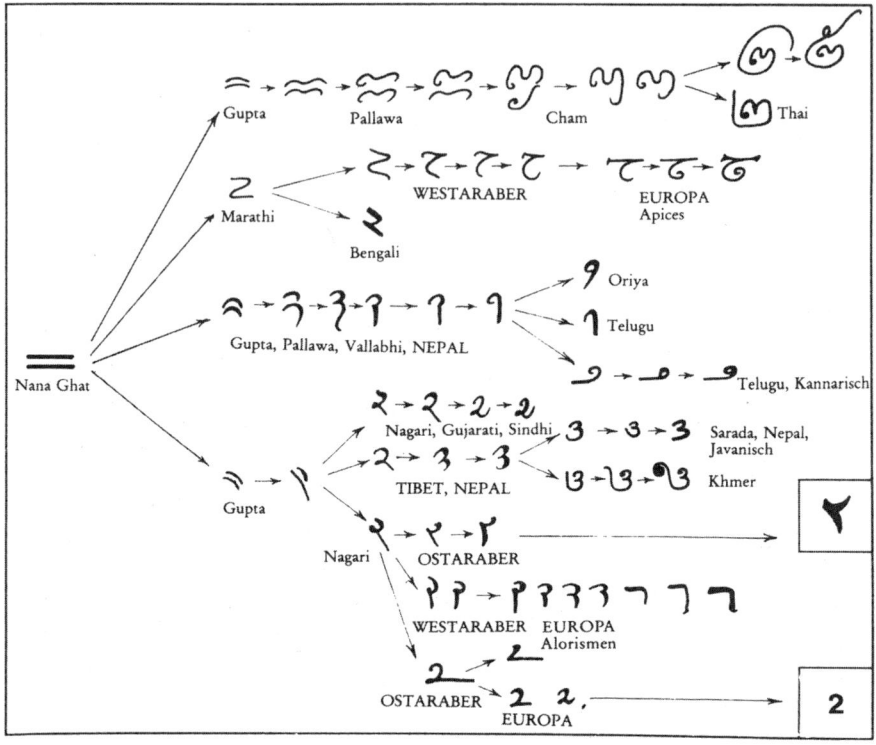

Die Geschichte der 2 aus Ifrahs *Universalgeschichte der Zahlen*

die Entwicklung des Zahlzeichens von II bzw. = bis 2 von den Indern über die Araber nach Westeuropa verfolgen.

Das Kreuz mit dem +

Das Pluszeichen für die Addition findet sich dagegen nicht bei den »alten Indern« oder in der klassischen arabischen oder griechischen Mathematik – erst Ende des fünfzehnten Jahrhunderts wurden dafür Zeichen eingeführt und verwendet. Während sich in italienischen und französischen Manuskripten aus dieser Zeit p oder p̃ für Addition findet (und m oder m̃ für Subtraktion), stammt das + für die Addition wohl aus Deutschland. So findet es sich in einem Manuskriptband aus dem

Jahr 1481, der in der Universitätsbibliothek in Dresden aufbewahrt wird. Zwei Manuskripte aus diesem Band hat auch der Rechenmeister Johannes Widmann aus Leipzig studiert (und mit Randbemerkungen versehen, daher wissen wir das). Das erste Pluszeichen »+« in gedruckter Form erschien in seinem Rechenbüchlein *Behende un hübsche Rechnung auff allen Kauffmanschaften*, das von einem Drucker namens Konrad Kachelofen aus Leipzig verlegt wurde.

Widmanns Buch war vielleicht nicht so erfolgreich wie das von Adam Ries (es erlebte »nur« sechs Auflagen), aber die Erstauflage erschien bereits anno 1489, also immerhin 33 Jahre früher als der Ries'sche Bestseller. In diesem Werk findet sich zum ersten Mal unser (inzwischen) vertrautes Pluszeichen für die Addition, erklärt durch »uund das + das ist meer darzu Addierest« in voller Schönheit. (Unser Bild hier auf dieser Seite stammt aus dem besonders schönen, aber inhaltlich unveränderten Druck von Heinrich Steiner aus dem Jahr 1526.)

Wobei ich mir nun doch, auch weil noch Platz auf der Seite ist, die Geschichte nicht verkneifen kann vom kleinen Max, der in der Schule nicht spurt, deshalb von seinen Eltern in ein Klosterinternat gesteckt wird und dort plötzlich großen Eifer entwickelt – und zwar mit der Begründung: »Als ich den Kerl gesehen habe, den sie an das Pluszeichen genagelt haben, da wusste ich, dass die das wirklich ernst meinen!«

Ich hoffe, Sie sehen's mir nach…

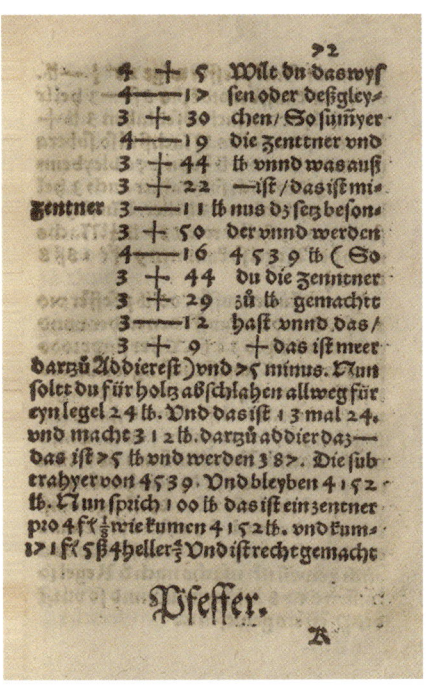

Das Pluszeichen im Druck

Das Gleichheitszeichen

Wer aber hat nun wirklich als Erster $1 + 1 = 2$ hingeschrieben? Und zwar unter Verwendung eines Gleichheitszeichens, das eben auch als solches gemeint war? Der Erfinder, das ist amtlich belegt und im Druck nachgewiesen, war der bereits erwähnte walisische Arzt und Mathematiker Robert Recorde (1510 – 1558). Der Mann hatte ein bewegtes Leben, war zwischenzeitlich wohl der Leibarzt von König Edward VI. und Königin Mary I., denen er auch einige seiner Mathematikbücher widmete. Später wurde er (möglicherweise wegen seiner Schulden, vielleicht aber auch wegen politischer Intrigen im Zusammenhang mit seiner Tätigkeit als Bergbaukontrolleur) verhaftet; er starb im Gefängnis ein Jahr nach dem Erscheinen seines Lehrbuchs *The Whetstone of Witte* (Der Wetzstein des Wissens), in dem das Gleichheitszeichen nicht nur eingeführt wird, sondern in dem er auch die Gestalt des Zeichens in poetischem Altenglisch wunderbar begründete. Aber das hatten wir ja bereits.

Trotz seiner klaren Begründung scheint Recorde noch lange Zeit nicht alle überzeugt zu haben, erst recht nicht auf dem Kontinent. Einer der größten Rivalen des $+$ war das Zeichen ∞, das René Descartes eingeführt hat, möglicherweise als Abkürzung für das lateinische *aequalis*, was »gleich« heißt – obwohl auch Descartes gelegentlich in Briefen das $=$ verwendet hat. Erst gegen Ende des siebzehnten Jahrhunderts hat sich Recordes Gleichheitszeichen durchgesetzt. Entscheidend dafür war Gottfried Wilhelm Leibniz, einer der Erfinder der Differenzialrechnung und Gründer der Berlin-Brandenburgischen Akademie der Wissenschaften. Leibniz verwendete das Zeichen in seiner *De arte combinatoria* aus dem Jahr 1666.

Wenn Recorde der Erfinder des Gleichheitszeichens war, hat er damit auch als Erster $1 + 1 = 2$ geschrieben?

So einfach ist das dann doch nicht … Erstens, weil das, was Recorde dann hingeschrieben hätte, immer noch ziemlich kompliziert ausgesehen hätte, weil er Algebra betrieb und damit immer noch Einheiten und

Variablen mitschleppte. So heißt die Übungsaufgabe, die Recorde gleich nach seiner Definition des Zeichens stellt, denn auch:

$14.\tilde{z}. — | —. 15.\mathcal{G} = = = = = 71.\mathcal{G}.$

Das Gleichheitszeichen in Aktion

Also $14x + 15 = 71$ (was auch gleich eine schöne Übungsaufgabe für Sie ist – kommen Sie drauf?).

Und zweitens hat der dänische Mathematikhistoriker Jens Høyrup in den Sammlungen des Vatikan eine Manuskriptseite aus der Mitte des fünfzehnten Jahrhunderts gefunden mit der Signatur »Ottobon. lat. 3307 fol. 309^r«. Auf dieser findet sich eine spätere handschriftliche Randbemerkung, in der ein Gleichheitszeichen als Gleichheitszeichen verwendet ist:

Gleichheitszeichen, etliche Jahrzehnte vor seiner »Erfindung«

Es steht zwischen Ausdrücken, deren Notation uns sehr fremd ist – Symbole für Potenzen in einem System, das zwischen 1490 und 1510 verwendet wurde. Die Randbemerkung stammt also aus dieser Zeit, womit wir ein Gleichheitszeichen mindestens 50 Jahre vor Robert Recorde hätten! An den Rand des Manuskripts ist notiert, dass an dieser Stelle im Haupttext Gleichungen vom Typ $x^3 + x^4 = a$ bzw. vom Typ $x^2 + x^3 = \dots$ diskutiert werden, oder vielleicht etwas allgemeiner »kubischer plus biquadratischer Term ergibt rechte Seite« und »quadratischer plus kubischer Term ergibt …«. Das n^o auf der rechten Seite der ersten Gleichung bezeichnet dabei das, was wir heute noch als »No.« abkürzen: eine Zahl. Allemal sind aber solche Gleichungen mit einer Unbekannten viel komplizierter als ein simples $1 + 1 = 2$, und wir wollen sie deshalb hier auch nicht als Übungsaufgaben stellen …

Wer bietet mehr?

Mit $1 + 1 = 2$ ist die Geschichte natürlich nicht zu Ende. Die modernere Version $1 + 1 = 3$ findet sich mit ganz unterschiedlichen Begründungen auf Postern, in der Werbung und im Internet. So hing 2009 in der Moskauer U-Bahn ein Plakat mit der Aufschrift:

> $1 + 1 = 3$
>
> japanische Arithmetik – das dritte Sushi ist ein Geschenk.

Die gleiche »Rechnung« findet sich übrigens auch immer wieder mal in unterschiedlich geschmackvollen Versionen für die vielsagende Feststellung »$1 + 1 = 3$, wenn man kein Kondom benützt«.

Subtiler ist da schon die Version des britischen Künstlers Justin Mullins, der Formeln, die er »schön« findet, setzt, rahmt und als Kunstwerke ausstellt. Im Gegensatz zu dem Philosophen und Mathematiker Bertrand Russell, der mathematische Schönheit als »kalt und streng, wie eine klassische Skulptur« beschreibt, findet Justin Mullins, genau dieselbe Schönheit könne, im richtigen Licht betrachtet, auch reich und warm, witzig und traurig, romantisch und tiefsinnig sein. Eine der Formeln, die er so beschreibt und präsentiert, ist die wunderbare Gleichung von Euler $e^{i\pi} + 1 = 0$, die die fünf »Naturkonstanten« der Mathematik verbindet, die Null, die Eins, die Kreiszahl π, die Eulerkonstante e und die imaginäre Einheit i.

Eine andere Gleichung aus Justin Mullins' Kunstausstellung ist nicht unbedingt einfacher zu verstehen: seine »surrealist grey wall« postuliert die lapidare Aussage »$1 + 1 = 3$, für große Werte von 1«.

Nun ist das mit dem Sushi aus Moskau »nur« Werbung, die Installation von Mullins ist Kunst, schon deshalb, weil Justin Mullins Künstler ist, und seine Poster teuer verkaufen kann. Mathematik – das ist doch keine Kunst? Doch, natürlich, offensichtlich! Und die Fehler? $1+1$ ist gar nicht 3, und auch Kunst muss sich an diese Regeln halten? Oder ist es vielleicht so, dass wir einfach Kreativität nicht zu schätzen wissen? Dis-

Justin Mullins, »surreale graue Wand«

kutieren wir das doch mal anhand der Mathematik-Hausaufgabe aus dem Jahr 1970, die ein mittelmäßig begabter Erstklässler namens Gün-

ter abgegeben hat, und die trotz kreativer (?) Gestaltung der Ziffern von seiner wunderbaren Lehrerin, Frau Müller, mit einigen kleinen Korrekturhinweisen, aber sichtbaren Tadel und ohne Punktabzug mit »0 Fehler« bewertet wurde. Und das, obwohl da sogar ein Gleichheitszeichen fehlt, und die umgedrehten 3er und 5er auch anhand der *Universalgeschichte* von Georges Ifrah nicht einmal historisch zu rechtfertigen wären …

Wenn die Kreativität da auch nicht als besondere Kulturleistung gewürdigt wurde, sie wurde allemal auch nicht gebremst. Vielen Dank, Frau Müller!

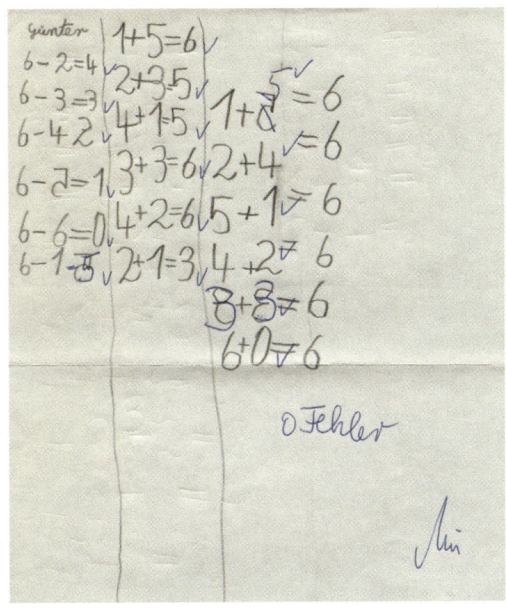

Kreativität wird belohnt …

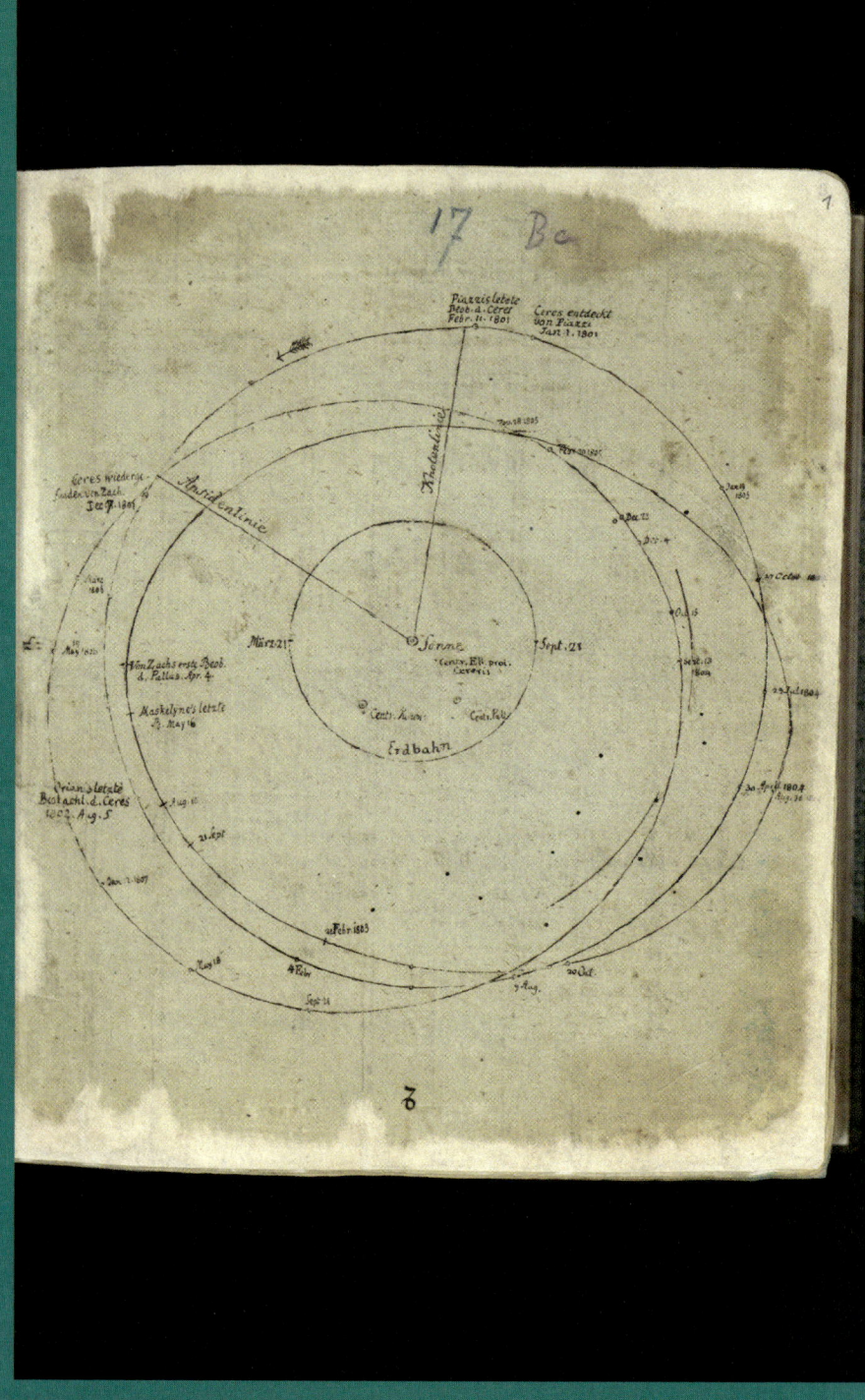

Piazzis letzte
Beob. d. Ceres
Febr. 11. 1801

Ceres entdeckt
von Piazzi
Jan 1. 1801

Knotenlinie

Nov. 30 1803

6. Febr. 30 1803

Ceres wiederge-
funden von Zach
Dez 7. 1801

Antidenlinie

Jun 9
1803

4 Dec 22

Dec. 4

März
1802

27 Octbr. 1803

Aug 1802

O d. 6

Sonne

Sept 10
1802

22 Juli 1804

März 21

Centr. Ell. proj.
Exentr.

7 Sept 21

Von Zachs erste Beob.
d. Pallas Apr. 4.

Centr. Anom.

Centr. Par.

30 April 1804
Aug. 21 18..

Maskelyne's letzte
17 May 16

Erdbahn

Olbers letzte
Beobachd. d. Ceres
1802 Aug 5

Aug 11

21 Apr

Jan 2 1807

11 Febr 1803

Nov 18

4 Febr

7 Aug

10 Oct

Sept 11

1801

Schatzkarte für
eine Entdeckung

Über Carl Friedrich Gauß, einen der bedeutendsten Mathematiker aller Zeiten (geboren am 30. April 1777 in Braunschweig, gestorben am
23. Februar 1855 in Göttingen), schreibt sein erster Biograph, Wolfgang Sartorius von Waltershausen:

> Die Mathematik hielt Gauß, um seine eigenen Worte zu ge
> brauchen, für die Königin der Wissenschaften und die
> Arithmetik für die Königin der Mathematik. Diese lasse sich
> dann öfter herab, der Astronomie und anderen Naturwis
> senschaften einen Dienst zu erweisen, doch gebühre ihr un
> ter allen Verhältnissen der erste Rang.

Mathematik, die Königin der Wissenschaften? Ich bin Mathematiker,
und es liegt mir daher nicht fern, die Mathematik so zu loben. Aber
Sartorius von Waltershausen, den ich da zitiere, war Geologe. Und
Carl Friedrich Gauß, den er wiederum zitiert, war eben auch »nicht
nur« Mathematiker, sondern Landvermesser, bedeutender Physiker
und Astronom. Im Jahr 1807, mit gerade einmal dreißig Jahren, wurde Gauß zum Professor für Mathematik und Direktor der Sternwarte
in Göttingen berufen. Recht jung möchte man meinen, doch damals
war er längst weltberühmt.

Erste Entdeckungen

Für Mathematiker war die erste Gaußsche »Großtat« der Beweis der Konstruierbarkeit des regelmäßigen 17-Ecks mit Zirkel und Lineal. Das klingt vielleicht putzig, war aber der erste bedeutende Schritt über die Kenntnisse und Möglichkeiten der klassischen Griechischen Mathematik hinaus. Wie man mit Zirkel und Lineal ein gleichseitiges Dreieck, ein Quadrat und das regelmäßige Sechseck konstruiert, ist Schulwissen. Schon Euklid konnte beschreiben, wie man auch ein regelmäßiges Fünfeck oder Achteck konstruiert – das war im neunzehnten Jahrhundert noch Schulwissen, ist es heute wohl nicht mehr. Dass man das regelmäßige Siebeneck oder Neuneck oder Elfeck mit Zirkel und Lineal gar nicht konstruieren kann, hat auch Gauß bewiesen, später. Aber schon als Neunzehnjähriger hat er »durch angestrengtes Nachdenken« nachts im Bett während eines Ferienaufenthalts in Braunschweig die Konstruierbarkeit des regelmäßigen 17-Ecks entdeckt: Damit konnte Gauß etwas, das Euklid nicht konnte.

Über seinen Beweis erschien eine Notiz in der Lokalzeitung, mehr aber auch nicht. Den jungen Gauß hat es dennoch beflügelt, er beschäftigte sich mit der Verteilung der Primzahlen und formulierte den »großen Primzahlsatz« als Vermutung, der eine sehr präzise Schätzung dafür gibt, wie viele Primzahlen es etwa mit 20 Stellen, 30 Stellen oder auch mit 40 Stellen gibt – die Vermutung wurde erst hundert Jahre später bewiesen, mit Methoden der Funktionentheorie, die Gauß nicht zur Verfügung standen. Gauß hat sich intensiv mit Zahlentheorie beschäftigt, unter anderem als Erster das »quadratische Reziprozitätsgesetz« bewiesen, das einen präzisen Zusammenhang herstellt zwischen den beiden Aussagen:

Es gibt Quadratzahlen, die beim Teilen durch p denselben Rest ergeben wie q.
Es gibt Quadratzahlen, die beim Teilen durch q denselben Rest ergeben wie p.

Beispiele: Wir nehmen uns zwei ungerade Primzahlen vor wie $p = 5$ und $q = 11$. Dann gibt es Quadratzahlen, etwa die 1 oder die 16, die beim Teilen durch $p = 5$ denselben Rest 1 ergeben wie $q = 11$. Und umgekehrt gibt es Quadratzahlen wie die 16, bei denen beim Teilen durch $q = 11$ derselbe Rest rauskommt wie für $p = 5$, nämlich 5. Für $p = 5$ und $q = 13$ gibt es für beide Fälle keine Lösung. Und in bestimmten Fällen gibt es für die eine Aussage eine Lösung, für die andere aber keine. Welche Fälle? Da hat Gauß ganz sicher viele weitere Beispiele ausprobiert, bis er die Gesetzmäßigkeit erkannt hat – und schließlich auch beweisen konnte.

Im Jahr 1801 hat er seine *Disquisitiones Arithmeticae* veröffentlicht, ein Buch über Zahlentheorie auf Latein, das ein Meilenstein und Meisterwerk war und zudem eine ungeheuerliche Leistung für einen Vierundzwanzigjährigen (die allerdings zu seinen Lebzeiten weder verstanden noch angemessen gewürdigt wurde).

Weltberühmt wurde Gauß in genau jenem Jahr 1801 aber durch eine ganz andere Leistung: die Bahnbestimmung des Planetoiden Ceres, die im Dezember 1801 zur Wiederentdeckung des Monate zuvor nur kurz gesichteten Planetoiden führte – also durch eine astronomische Großtat, eine Meisterleistung der angewandten Mathematik.

Stellare Entdeckungen

Was für ein Auftakt für das neunzehnte Jahrhundert: Am Neujahrstag 1801 entdeckte der Direktor der Sternwarte von Palermo, Giuseppe Piazzi (1746 – 1826), beim Vergleich des Nachthimmels mit seinen Sternkarten ein neues Objekt, das er zunächst für einen Kometen hielt. Dieser Piazzi war Priester, Mathematiker und Astronom. Er hatte in den zwanzig Jahren davor bereits eine bemerkenswerte Karriere hingelegt: Der Prediger des Theatinerordens in Cremona war 1779 zum Theologieprofessor in Rom berufen worden, ein Jahr später wurde er Professor für Mathematik an der Akademie in Palermo, 1781 dann Direktor der von ihm begründeten Sternwarte ebendort. Qua dieser Funktion wurde er auch eingeladen, sich von seiner Sternwarte aus an der auf dem zweiten Europäischen Astronomenkongress 1800 gegründeten »Himmelspolizey« zu beteiligen, die sich systematisch den Nachthimmel aufgeteilt hatte und nach unbekannten Objekten suchen wollte. Man hatte in der Verteilung der Planetenbahnen eine große Lücke zwischen Mars und Jupiter ausgemacht. Nach dem empirisch aufgestellten »Titius-Bode-Gesetz« aus dem Jahr 1766 sollten sich die Durchmesser der Planetenbahnen wie die Zahlenfolge 4, 7, 10, 16, 28, 52, 100 verhalten, also von einem zum nächsten Planeten knapp verdoppeln – wobei Merkur, Venus, Erde und Mars den Zahlen 4, 7, 10 und 16 entsprechen, Jupiter und Saturn aber den Zahlen 52 und 100 zugeordnet werden. In diesem Muster fehlt an der Stelle der Zahl 28, also zwischen Mars und Jupiter, eigentlich ein Planet. Den wollte man nun finden.

Und genau in der Lücke, dem »Titius-Bode-Gürtel«, hatte Guiseppe Piazzi (noch bevor sein Einladungsbrief für die Beteiligung an der »Himmelspolizey« angekommen war) eben jenes neue Objekt gefunden. Er nannte es zunächst *Ceres Ferdinandea*: nach der römischen Göttin des Ackerbaus Ceres, die auch als Schutzpatronin Siziliens galt, und König Ferdinand IV. von Neapel, der 1798 nach Sizilien geflohen war. Nach einem kleinen Namensgerangel (auch »Juno« und »Hera« waren im Gespräch) blieb es schließlich bei Ceres, die Würdigung von König Ferdinand IV. fiel unter den Tisch.

Guiseppe Piazzi zeigt auf »seinen« Planetoiden. Gemälde von Guiseppe Velasco (1750 – 1827)

Die Klassifikation als »Planet« führte ebenfalls zu einigen Diskussionen. Ceres wurde zwar zunächst als solcher eingestuft, als er beim Nachmessen aber doch etwas zu klein ausfiel und sich im Jahr darauf auch noch ein etwas größerer Lückenfüller in der Planetenreihe fand (der/die 1802 entdeckte »Pallas«; später kamen noch viele weitere kleinere Objekte im selben Band zwischen Mars und Jupiter dazu), da wurde Ceres zum Kleinplaneten, Planetoiden oder Asteroiden heruntergestuft. 2006 wurde er von der International Astronomical Union (vorerst) endgültig zum Kleinplaneten erklärt – und landete damit in derselben »Gewichtsklasse« wie der erst 1930 entdeckte Pluto, der im gleichen Atemzug vom Planeten zum Kleinplaneten degradiert wurde.

Was hat Gauß nun zu dieser Entdeckung beigetragen?

Die Geschichte lässt sich an Gauß' Manuskriptblatt aus der Universitätsbibliothek Göttingen, dem Auftaktbild zu diesem Kapitel, wunderbar nachverfolgen. Piazzi hat »seinen« Ceres am 1. Januar anno 1801 entdeckt. Das markiert Gauß ganz oben im Bild: »Ceres entdeckt von Piazzi Jan. 1, 1801«. Gleich links daneben findet sich die Bemerkung: »Piazzis letzte Beob. d. Ceres, Febr. 11, 1801«.

Warum es Piazzis letzte Beobachtung war, lässt sich leicht erklären – der Mann wurde erst einmal krank und konnte seinem Ceres nicht mehr hinterherschauen.

Die Punkte auf der Planetenbahn, die Piazzi innerhalb von sechs Wochen markiert hatte, lagen aber alle auf einem kurzen Bogenstück – und dem sah man nicht an, wie die Reise des Planetoiden weiterging. Man suchte nach Ceres und fand ihn nicht mehr. Und damit begann dann das muntere Rätselraten. Nach dem ersten Keplerschen Gesetz musste sich Ceres auf einer Ellipsenbahn bewegen, und zwar mit der Sonne in einem der beiden Brennpunkte. Wenn man die Bahn vom Nachthimmel in die Zeichenebene holen will, wie Gauß das ja getan hat, dann braucht man zur Identifikation der richtigen Ellipse genug Messpunkte zur Festlegung von drei freien Parametern: Der erste Brennpunkt liegt in der Sonne, zwei Parameter brauchen wir aber für den zweiten Brennpunkt der Ellipse und einen weiteren für die Summe der Abstände von den beiden Brennpunkten. Wenn wir also drei Beobachtungspunkte präzise wüssten, dann könnten wir die exakte Ellipsenbahn bestimmen und auch die Bewegung des Planeten auf dieser Ellipsenbahn verfolgen, die durch das zweite Keplersche Gesetz festgelegt ist, wonach die Geschwindigkeit auf der Bahn jeweils aus dem Abstand zur Sonne ausgerechnet werden kann.

Das Problem ist natürlich, dass die Messpunkte von Piazzi nicht genau waren. Man hatte auch mehr Messpunkte als eigentlich benötigt wurden. Gauß konnte nur versuchen, durch die vorgegebenen Punkte die Ellipsenbahn zu legen, die am besten passt. Er verwendete dafür die »Methode der kleinsten Quadrate«: Mit ihr berechnet man die Bahn, für die die Summe der Quadrate der Abweichungen so klein wie möglich wird.

Nach genau derselben Methode bestimmt man in der Statistik die »Ausgleichsgerade«, die am ehesten eine lang gestreckte Wolke von Messpunkten durch eine einzige Gerade annähert. Gauß berechnete damit die »wahrscheinlichste Ellipse«, die am besten zu den Messpunkten von Piazzi passen sollte. Und die passte tatsächlich, auf ein halbes Grad genau – im Gegensatz zu den Rechenergebnissen seiner Konkurrenten, die statt der Ellipse mit einer Kreisbahn rechneten und deshalb mit ihren Vorhersagen weit daneben lagen. In seinem Manuskriptblatt notiert Gauß stolz die Wiederentdeckung des Ceres an der von ihm vorhergesagten Stelle: »Ceres wiedergefunden von Zach, Dec. 7, 1801«, wobei er sich bei der 7 offenbar noch korrigiert hat – ohne Erfolg, denn die Wiederentdeckung wird mittlerweile auf den 31. Dezember datiert. Der Grund: An diesem Tag haben Heinrich Wilhelm Olbers (1758–1840), ein enger Freund und Kollege von Carl Friedrich Gauß, und Franz Xaver

Der Ceres am 7.9.2005, Aufnahme des Hubble-Space-Teleskops

von Zach (1754–1832), einer der Initiatoren der »Himmelspolizey«, Ceres tatsächlich an der vorhergesagten Stelle gefunden.

Das Gauß'sche-Manuskriptblatt erzählt die Geschichte noch weiter, allerdings unvollständig: Am 28. März 1802 entdeckte Olbers, der eigentlich Ceres weiterverfolgen wollte, ganz in der Nähe den Planetoiden Pallas – den größten Kleinplaneten im »Titius-Bode-Gürtel«. Gauß vermerkt aber auf dem Blatt nicht die Entdeckung durch Olbers, sondern nur die erste Beobachtung durch von Zach ein paar Tage später, am 4. April. Außerdem hält Gauß minutiös weitere Beobachtungen des Ceres fest, die letzte stammt vom 19. Januar 1805. Wir können annehmen, dass er das Manuskriptblatt in diesem Jahr auch abgeschlossen hat, weil keine späteren Eintragungen mehr folgen. Jedenfalls ist das Blatt offenbar von Gauß nicht während der Entdeckungen und Beobachtungen und seiner Rechnungen angelegt worden, sondern im Nachhinein, auch um seinen großen Triumph zu dokumentieren.

Ein falscher Gauß für 10 DM

Welches Bild bleibt von Gauß? Die Älteren von uns kennen den Mathematiker sicher noch aus der Schule und sein Konterfei vom 10-DM-Schein, die Jüngeren vielleicht (als Karikatur) aus dem Bestsellerroman *Die Vermessung der Welt* von Daniel Kehlmann, die noch Jüngeren aus dem dazugehörigen Kinofilm von Detlev Buck.

Wenn wir den Begriff »Bild« wörtlich nehmen, dann können wir uns zunächst an das offizielle Portrait des 63-jährigen Gauß in Öl halten, das Christian Albrecht Jensen im Juli 1840 in Göttingen gemalt hat und das heute in der Sternwarte Pulkowo in St. Petersburg hängt. Jensen fertigte später noch ein zweites Exemplar an, das sich heute im Besitz der Berlin-Brandenburgischen Akademie der Wissenschaften befindet. Dieses »hochoffizielle« Portrait war auch die Vorlage für den Graphiker Reinhold Gerstetter, der die 1990 neu eingeführte Serie von DM-Scheinen gestaltet hat. Die Geldscheine zeigten »berühmte Deutsche« im

Gauß in Öl, Portrait von Christian Albrecht Jensen ...

Portrait nebst ihren Erfindungen oder Entdeckungen. Vorne auf dem Zehner prangte Gauß mit seiner Glockenkurve (seine »Normalverteilung« aus der Statistik), und die Rückseite zeigte seinen Sextanten sowie eine Triangulierung, die aus der Vermessung des Königreichs Hannover stammt: Das ist angewandte Mathematik.

Wer ein gutes Gedächtnis hat, oder noch einen dieser alten Scheine besitzt, dem wird vielleicht eine grobe Verfälschung nicht entgangen sein: nämlich dass Gauß seitenverkehrt abgebildet ist. Auf dem Ölportrait schaut er nach rechts, auf der Banknote nach links. Das verändert natürlich das Gesicht! Aber wenigstens ging es Gauß nicht wie der Naturforscherin Maria Sibylla Merian (1647 – 1717), die von der Deutschen Bundesbank eigentlich für den 100-DM-Schein vorgesehen, aber letztlich dafür nicht »hübsch«

... und gedruckt auf dem alten Zehner, Design Reinhold Gerstetter

genug war (die Basedow-Krankheit lässt ihre Augen unschön hervor-treten). Sie (also die Naturforscherin) wurde deshalb sehr idealisiert auf den weit weniger gebräuchlichen 500-DM-Schein verbannt. Daher haben wir alle – oder zumindest die Älteren von uns – sehr oft Carl Friedrich Gauß in der Hand gehabt, aber kaum Maria Sibylla Merian.

Mathematik, die Königin der Wissenschaften?

Wenn Gauß das behauptet, dann ist das nicht das weltfremde Elfenbeinturmgerede eines Mathematikers, sondern die Einschätzung eines Astronomen, Geodäten und Physikers, der auf diesen Gebieten Bahnbrechendes (und Bahnberechnendes) leisten konnte, weil er souverän über Mathematik verfügte. Nun könnte man einwenden, Carl Friedrich Gauß ist tot, und was interessiert mich das möglicherweise längst überholte Geschwätz? Ich halte dagegen: Dass Mathematik die Königin ist, sagt auch die deutsche Wirtschaft. Aus dem Sammelband *Mathematik – Motor der Wirtschaft*, der anlässlich des Mathematikjahrs 2008 herausgebracht wurde, zitiere ich Dr. Dieter Zetsche von der Daimler AG:

> Auch und gerade in der Automobilindustrie gibt es keine Technologie- und Innovationsführerschaft ohne mathematische Spitzenleistungen. Wie keine andere Wissenschaft hilft die Mathematik in unserer Branche, die unterschiedlichsten Probleme zu lösen – und genau diese Anwendbarkeit macht sie zur Königsdisziplin.

Die Königin, die Königs- bzw. Königinnendisziplin! Das ist hiermit Kraft Gauß und Zetsche bewiesen.

1820

Metzger und Mathematiker

Wissenschaftsgeschichte wird oft nur in Heldengeschichten erzählt: geniale Mathematiker, die schwierige Probleme bearbeiten und lösen und dafür berühmt werden – oder aber auch verhungern, bevor der Ruhm kommt (wie der Norweger Niels Henrik Abel, 1802–1829). Andere sterben im Duell, nachdem sie eine Nacht lang ihre genialen Erkenntnisse zu Papier gebracht haben (wie der Franzose Évariste Galois, 1811–1832). Als Tendenz aber können wir feststellen: Auch wer sich zu Lebzeiten kaum eine Briefmarke leisten konnte, wird später zumindest mit einem Portrait auf einer solchen verewigt.

Als absolute Sieger der Geschichte dürfen sich die fühlen, deren Konterfei aufs Geld gedruckt wird. So wie Luca Pacioli, dessen Portrait sich 1994 auf einer 500-Lire-Münze fand – bis zur Einführung des Euro, was auch Pacioli ein monetäres Ende bereitete. Gauß, das sahen wir ja bereits, wurde die Ehre des 10-DM-Scheins zuteil. Leonhard Euler brachte es 1976, um langsam die Preise hochzutreiben, auf den 10-Franken-Schein der Schweizerischen Nationalbank, der noch bis ins Jahr 2000 gültig war. Für den Physiker Erwin Schrödinger wurde 1983 eine Banknote im Wert von 1000 Österreichischen Schillingen ausgegeben, zwanzig mal so viel wie für Sigmund Freud, aber nur ein Fünftel des Wertes von Mozart. Die Franzosen wiederum hatten das berühmte Chemiker-Ehepaar Marie und Pierre Curie auf einem 500-Francs-Schein. Aber bei den Mathematikern – Fehlanzeige.

Ein Mathematiker aus Frankreich

Dabei hätte den Franzosen durchaus ein verehrungswürdiger Mathematiker einfallen können: Adrien-Marie Legendre (1752 – 1833).

Nie gehört? Den kennen Sie nicht?

Das kann man Ihnen noch nicht einmal verdenken. Mathematiker wie Ingenieurstudenten kennen den Namen vielleicht aus einer Vorlesung in höherer Analysis, wo von der »Legendre-Transformation« die Rede ist. Oder aus der Zahlentheorie, wo ein merkwürdiges Symbol $\left(\frac{p}{q}\right)$ nach Adrien-Marie Legendre benannt ist; der Wert dieses Symbols zeigt an, ob es eine Quadratzahl gibt, die beim Teilen durch q denselben Rest lässt wie die Zahl p. (Kleine Übungsaufgabe: Für $p = 3$ und $q = 7$ gibt es keine solche Zahl, für $p = 7$ und $q = 3$ gibt es sie.) Mit den Gesetzmäßigkeiten solcher »quadratischen Reste« hat sich Gauß beschäftigt und schließlich das ungemein wichtige »Reziprozitätsgesetz« bewiesen, aber entdeckt hat es vor ihm ein anderer: Legendre!

Von Legendre, der verschiedene bedeutsame Leistungen hinterlassen hat, gibt es keine Briefmarke, keinen Geldschein, auch keine Bronzestatue. Er scheint einer der großen Loser der Mathematikgeschichte zu sein. Felix Klein (1849 – 1925) ist gleichfalls einer aus dieser Kategorie, der durchaus eine Briefmarke verdient hätte. Ein deutscher Großmeister der Mathematik, der fundamentale Leistungen in der Geometrie, der Funktionentheorie, aber auch in den Anwendungsbereichen der Mathematik zu Buche stehen hat, dazu ein großer Wissenschaftsorganisator und dreimaliger Präsident der Deutschen Mathematiker-Vereinigung war. Was kann man eigentlich mehr bieten? Schön und gut, immerhin hat ihn Max Liebermann gemalt, das kann auch nicht jeder von sich behaupten. Das Portrait hängt im Mathematischen Institut der Universität Göttingen (gut, kein Museum, Liebermann hin oder her).

In seinem Buch über die Mathematikgeschichte des neunzehnten Jahrhunderts widmet Klein dem Göttinger Lokalhelden Carl Friedrich Gauß gleich das erste, monumentale Kapitel von mehr als 60 Seiten, während ihm Legendre keinen eigenen Unterabschnitt wert ist, wenngleich er ihn zumindest erwähnt, indem er darin eine merkwürdige Parallelität zwischen Gauß und Legendre zieht:

> Das am Ende des 18. Jahrhunderts deutlich wieder hervortretende Bedürfnis nach Strenge findet einen ersten Ausdruck in Legendres *Eléments de la géométrie*, 1794, und Lagranges *Théorie des fonctions*, 1797. Beide Werke befriedigen unser kritisches Bedürfnis von heute nicht; aber sie sind bedeutungsvoll als erste Arbeitsversuche in der seit langem nicht mehr verfolgten Richtung. Nun tritt 1801 Gauß hervor mit den *Disquisitiones Arithmeticae* und entwickelt darin eine nicht mehr gekannte, strenge und lückenlose Durchführung des dargestellten Gebietes, das einen großen Fortschritt über seine Zeitgenossen hinaus bedeutet und ihm früh den Ruf der Unanfechtbarkeit und Unübertrefflichkeit der Methoden verschafft.

Präzision und Exaktheit, Vollständigkeit der Begründungen und Beweisführungen – das ist ein Ideal der Mathematik, das mit »mathematischer Strenge« umschrieben wird. In vielen Teilgebieten der Mathematik kommt nach der ersten Zeit der Entdecker und Eroberer, des Intuitiven und der Skizzen eine Phase der Konsolidierung, in der verlässliche und dauerhafte Fundamente gegossen werden, die dann, bitteschön, für die Ewigkeit halten sollen. Das war in der Geometrie so und auch in der Funktionentheorie.

Aber was war Legendres Beitrag, wenn wir Kleins Darstellung folgen? »Erste Arbeitsversuche«? Das ist nicht sehr nett, insbesondere, wenn es dann gleich mit Gauß' »Fortschritt über die Zeitgenossen hinaus« kontrastiert wird.

Klein schreibt:

> Sehen wir uns nach vergleichbaren Heroen der Mathematik um, so können nur zwei Vorläufer von Gauß als von der Na-

tur mit gleichen Segnungen ausgestattet in Betracht kommen: Archimedes und Newton. Mit beiden hat Gauß die ungewöhnlich lange Lebensdauer gemein, die eine volle Entfaltung der Persönlichkeit möglich machte. Die Vielseitigkeit der Wahl der Arbeitsgebiete allein macht diese Größe noch nicht aus. Daher möchte ich ein merkwürdiges Beispiel anführen, in dem ich neben Gauß den 25 Jahre älteren Mathematiker Legendre stelle, der wie durch einen sonderbaren Zwang geleitet, auf fast allen Gebieten über dieselben Gegenstände wie Gauß gearbeitet hat. Aber so anerkennungswert seine Leistungen auch sein mögen, so ist er doch nirgends so in die Tiefe gedrungen, wie Gauß bei jedem Problem, das er angriff.

Und dann leitet der Autor mit dem Satz »Ein Überblick der Gebiete wird diese merkwürdige Übereinstimmung und Verschiedenheit lehren« den Vergleich zwischen den Leistungen der Herren Legendre und Gauß ein, in allen gemeinsamen Arbeitsgebieten: Zahlentheorie, Analysis, Geometrie, Geodäsie, Astronomie und Physik.

Felix Klein

»Vergleiche machen unglücklich« ist eine gute Lebensmaxime. Und sie lässt sich natürlich wie jede gute Lebensmaxime auf unterschiedliche Weisen interpretieren. Der Berliner Coach Martin Jessen, der sie mir vor ein paar Jahren nahegebracht hat, meinte damit: »Wer sich immer mit anderen vergleicht, schafft es nie, seine eigene Kombination von Stärken zu entwickeln und auszuspielen.« Was Felix Klein angeht, sagt die Maxime aber auch, dass man andere Leute wunderbar gegeneinander ausspielen kann, indem man sie gegeneinander antreten lässt – und sei es nur theoretisch.

Gruppenbild mit Metzger

Welches Bild bleibt von Legendre? Was Felix Klein noch nicht wissen konnte: Das eine Portrait, das sich in den Büchern zur Mathematikgeschichte findet, zeigt gar nicht den Mathematiker Adrien-Marie Legendre, sondern einen Zeitgenossen, einen Metzger und Revolutionär namens Louis Legendre, der beim Sturm auf die Bastille dabei war, dann Abgeordneter der Nationalversammlung wurde und für die Enthauptung von Ludwig XVI. mitgestimmt hat. Man kann ihn auf einem Gruppenportrait der Montagnard-Partei (bei der auch Leute wie Danton, Marat und Robespierre dabei waren) aus dem Jahr 1793 erkennen.

Vierzig Jahre später, im Todesjahr des Mathematikers Legendre, erschien dann ein ganzes Buch mit Portraits berühmter Zeitgenossen, Politiker, Wissenschaftler, Künstler und Adliger (darunter auch der unglückliche König Ludwig XVI.). Mittendrin das Bildnis des Metzgers und Politikers Louis Legendre. Im Jahr 1900 taucht genau dieses Bild dann in einem Buch über Wissenschaftler auf – als Illustration eines Berichts über die Arbeiten des Mathematikers Legendre.

Und von dort ist es offensichtlich immer weiter übernommen worden, fand Eingang unter anderem in die fundamentale *Concise History of Mathematics* von Dirk Struik, einem Standardwerk der Mathematikgeschichte; hier ziert der Metzger sogar das Titelbild! Der Fehler ist erst ein Jahrhundert später (genauer: 2005) aufgedeckt worden, durch zwei Straßburger Studenten. Eine fieberhafte Spurensuche begann, um das Rätsel aufzuklären und die Geschichte dieser Verwechslung nachzuvollziehen.

Gleichzeitig fand der Mathematiker Gérard Michon in der Bibliothek des Institut de France in Paris einen Hinweis auf eine Sammlung von Aquarellen, die 73 Mitglieder des Instituts darstellen; darunter auch ein

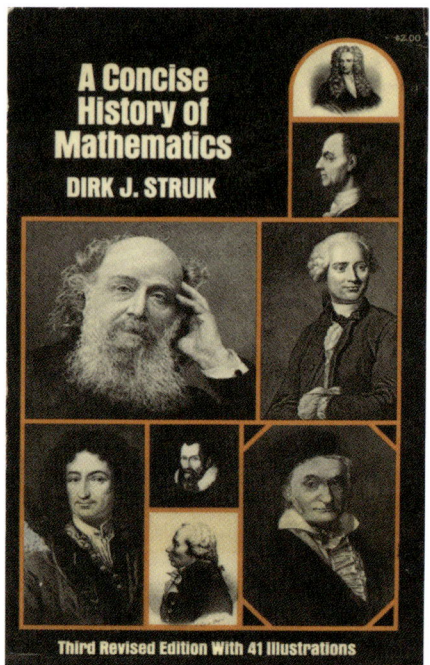

Der falsche Legendre auf dem Titel (untere Reihe in der Mitte) und auf der
Portrait-Vorlage von Jules (Julien-Léopold) Boilly

Blatt, das mit »Legendre« und »Fourier« beschriftet ist – das Aufmacherbild zu diesem Kapitel. Sind das jetzt wirklich die beiden Mathematiker? Davon können wir ausgehen. Legendres Zeitgenosse Joseph Fourier (1768 – 1830) ist nämlich auf dem Aquarell sehr gut getroffen, wir
können die Karikatur mit bekannteren Portraits vergleichen – zum Beispiel mit dem Kupferstichportrait (rechte Seite) aus derselben Zeit, das
praktischerweise auch noch derselbe Künstler geschaffen hat, nämlich
Julien-Léopold Boilly.

Zwei Fragen bleiben. Erste Frage: Wie sah Legendre wirklich aus? Das
ist eine merkwürdige Art von Dreisatz, den die Mathematiker vielleicht
ein »inverses Problem« nennen würden. Wenn wir uns ansehen, wie der
Künstler Boilly den Mathematiker Fourier verzerrt hat, um ihn zu kari-
kieren, wie muss dann erst Legendre im wahren Leben ausgesehen haben, damit in der Karikatur dieses grimmige Antlitz herauskommt?

Zweite Frage: Was hat Herr Legendre falsch gemacht? Wenn wir den Berichten seiner Zeitgenossen trauen, dann war er ein netter, großzügiger, aber eben auch sehr zurückhaltender und zurückgezogener Mensch, der durch sein Werk weiterleben wollte und nicht durch Portraitbilder.

Ist das nicht in gewisser Weise nobel und bewundernswert, wenn einer wie Adrien-Marie Legendre »nur« Mathematik machen wollte, seinen Kollegen gegenüber aufgeschlossen und großzügig war und seine Schüler unterstützt hat, aber eben nicht in Bronze gegossen, auf Briefmarken und Geldscheine gebannt die Zeiten überdauern will? Und darin gleich so erfolgreich ist, dass am Ende nur die Karikatur in Form eines sehr grimmigen Aquarells übrig bleibt?

Wenn man Legendre heute, 180 Jahre nach seinem Tod, ruhig ins Gesicht blickt, kann man sich vielleicht auch die Maske wegdenken, die ihm der Karikaturist aufgesetzt hat – und entdeckt einen interessanten Menschen und bedeutenden Mathematiker, der in seinem Werk weiterlebt, dem die Mathematikgeschichte aber grausam Unrecht getan hat.

Joseph Fourier, portraitiert von Boilly (links), und Adrien-Marie Legendre, wie man ihn heute auf facebook finden könnte

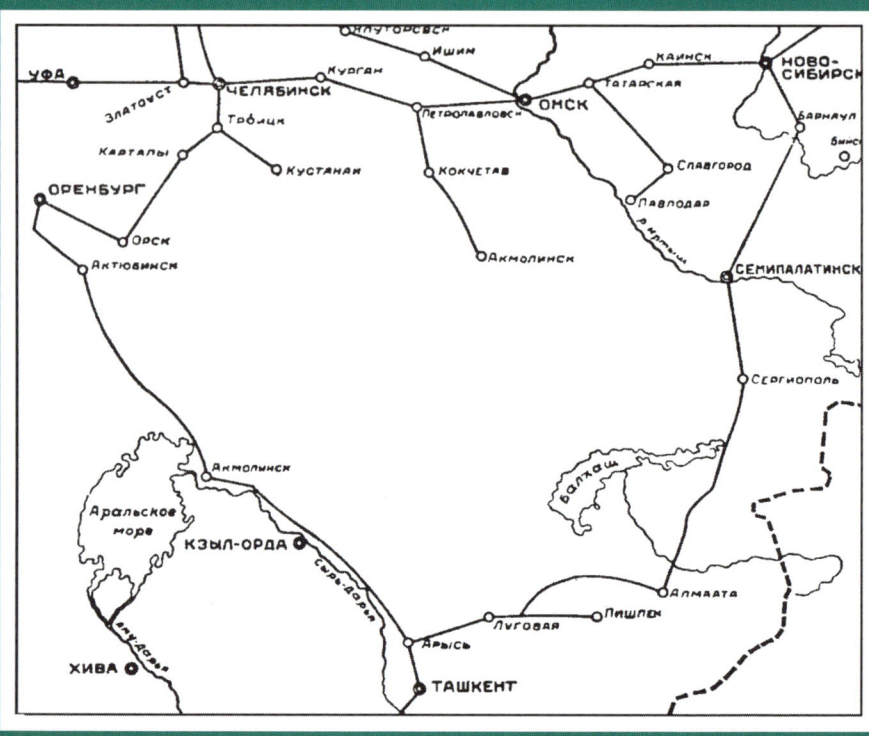

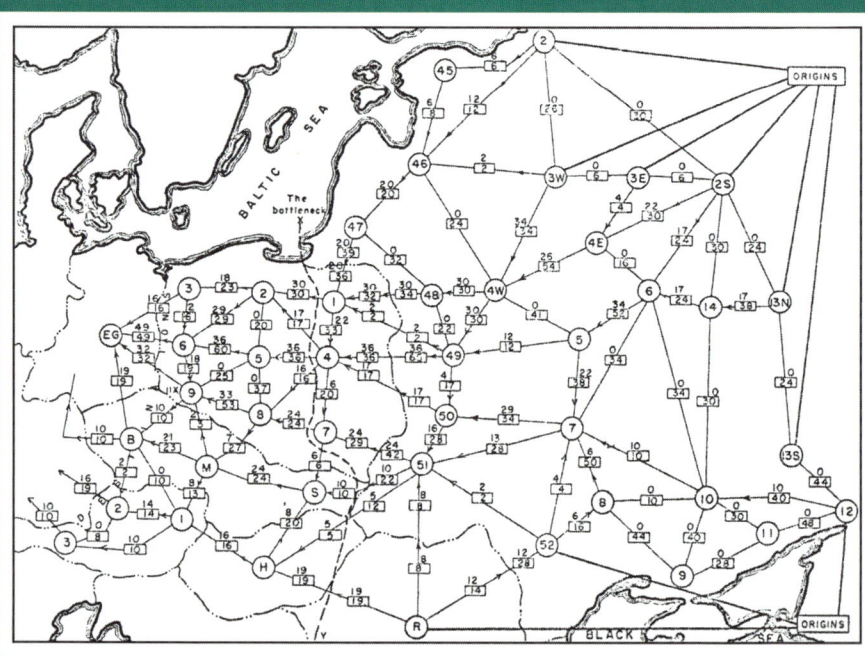

1930

Kalter Krieg

Mathematik und Krieg? Ein unerfreuliches Thema. Deswegen wollen wir das auch kurzhalten, aber ganz wegducken gilt nicht.

Schon der geniale griechische Mathematiker und Physiker Archimedes (ca. 287 – 212 v. Chr.) soll nicht nur fundamentale Überlegungen zur Kreiszahl π angestellt und ein Berechnungsschema angegeben haben, mit dem er in etwa zeigen konnte, dass die Zahl zwischen $3\,{}^{10}/_{71}$ und $3\,{}^{10}/_{70}$ liegt, sondern auch Kriegsmaschinen entwickelt haben, die erfolgreich bei der jahrelangen Verteidigung seiner Heimatstadt Syrakus auf Sizilien während der Belagerung durch die Römer eingesetzt wurden – darunter Parabolspiegel, die Sonnenlicht so bündelten, dass damit römische Schiffe in Brand gesetzt werden konnten. Das klingt heute, da wir langsam und schleichend dabei sind, uns an immer noch furchtbarere Kriegswaffen zu gewöhnen, beinahe nett. Die Römer dürften das anders gesehen und auch keinen Sinn dafür gehabt haben, dass Paraboloide Objekte der Geometrie sind. Archimedes' Spiegel jedenfalls waren nichts anderes als Mathematik im Dienste des Krieges.

Während sich die Legenden um Archimedes durch Bilder aus dem Mittelalter illustrieren lassen, deren Authentizität im besten Fall zweifelhaft ist, lässt sich das Wirken von Mathematikern im Dienste der Kriegsführung im zwanzigsten Jahrhundert in der Tat nachvollziehen, dokumentieren und bebildern.

Parabolspiegel im Krieg: Archimedes setzt römische Schiffe in Brand

Das Bilderpaar, das diesem Kapitel voransteht, hat der niederländische Mathematiker Alexander »Lex« Schrijver recherchiert: Es ist insofern bemerkenswert, als es zeigt, wie in einem ganz zentralen Bereich der mathematischen Optimierung (bei sogenannten Fluss- und Transportproblemen) auf russischer *und* amerikanischer Seite unabhängig voneinander gearbeitet, teilweise dieselbe Mathematik entwickelt und diese sogar auf dieselben Daten angewendet wurde: nämlich auf das russische Eisenbahnnetz. Das Ganze allerdings mit entgegengesetzter Motivation. Auf russischer Seite drehte sich alles um die Frage, wie man möglichst viele Züge respektive Waren durch das kapazitätsbeschränkte Eisenbahnnetz schleusen könnte; nur wenige Jahre später war die amerikanische Intention, möglichst effektiv das Netz in zwei Teile zu zerlegen, um den Waren- und Gütertransport quer durch Russland zu unterbrechen.

Flüsse und Schnitte durch ein (Eisenbahn-)Netzwerk

Mathematisch betrachtet ist das Streckennetz einer Eisenbahn ein *Netzwerk* mit *Kantenkapazitäten*. Das berühmte »Max-Flow-Min-Cut-Theorem«, das üblicherweise auf das Jahr 1956 datiert wird (unabhängig voneinander formuliert und bewiesen durch zwei amerikanische Teams: Peter Elias, Amiel Feinstein und Claude E. Shannon einerseits, Lester R. Ford, Jr. und D. Ray Fulkerson andererseits), besagt, lax ausgedrückt, dass die maximale Menge an Material, die man durch ein solches Netz schleusen kann (der »maximale Fluss« oder eben »Max Flow«) gleich der kleinsten Summe an Kapazitäten der Kanten ist, die man zerschneiden, blockieren oder verbieten (oder eben bombardieren) muss, um alle Verbindungen von A nach B zu zerschneiden: das ist ein »minimaler Schnitt«, also ein »Min Cut«.

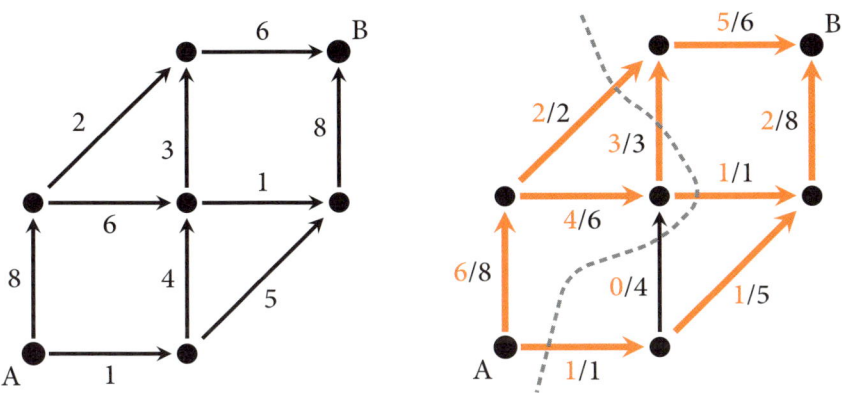

Ein Netzwerk (links) und ein maximaler Fluss von A nach B (rechts)

Unser Bild links zeigt das im Beispiel eines kleinen Netzwerks mit nur 7 Knoten und 10 Kanten. Wir versuchen Material von vom Knoten A zum Knoten B zu transportieren, wobei die Kapazität jeder Kante durch einen Wert zwischen 1 und 8 begrenzt ist. In unserem Beispiel zeigen die orangenen Pfeile, dass immerhin 7 Einheiten von A nach B transportiert werden können, wobei in jeden Knoten außer A und B gleich viel »reinfließt« wie »rausfließt«. Und mehr als 7 Einheiten hält das Netz auch nicht aus, das sieht man an dem minimalen Schnitt, der als gestrichelte Linie eingezeichnet ist – der 5 Kanten schneidet, die zusammen den Wert 7 ergeben.

In der Optimierung – etwa aus dem monumentalen Werk von Alexander Schrijver, *Combinatorial Optimization* (drei Bände, 2000 Seiten, über 4000 Literaturangaben, wobei sich das zehnte von 83 Kapiteln den Maximalflussproblemen und dem Max-Flow-Min-Cut-Theorem widmet) – kann man lernen, dass sich das Grundmodell dabei auf »gerichtete« Netzwerke bezieht (also Netzwerke aus Einbahnstraßen oder eben

Schienen, die nur in eine Richtung befahren werden dürfen) und auf Netzwerke mit nur einem Startknoten A (»Quelle« genannt) und einem Zielknoten B (der »Senke«), auf denen alle Waren von A nach B transportiert werden sollen.

Aber man lernt auch, dass und wie sich das Modell auf »ungerichtete« Kanten, viele Quellen und Senken und viele andere Bedingungen anpassen lässt. Und genau so ein Modell ist das russische Eisenbahnnetz, wie wir es auf den Bildern am Anfang dieses Kapitels sehen: Die Städte bzw. Bahnhöfe sind durch Knoten dargestellt, Einzelstrecken durch Kanten, und wir dürfen annehmen, dass in etlichen Städten im Osten (Knotenpunkte, die wir mit »A« markieren würden) Güter produziert werden, die an anderen Standorten im Westen (Zielknoten, die wir mit »B« bezeichnen könnten) dringend benötigt werden. Und wie bringen wir jetzt möglichst viel möglichst schnell von A nach B?

Die Anpassung der Theorie auf solche Modelle gehört zur abstrakten Wissenschaft der »kombinatorischen Optimierung«, die sozusagen hinter den Kulissen der modernen Wirtschaft und Technik Höchstleistungen erbringt. Die Logistik von Telefon, Post, Bahn und Flugverkehr ist ohne die kombinatorische Optimierung schlichtweg nicht mehr denkbar. In Alexander Schrijvers drei monumentalen Bänden geht es allerdings »nur« um die Theorie – während der vielen Jahre, die er an dem Werk gearbeitet hat, war sein Arbeitstitel zeitweilig (im Scherz) *Combinatorial Optimization without Applications*.

Kombinatorische Optimierung steht also heutzutage als reine Theorie zur Verfügung; entwickelt wurde sie aber anhand von praktischen Problemen. Unsere beiden Auftaktbilder stammen denn auch aus der Vorgeschichte des Max-Flow-Min-Cut-Theorems. Genauer: Das obere Bild wurde in einem russischen Aufsatz aus dem Jahr 1930 veröffentlicht: A. N. Tolstoï: »Methoden zur Berechnung der minimalen totalen Fahrleistung in der Frachttransportplanung im Raum«, in: *Transportplanung*, Band I, TransPress der Nationalen Kommission für Transportplanung, Moskau, 1930, Seiten 23 - 55. In dem Aufsatz geht es um allgemeine Transportprobleme: Etliche Fabriken produzieren ein Gut, das an vielen Orten gebraucht wird. Die Frage ist also, welche Fabriken an welche Zielorte liefern sollen – wobei natürlich Transportkilometer (und damit Transportkosten) minimiert werden sollen.

Zunächst beschreibt Tolstoï zwei einfache Modelle. Im ersten gibt es nur zwei Fabriken und viele Ziele, die mit Waren beliefert werden müssen. Die Entscheidung, von welcher der beiden Produkti-

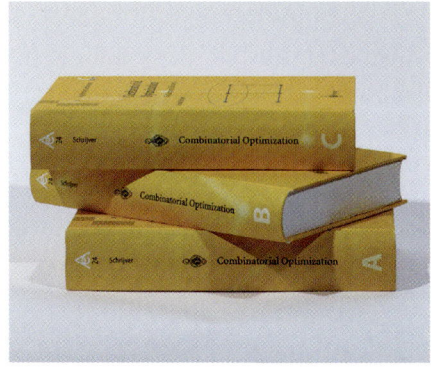

Geballtes Wissen – die drei Bände der *Combinatorial Optimization*

onsstätten aus man nun die Zielorte ansteuert, trifft Tolstoï mithilfe einer einfachen Rechnung: Er bestimmt die jeweilige Entfernungsdifferenz zwischen Fabrik A bzw. B zu den einzelnen Zielen – und zwar anhand der Kilometerliste der Eisenbahnstrecken. Die ist ausgesprochen nützlich, wie A. N. Tolstoï feststellt:

> Die Kilometerliste kann auf die gesamte Lebenszeit der Fabriken oder Produktionsquellen angewendet werden. Unter Verwendung dieser Tabelle kann man sofort jedes Jahr einen optimalen Transportplan aufstellen, wenn man nur die Produktionsmengen der zwei Fabriken und den Bedarf an den Zielorten kennt.

Im zweiten Modell betrachtet Tolstoï ein Eisenbahnnetz, in dem alle Ziele kreisförmig angeordnet sind – wie in unserem Bild. Auch wer sich, wie ich, schwer tut, kyrillische Buchstaben zu lesen, kann Taschkent im Süden und Omsk im Norden entziffern. Und dann wagt sich Tolstoï an die Lösung eines (für damalige Maßstäbe) gigantischen Transportproblems: Zehn Fabriken sollen 68 Zielorte beliefern, über ein Streckennetz, das insgesamt 155 Verbindungen zwischen diesen aufweist. Aus den unzähligen denkbaren Transportplänen und -strategien, die sich aus den

155 Verbindungen kombinieren lassen, soll jetzt »die beste« ausgewählt werden. Dafür hat Tolstoï alle seine Überlegungen kombiniert und dann losgerechnet. Per Hand natürlich, Computer standen damals noch nicht zur Verfügung. Was Tolstoï genau gemacht hat und wie, wissen wir heute nicht mehr. Aber: Seine Lösung des Transportproblems ist optimal, das hat Schrijver mit moderner mathematischer Software nachgerechnet. Eine bemerkenswerte Leistung!

Weitere Berechnungen für das sowjetische Eisenbahnnetz wurden erst wieder 1955 angestellt, also 25 Jahre und einen Weltkrieg später, mitten im Kalten Krieg und mit weniger friedlichen Absichten. Der Schauplatz dafür lag auf der anderen Seite des Atlantiks bzw. Pazifiks, nämlich in Santa Monica, Kalifornien, wo die RAND Corporation ihren Sitz hatte, ein »Think Tank« des US-Militärs, der ursprünglich von dem Flugzeughersteller Douglas und dann der Ford-Stiftung finanziert wurde und bei der Entwicklung der US-Strategien für den Kalten Krieg eine große Rolle spielte (und wohl auch heute noch spielt).

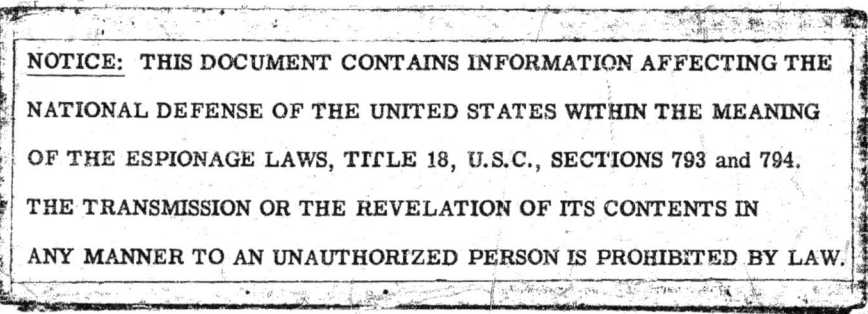

NOTICE: THIS DOCUMENT CONTAINS INFORMATION AFFECTING THE NATIONAL DEFENSE OF THE UNITED STATES WITHIN THE MEANING OF THE ESPIONAGE LAWS, TITLE 18, U.S.C., SECTIONS 793 and 794. THE TRANSMISSION OR THE REVELATION OF ITS CONTENTS IN ANY MANNER TO AN UNAUTHORIZED PERSON IS PROHIBITED BY LAW.

Theodore E. Harris & Frank S. Ross 1955: Vorspann des damals als »geheim« eingestuften Dokuments, das heute im Internet zu finden ist

Dort entwickelten der Mathematiker Theodore E. Harris und der pensionierte General Frank S. Ross ein Modell zur Abschätzung der Transportkapazitäten in einem Eisenbahnnetz: ganz offensichtlich nicht mit der »Max-Flow«-Intention, Transport zu optimieren, sondern mit der

»Min-Cut«-Intention, ein Transportnetz möglichst effektiv zu unterbrechen. Das Ergebnis ihrer Untersuchungen findet sich in dem Aufsatz T. E. Harris & F. S. Ross: »Fundamentals of a Method for Evaluating Rail Net Capacities«, US Air Force PROJECT RAND Research Memorandum RM-1573, 24. Oktober 1955, der damals als geheim eingestuft war, erst im Mai 1999 auf Initiative von Alexander Schrijver deklassifiziert wurde und unter http://www.dtic.mil/dtic/tr/fulltext/u2/093458.pdf im Internet steht.

Aus diesem Bericht, Seite 33, stammt unser zweites Kapitelauftaktbild: Es zeigt wieder eine Symbolkarte des russischen Eisenbahnnetzes, aber diesmal ist »The bottleneck«, der Flaschenhals, also der kleinste Schnitt oder »Min-Cut« durch das System, eingezeichnet; man erkennt ihn als gestrichelte Linie, die sich von unten nach oben durch das Bild zieht, und die Startknoten A im Osten, als »Origins« bezeichnet, von Europa abtrennt, wo die Zielknoten B liegen.

Mathematik und Krieg

Mathematik im Spannungsfeld zwischen Ost und West lässt sich nicht nur bei der Beschreibung der Maximalfluss-Probleme ablesen, sondern auch an den Methoden, mit denen man sie lösen kann: Stichworte für die Fachleute sind hier die »Lineare Optimierung« und speziell das »Simplex-Verfahren«, eines der wichtigsten mathematischen Verfahren damals wie heute. Die theoretischen Grundlagen der Linearen Optimierung und das Simplex-Verfahren hat in den dreißiger Jahren zunächst der Mathematiker Leonid W. Kantorowitsch (1912 – 1986) in der Sowjetunion entwickelt. Der durfte den größten Teil seiner Arbeiten darüber damals aber nicht publizieren, weil »Optimierung« in der kommunistischen Wirtschaft nicht gerne gesehen wurde.

Auf der anderen Seite des großen Teichs veröffentlichte 1947 der Amerikaner George Dantzig (1914 – 2005) seine Überlegungen zum Simplex-Verfahren. Dantzig hatte Theorie und Praxis der »Linearen

Programmierung«, wie das auf amerikanischer Seite hieß, für die US-Planungslogistik des Pazifikkriegs entwickelt. Die erste Anwendung des (wunderbaren, effektiven, interessanten) mathematischen Verfahrens war also militärisch! Das zeigt auch die Bezeichnung: Der Ausdruck »Programmierung« bezog sich damals noch nicht auf Computer, sondern stand für (militärische, systematische) Planung. Der Ruhm für die Entdeckung des Simplex-Verfahrens ging also an den Amerikaner Dantzig. Vielleicht war es dann ausgleichende Gerechtigkeit, dass Leonid W. Kantorowitsch 1975 mit einem Wirtschaftsnobelpreis ausgezeichnet wurde – einem Preis, den George Dantzig genauso verdient gehabt hätte, aber nie erhalten hat.

Die Wissenschaftshistoriker Bernhelm Booß-Bavnbek und Jens Høyrup schreiben, dass im Zweiten Weltkrieg die Verbindung von »Mathematics and War« eine neue Qualität bekam, weil damals sowohl die Achsenmächte als auch die Alliierten große Anstrengungen unternahmen, um die Wissenschaft auf ihre Seite zu ziehen und ihre Erkenntnisse für den Krieg nutzbar zu machen. Mathematische Technologien waren mithin kriegsentscheidend: Mathematik steckte in Radar und Sonar, im Computer, im Entschlüsselungsverfahren für die »Enigma« und auch in der Atombombe.

Aus der Kriegsforschung kam auch substanzielle neue Mathematik heraus, die nach dem Krieg (und im Kalten Krieg) weiterentwickelt wurde – darunter die Anfänge der Informatik, die Informationstheorie, Spieltheorie, Planungslogistik und Operations Research, Schätzverfahren der Statistik wie die »Monte-Carlo-Simulation« sowie statistische Qualitätskontrolle. Es steckt also Kriegsforschung in der modernen Mathematik, und gleichzeitig ist Mathematik mit der Zeit ein integraler und sogar essenzieller Teil moderner Kriegsführung geworden. Dabei geht es schon lange nicht mehr nur um die Ballistik (also die Berechnung von Abschusswinkeln für die Artillerie), sondern um Strategie, Logistik, Physik und Steuerung von Waffensystemen und so weiter. Zynisch stellen Booß-Bavnbek und Høyrup fest: »Das heißt nicht, dass

Mathematik zu einem wesentlichen Ausgabenposten des Militärapparats geworden wäre – Mathematik ist ein billiger Weg, um teure Ressourcen effektiver einzusetzen.« Sie zitieren hier den Mathematiker und Autor Jerzy Neyman (1894 in Polen geboren, 1981 in Kalifornien gestorben): »Ich beweise Sätze, sie werden publiziert und was danach mit ihnen passiert, weiß ich nicht.«

Mathematiker auf beiden Seiten, am selben beziehungsweise umgekehrten Ziel – das lässt sich an den Auftaktbildern zu diesem Kapitel ablesen, aber die Geschichte vom Max-Flow-Min-Cut-Theorem und dem russischen Eisenbahnnetz ist nicht der einzige Fall für diese Situation. Genannt sei hier nur ein weiteres Beispiel, das dokumentiert und nachvollziehbar ist: der Ungar John von Neumann (1903–1957) und der Pole Stanisław Ulam (1909–1984) lieferten auf amerikanischer Seite die Mathematik zu Atom- und Wasserstoffbombe, und damit die Möglichkeit des nuklearen Erstschlags. Auf der anderen Seite des Eisernen Vorhangs arbeitete Lew S. Pontrjagin (1908–1988) an der Kontrolltheorie – die Steuerung von Interkontinentalraketen im Blick – also daran, den gegnerischen nuklearen Erstschlag unmöglich zu machen. Pontrjagin arbeitete offenbar an einem ganz konkreten Szenario: russische Interkontinentalraketen, die einen Erstschlag überleben würden, so genau zu steuern, dass sie New York um nicht mehr als den »Radius der Effektivität« einer Wasserstoffbombe verfehlen würden.

Auch hier hat Militärforschung zu wichtiger Mathematik geführt: Die Arbeit von Pontrjagin in der Kontrolltheorie und die Entwicklung seines »Maximumprinzips« (eines zentralen Resultats in der Theorie der Differenzialgleichungen) begannen mit einem ganz konkreten System von gewöhnlichen Differenzialgleichungen fünfter Ordnung mit drei Kontrollparametern, das ihm im Frühjahr 1955 von zwei Luftwaffen-Offizieren bei deren Besuch am Steklow-Institut in Moskau vorgeschlagen worden war.

Mathematik und Krieg? Wirklich ein unerfreuliches Thema…

Emmy Noether

The Mother of Modern Algebra

1933

Fotos einer Dame

Welches Bild bleibt von der Mathematikerin Emmy Noether? Diese Frage kann man ganz unterschiedlich interpretieren, wie man an den beiden folgenden Äußerungen sieht:

> Ich hoffe, dass am Beispiel von Emmy Noether ein paar mehr junge Frauen den Zauber der Mathematik entdecken. Ich habe sie sehr lieb gewonnen, während ich ihre Geschichte konstruiert habe – sie war warmherzig und lebendig, völlig selbstlos, und entwickelte im Laufe ihrer Entwicklung immer mehr Leidenschaft für die Mathematik. Sie gibt dem Ausdruck »Reine Mathematik« eine neue Bedeutung.
>
> Margaret B. W. Tent, Autorin von
> *Emmy Noether: The Mother of Modern Algebra*

> Von Emmy Noether sind nur wenige gute Fotos erhalten.
>
> Professor Peter Roquette, Universität Heidelberg

Bevor wir uns den Bildern widmen, die bleiben, wollen wir erst einmal an diese Frau erinnern: Das ist offenbar nötig, trotz der über fünfzig Emmy-Noether-Straßen in Deutschland. Eigentlich ein Skandal, dass nicht jeder sie kennt. Und dann wollen wir das beste und das schlechteste Bild gegenüberstellen, das es von Emmy Noether gibt.

Amalie Emmy Noether, 1882 in Erlangen als Tochter des Mathematik-professors Max Noether geboren, wuchs behütet in einem wohlsituierten jüdischen Elternhaus auf. Sie studierte in Erlangen, wo sie 1908 beim »König der Invariantentheorie« Paul Gordan (1837 – 1912) promovierte. Ihre Dissertation enthält sehr viel explizite Rechnerei und »Formelgestrüpp«. Emmy Noether hat sie später als »Mist« bezeichnet; die Arbeit war offenbar trotzdem eine beeindruckende Leistung, die mit »summa cum laude« benotet wurde.

Unter dem Einfluss des Nachfolgers ihres Doktorvaters, Ernst Fischer (1875 – 1954), ließ Noether aber das explizite Berechnen von Invarianten, also die »altmodische« Algebra des neunzehnten Jahrhunderts, bald hinter sich und wandte sich der modernen, »abstrakten« Algebra zu, wie sie von Richard Dedekind, Ernst Steinitz und insbesondere von David Hilbert (1862 – 1943) in Göttingen vertreten wurde. Tatsächlich wurde man dort, im damaligen Weltzentrum der Mathematik, sehr bald auf sie aufmerksam. Sie korrespondierte mit den Heroen der Göttinger Mathematik, Felix Klein und David Hilbert. 1913 war sie für einen längeren Aufenthalt in der Stadt, im April 1915 kam sie wieder nach Göttingen – und blieb.

Noch im selben Jahr stellte sie den Antrag auf Habilitation und damit die Zulassung zur Lehre an der Universität. In der Fakultät und der Universität gab es allerdings eine große Zahl von Professoren, die die Habilitation von Frauen grundsätzlich nicht für eine akzeptable Sache hielten. Hilbert konnte aber gegen größte Widerstände doch Unterstützung seiner Kollegen für den Habilitationsantrag erreichen – letztlich mit dem berühmt gewordenen Argument, die Universität sei doch keine Badeanstalt. Trotzdem scheiterte der Antrag von 1915 wie auch ein zweiter im Jahr 1917 am zuständigen Ministerium, das nicht bereit war, bei dem Habilitationsverbot für Frauen aus dem Jahr 1908 eine Ausnahme zu machen:

Die Zulassung von Frauen zur Habilitation als Privatdozent begegnet in akademischen Kreisen nach wie vor erheblichen

Bedenken. Da die Frage nur grundsätzlich entschieden werden kann, vermag ich die Zulassung von Ausnahmen nicht zu genehmigen, selbst wenn im Einzelfall dadurch gewisse Härten unvermeidbar sind. Sollte die Stellungnahme der Fakultäten, mit der der Erlaß vom 29. Mai 1908 rechnet, eine andere werden, bin ich gern bereit, die Frage erneut zu prüfen.

Immerhin konnte David Hilbert 1917 erreichen, dass Emmy Noether offiziell ihre Vorlesungen an der Universität Göttingen halten durfte – allerdings mussten sie unter Hilberts Namen angekündigt werden und sie firmierte als seine »Assistentin«: Hilbert hatte damals einen Ruf nach Berlin erhalten, den er als Druckmittel in die Waagschale warf. Erst 1919 wurden die Gesetze und Regelungen geändert, so dass Noether *eben doch* habilitieren, in Göttingen als Privatdozentin und ab 1922 als »nichtbeamteter außerordentlicher Professor« lehren konnte. Mehr war nicht zu haben. Und dabei blieb es auch – unterbrochen von Gastprofessuren in Moskau und Frankfurt – bis ihr 1933 in Göttingen als Jüdin die Lehrerlaubnis entzogen wurde. Sie emigrierte in die USA, lehrte am Bryn Mawr College, einem Frauen-College in einem Vorort von Philadelphia, bis sie am 14. April 1935 an plötzlichen Komplikationen einer eigentlich gut verlaufenen Unterleibsoperation verstarb.

Klein und Hilbert hatten Emmy Noether in einer Phase nach Göttingen geholt, in der sich beide intensiv mit Einsteins Relativitätstheorie beschäftigten. Sie hofften, von Noethers Invariantentheorie-Kompetenz zu profitieren – und wurden nicht enttäuscht. Der erste wissenschaftliche Paukenschlag der jungen Mathematikerin, der auch heute noch nachhallt, kam im Jahr 1918 mit ihren beiden Arbeiten über Invarianten von Variationsproblemen. Felix Klein stellte sie im Januar und im Juli in Sitzungen der Gesellschaft der Wissenschaften in Göttingen vor, später erschienen die Arbeiten dann gedruckt in den *Nachrichten* der Gesellschaft. Die erste Arbeit ist rein mathematisch, die zweite mit Bezug auf die Physik formuliert. Die »Noether-Theoreme« aus diesen Arbeiten erklären, wie aus Symmetrien die Existenz von Erhaltungsgrößen folgt. (Ein Beispiel: Die Impulserhaltung in der Mechanik kann daraus abgeleitet werden, dass die Physik von Verschiebungen im Raum unabhängig ist.) Zur ersten Arbeit schreibt Albert Einstein am 24. Mai des Jahres 1918 an David Hilbert:

> Gestern erhielt ich von Fr. Nöther eine sehr interessante Arbeit über Invariantenbildung. Es imponiert mir, dass man diese Dinge von so allgemeinem Standpunkt übersehen kann. Es hätte den Göttinger Feldgrauen nichts geschadet, wenn sie bei Frl. Nöther in die Schule geschickt worden wären. Sie scheint ihr Handwerk zu verstehen!

Die Noether-Theoreme sind auch heute noch von zentraler Bedeutung in der Theoretischen Physik, für die klassische Mechanik wie auch für die Quantenmechanik und die Feldtheorien für Elektrodynamik und Gravitation. So steckt auch eine Menge Emmy Noether in der Suche nach dem Higgs-Teilchen.

Drei Jahre später erfolgte der nächste wissenschaftliche Paukenschlag, mit dem sich Emmy Noether an die Spitze der modernen Algebra stellte: Ihre Arbeit »Idealtheorie in Ringbereichen« aus dem Jahr 1921 markiert einen Meilenstein der abstrakten Algebra – die darin studierte Klasse von algebraischen Objekten heißt heute »Noethersche Ringe«, und ohne diese Noetherschen Ringe sind breite und wichtige Gebiete der Mathematik wie die »Kommutative Algebra« und die »Algebraische Geometrie« inzwischen gar nicht mehr denkbar.

Ob sie das aber gleich zur »Mutter der modernen Algebra« macht? Ist das überhaupt eine angemessene Bezeichnung? Verliehen hat ihr dieses Prädikat jedenfalls der amerikanische Mathematiker Irving »Kap« Kaplansky im Jahr 1973. Und in der Tat: Das vielleicht einflussreichste Algebrabuch des zwanzigsten Jahrhunderts, das 1930 unter dem Titel *Moderne Algebra* erschien und später nur noch *Algebra* hieß, stammte zwar von dem Holländer Bartel L. van der Waerden, basierte aber auf Vorlesungen, die Emmy Noether in Göttingen gehalten hat, sowie auf Vorlesungen von Emil Artin in Hamburg. (Über Bartel van der Waerden, der nach dem Diplom 1924 aus Holland nach Göttingen gekommen war, sagte Pawel Alexandrow wiederum später, er sei eine der brillantesten Entdeckungen von Noether gewesen. Seine Promotion in Amsterdam 1926 war von ihr inspiriert; 1928 wurde van der Waerden in Göttingen habilitiert.)

Emmy Noether. The Mother of Modern Algebra heißt auch das Buch von Mary Tent, dessen Titelbild am Anfang dieses Kapitels steht. Emmy Noether ist ohne Zweifel die beste Mathematikerin aller Zeiten!

Dieses Prädikat auszusprechen kommt mir natürlich nicht zu, aber ich kann etliche weitere Heroen unseres Fachs dafür zitieren: »Eine große Persönlichkeit, die größte Mathematikerin, die je gelebt hat« (Norbert Wiener); »eine Persönlichkeit von einzigartiger Bedeutung in der mathematischen Welt« (Bartel van der Waerden); und Einstein schreibt in seinem Nachruf in der *New York Times* vom 1. Mai 1935:

Im Urteil der kompetentesten lebenden Mathematiker war Fräulein Noether das bedeutendste kreative mathematische Genie, das die Höhere Bildung von Frauen seit ihrem Beginn hervorgebracht hat. Im Gebiet der Algebra, in dem sich die begabtesten Mathematiker seit Jahrhunderten beschäftigt haben, hat sie Methoden entdeckt, die sich als ungemein wichtig in der Entwicklung der heutigen jüngeren Generation von Mathematikern herausgestellt haben. Reine Mathematik ist, in gewisser Hinsicht, die Poesie logischer Ideen. Man sucht nach den allgemeinsten Konzepten von Umformungen, die den größtmöglichen Kreis von formalen Beziehungen in einer einfachen, logischen und einheitlichen Form zusammenbringen. In diesem Bemühen um logische Schönheit werden geistige Formeln entdeckt, die notwendig sind, um tiefer in die Gesetze der Natur einzudringen.

Ein Vorbild für die »Noether-Boys«

Emmy Noether hatte keine eigene Familie, war nie verheiratet oder auch nur verlobt. Ihr Bruder Fritz war ebenfalls Mathematiker, wurde 1937 in der Sowjetunion als »deutscher Spion« verhaftet und dann 1941 wegen »antisowjetischer Propaganda« zum Tode verurteilt und erschossen. Aber auch über Emmys persönliche Beziehungen ist sehr wenig bekannt. Ihren Urlaub hat sie unter anderem mit dem berühmten russischen Mathematikerpaar Pawel Alexandrow und Andrej Kolmogorow gemacht, aber das ist eine andere Geschichte. Den größten bleibenden Einfluss hatte sie aber vermutlich auf (und durch) die vielen jungen Mathematiker (und Mathematikerinnen), die sie in ihrer Göttinger Zeit ausgebildet und inspiriert hat. Sie forschte und lehrte, förderte ihre Schüler, arbeitete mit Gästen. »Meine Methoden sind Arbeits- und Auffassungsmethoden und daher anonym überall eingedrungen«, schrieb sie im Jahr 1931 an den Mathematiker Helmut Hasse (1898 – 1979) in Hamburg – und damit hatte sie recht.

»Emmy Noether hatte voller Güte die Rolle der Ziehmutter und Beschützerin übernommen und gluckte unentwegt inmitten einer Gruppe, in der sich vor allem van der Waerden hervortat«, so hat das der französische Zahlentheoretiker André Weil beschrieben, der in Göttingen zu Besuch war, um »moderne Algebra« zu lernen. »E. Noether hat im letzten Jahrzehnt wohl mehr als irgend ein anderer Göttinger Docent junge Mathematiker zu productiver Arbeit angeregt«, berichtet der Zahlentheoretiker Carl Ludwig Siegel. Kann ja schon sein, dass die Heroen der Göttinger Mathematik, allen voran David Hilbert, furchteinflößend oder zumindest unnahbar waren – während das »Fräulein Noether« ansprechbar war und ihre »Zöglinge« selbstlos gefördert hat.

Die Gruppe der (mit sehr großer Hochachtung und vielleicht etwas Spott von Hermann Weyl so genannten) »Noether-Boys« war in Göttingen offenbar etwas Besonderes: Neben ihren eigenen Doktorandinnen und Doktoranden waren in Noethers Umfeld auch Studenten aus anderen Ländern präsent, die mit ihren Methoden, Ratschlägen und Anregungen promovierten, wie der bereits erwähnte Bartel van der Waerden, später Professor in Leipzig, Baltimore, Amsterdam und Zürich. Zu ihrem Kreis gehörten auch Heinz Hopf (ein herausragender Topologe); die später äußerst einflussreichen Algebraiker Ernst Witt und Helmut Hasse (der mit dem Brief), die höchst begabte Olga Taussky und der Topologe Pawel Alexandrow (der mit dem Urlaub). Sie alle hatten und haben bis heute größtes Gewicht in der Mathematik.

Das schlechteste Bild

Wenn nun Emmy Noether schon zu Lebzeiten so inspirierend war, dann muss sie sich ja auch als Vorbild eignen. Offenbar auf Anregung des Verlegers Klaus Peters hat Margaret Tent, lange Jahre Lehrerin an der Altamont School (einer Oberschule in Birmingham, Alabama), versucht, Jugendlichen (und besonders jungen Frauen) die Mathematikerin nahezubringen. Tent hatte gerade eine Biographie über Carl Friedrich Gauß, den »Prinz der Mathematiker«, verfasst, nun nahm sie sich Emmy Noether vor. Und weil man gerade über die Jugend Noethers wenig weiß, der Text trotzdem lebendig sein sollte, ist eine halb-fiktionale Biographie daraus geworden, die durchaus als umstritten gelten kann, auch wegen ihres Stils und zahlloser sachlicher Fehler.

Gelobt hat sie etwa Peter M. Neumann, seines Zeichens Professor am Queen's College in Oxford, der seine Buchbesprechung im *Newsletter* der Londoner Mathematischen Gesellschaft so beendet:

> Ich kann nur einen signifikanten Mangel entdecken. Der Schutzumschlag ist mit einem schönen Foto illustriert (Peter Roquette zugeschrieben), auf dem Emmy Noether ganz auffällig wie Miss Marple aussieht, wie sie von der inzwischen verstorbenen Joan Hickson in der klassischen BBC-Fernsehserie der Agatha-Christie-Romane gespielt wurde. Die meis-

ten Bücher überleben ihre Schutzumschläge: Lasst uns hoffen, dass in zukünftigen Ausgaben dieses entzückende Bild in das Buch selbst integriert wird.

Ein entzückendes Bild, fürwahr … Aber trotzdem lag der Kollege Peter Neumann da ziemlich daneben. Die Algebra-Professorin Bhama Srinivasan aus Chicago war da als Rezensentin für das *College Mathematics Journal* etwas kritischer:

Schließlich hat diese Rezensentin noch einen kleinen Kritikpunkt: Hätten wir nicht ein besseres Bild von Emmy Noether auf dem Einband haben können?

Und sie hat offenbar auch genauer hingeschaut, Verdacht geschöpft und ihre Kollegin Christine Bessenrodt in Hannover darauf angesprochen. Die schrieb im Juni 2009 an Peter Roquette, der ja die Bildvorlage geliefert hatte:

Für den Buchtitel wurde ein etwas eigenartiges Bild von Emmy Noether ausgewählt, auf dem sie kaum zu erkennen ist. Nach den Bildern, die ich sonst kannte, hätte ich die Person jedenfalls nicht für Emmy Noether gehalten.

Zum Glück konnte Peter Roquette rekonstruieren, was da passiert war: Frau Tent hatte im Bildarchiv des Mathematischen Forschungsinstituts in Oberwolfach eigentlich zwei andere Noether-Fotos angefordert, eines davon wollte sie für ihren Buchumschlag verwenden. Sie hatte aber auch nach weiteren Bildern gefragt – und da wurde ihr aus dem Ordner »Emmy Noether« ein kleines Foto von einem Mann und einer Frau am Bahnhof in Göttingen angeboten.

Das Foto stammt aus der Sammlung des chinesischen Mathematikers Wei-Liang Chow, 1911 in Shanghai geboren. Der hatte in den USA studiert und dort 1932 seinen Master abgeschlossen. Im Sommer 1933 kam er nach Göttingen und hörte dort auch Vorlesungen bei Emmy Noether – die sie in ihrer Wohnung hielt, denn durch ein Ministeriumstelegramm vom 25. April 1933 war sie, zusammen mit fünf weiteren jüdischen Göttinger Professoren, beurlaubt worden und durfte daher an der Universität nicht mehr lehren. Chow hat später in Leipzig beim ehemaligen »Noether-Boy« van der Waerden weiterstudiert und bei ihm 1936 auch promoviert. Im selben Jahr heiratete er Margot Victor aus Hamburg und kehrte mit ihr nach China zurück: Er wurde Professor an der National Central University in Nanking. Es folgten Stationen in Shanghai, am Institute for Advanced Study in Princeton und an der Johns Hopkins University in Baltimore. Peter Roquette traf die Chows in Princeton, die Freundschaft bestand über Jahrzehnte. Als Roquette in den neunziger Jahren den Zeitzeugen W. L. »Eddie« Chow nach Fotos von Emmy Noether fragte, schickte dessen Frau Margot das kleine Bahnhofsfoto – offenbar in der Annahme, es zeige die berühmte Mathematikerin. Margot Chow hatte Emmy Noether persönlich nie getroffen, ihr Mann, den sie hätte fragen können, war bereits 1995 verstorben. Peter Roquette reihte das Foto aus dem privaten Album der Chows, ohne Verdacht zu schöpfen, in sein Archiv von Noether-Fotos ein. Einige Jahre später machte er all seine Bilder (und insbesondere die von Emmy Noether) im Rahmen der Fotodatenbank des Forschungsinstituts in Oberwolfach der Öffentlichkeit zugänglich. Und ausgerechnet dieses außergewöhnliche »Noether«-Foto muss dann dem Graphiker des Verlags so gefallen haben, dass er es (zugeschnitten und koloriert) für den Buchumschlag verwendet hat.

Wer ist nun auf dem Foto zu sehen?

Da sitzt ein asiatisch-aussehender Mann auf der Bank, mit Gepäck und seiner Geige, und blickt in die Kamera. Es ist nicht W. L. Chow, wie man vielleicht denken könnte: Im Jahr 1933, aus dem das Foto wohl stammt, war der erst 22. Zwischenzeitlich wurde spekuliert, das sei Chiungtze Tsen (1898 – 1940), ein chinesischer Student von Emmy Noether, der 1934 noch bei ihr promoviert hatte und dann nach China zu-

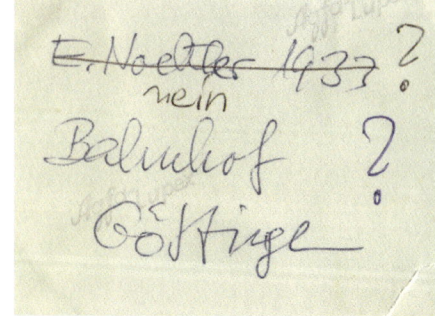

Auf dem Bahnhof in Göttingen: Vorder- und Rückseite des Fotos

rückgekehrt war; auf dem Foto wäre er also 35 Jahre alt. Aber weder Tsen noch Chow spielten Geige, weiß Peter Roquette: »Jemand anderes hat beobachtet, dass im Hintergrund eine Person aus einem Zugfenster schaut. Vielleicht sollte diese Person aufgenommen werden? Ich habe es aufgegeben zu spekulieren, wer wohl auf diesem Foto zu sehen ist.« Die Dame in Mantel und Hut ist vermutlich eine Passantin, wir kennen sie nicht. Mit Sicherheit handelt es sich aber nicht um Emmy Noether, die

Emmy Noether auf dem Bahnhof in Göttingen, 1933

damals 51 gewesen wäre und der »Miss Marple« auf dem Bild nur bedingt ähnlich sieht.

Kurioserweise gibt es tatsächlich ein Foto von Emmy Noether auf dem Bahnhof von Göttingen, im selben Jahr, vielleicht auch auf demselben Bahnsteig: Es zeigt die Mathematikerin im Oktober 1933 kurz vor ihrer Emigration in die USA. Das Bild stammt aus dem Privatbesitz des Mathematikers und Mathematikhistorikers Otto Neugebauer (1899–1990), der im Jahr 1926 bei Courant und Hilbert in Göttingen promoviert hat. Ein handschriftlicher Vermerk mit dem Bleistift auf der Rückseite des Fotos benennt den Ort, die Zeit und den Fotografen: »Photo from Otto Neugebauer«. Und »see envelop 4 for negative« steht da, in nicht ganz fehlerfreiem Englisch.

Das beste Bild

Das beste Bild von Emmy Noether ist aber ein Foto, das der Mathematiker Helmut Hasse (1898 – 1979) auf einer Reise nach Königsberg im Jahr 1930 gemacht hat. Es zeigt sie auf dem Schiff, unterwegs zur Jahrestagung der Deutschen Mathematiker-Vereinigung und dem Kongress der Gesellschaft Deutscher Naturforscher und Ärzte, die dort gleich nacheinander stattfanden. Königsberg 1930, das war ein singulärer Ort in der Mathematikgeschichte: Hier referierte die junge Olga Taussky über ihre Promotion, und in der anschließenden Diskussion entwickelte sich eine Debatte zwischen Noether und Hasse, die Taussky später als »eine Art Duett« beschrieb. Hier bekam der 68-jährige David Hilbert die Ehrenbürgerwürde seiner Geburtsstadt Königsberg verliehen und hielt eine berühmte Dankesrede, von der ein längerer Ausschnitt sogar im Rundfunk übertragen wurde (mit den etwas optimistischen Schlussworten über die Macht der Mathematik: »Wir müssen wissen, wir werden wissen«), während gleichzeitig der junge Kurt Gödel eine der bedeutendsten Erkenntnisse der Mathematik des zwanzigsten Jahrhunderts vorstellte, seinen berühmten »Unvollständigkeitssatz«, der Hilberts Optimismus endgültig beenden sollte: Ganz egal, wie wir die Grundannahmen der Mathematik formulieren werden, gibt es immer wahre mathematische Sätze (zu denen es also keine Gegenbeispiele gibt), die aber nicht beweisbar sind (sich also nicht formal aus den Grundannahmen herleiten lassen). Gödel beweist: Wir werden nie alles wissen.

Und warum ist das »Schiffsfoto« jetzt das beste Bild von Noether? Weil sie das selbst so sagt – und zwar auf einer Postkarte an Helmut Hasse vom 2. Dezember des Jahres 1931:

Lieber Herr Hasse! Könnten Sie mir den Film meines Schiffsbildes (Danzig-Königsberg) einmal schicken? Für ein paar
Tage! Die Chicagoer bauen ein neues Math. Institut – oder
haben es schon gebaut – und wollen die Wände mit Mathe-
matikerbildern tapezieren. Nun ist Ihr Bild das einzig anstän-
dige, was es von mir gibt … und möchte daher für Chicago
neue anfertigen lassen. (…) Beste Grüße, Ihre Emmy Noether

Der Abzug des Schiffsbildes, den Emmy Noether nach Chicago geschickt hat, hing noch viele Jahre später im Arbeitszimmer des Alge-
braikers Israel Herstein (1923 – 1988) in der 1930 fertiggestellten Eck-
hart Hall, der Residenz der Fakultät für Mathematik und Statistik an der
University of Chicago. Inzwischen ist er nicht mehr auffindbar.

Emmy Noether auf dem Schiff nach Königsberg, 1930 …

Verabschieden wollen wir uns jedoch mit einem Foto, das aus Noethers letztem Jahr am Bryn Mawr College in Philadelphia stammt: Es zeigt eine fröhliche, energetische Mathematikerin, die auf der Höhe ihres Schaffens stand – und mitten im Leben. Ein Bild, das der Mathematikerin Emmy Noether sicher auch gefallen hätte.

… und am Bryn Mawr College, 1934 oder 1935

Mathematik

BAND 12

Neuer Tessloff Verlag

1963

Was ist was?

Mit den *Was ist was*-Bänden bin ich aufgewachsen. Wir hatten einen ganzen Stapel davon, verteilt auf die Kinderzimmer meiner vielen Brüder. (Kleine Rechenaufgabe: 75 Prozent meiner Brüder leben in München, einer in Frankfurt – wie viele sind wir?) Der *Was ist was*-Band Nummer 12 aber, Mathematik, der gehörte mir! Darin habe ich geschmökert, immer wieder, er muss mein Bild der Mathematik geprägt haben. Viele Jahre später, da war ich schon lange Professor für Mathematik, fiel mir in einem Kaufhaus in Berlin-Moabit ein Drehregal mit *Was ist was*-Bänden ins Auge.

Band 12 entdeckte ich in einer Reihe zwischen Band 9: »Der Urmensch«, Band 10: »Fliegerei und Luftfahrt«, Band 11: »Hunde« und Band 13: »Wilde Tiere«. Es gab ihn also immer noch. Aber das Titelbild hat mich überrascht: so hatte ich das nicht in Erinnerung! Natürlich habe ich zugegriffen und mit Freude die 8,90 Euro bezahlt für eine Lesereise zurück in die Kindheit. Die gab es allerdings nicht, denn hinter dem neuen Titelbild steckte auch ein neu geschriebenes Buch, 2001 veröffentlicht.

Enttäuscht, aber zugleich neugierig, wollte ich nun die Versionen von 1963 und 2001 nebeneinanderlegen und vergleichen. Ist jedes Titelbild automatisch ein »Bild der Mathematik«? Welches Mathematikbild wird dadurch vermittelt? Hat es sich zwischen 1963 und 2001 verändert und wenn ja, wie?

Also habe ich beim nächsten Besuch zuhause in München meine Mutter nach dem Verbleib der *Was ist was*-Bände gefragt: Die waren alle noch da, sorgsam gestapelt in einem Schrank in einem der ehemaligen Kinderzimmer, offenbar von meinen Neffen und Nichten nicht nachgefragt. Darunter war auch »mein« Band Nummer 12, den habe ich mitgenommen. Er hatte Gebrauchsspuren, allerdings nicht so viele, wie man das bei einem Band erwarten könnte, den ich jahrelang »in Gebrauch« hatte. Vielleicht fand ich ihn damals doch nicht so überzeugend wie in meiner Erinnerung? Vielleicht war schon das Cover nicht so einladend? Sie können das gerne für sich persönlich vergleichen: Die Titelbilder von 1963 und 2001 stehen diesem Kapitel voran.

Die *Was ist was*-Bände kommen ursprünglich aus den USA. Sie hießen dort *How and why* und wurden von 1960 an von Wonder Books Inc. unter Regie des amerikanischen Ministeriums für Erziehung und Gesundheit publiziert. Der Verlegersohn Ragnar Tessloff aus Nürnberg hat die Reihe zufällig in einer Buchhandlung in New York entdeckt. Sein »Neuer Tessloff Verlag« brachte sie im Jahr 1961 als Monatszeitschrift in Deutschland auf den Markt, in etwas holpriger deutscher Übersetzung zwar, aber mit den Illustrationen und (leicht bearbeiteten) Titelbildern der Originalserie. Von 1963 an publizierte Tessloff die Werke dann als Bücher mit festem Einband.

Die ersten 24 Bände erschienen fast gleichzeitig, jeder mit 48 Seiten, im selben Stil wie das amerikanische Original: im Innenteil zweispaltig gesetzt, jeder neue Abschnitt mit einer Überschrift in einem kleinen Textkasten markiert. Unter den ersten 24 Bänden war auch jener zur Mathematik, von E. Harris Highland und Howard Jasper Highland verfasst und von Otto Ehlert – Sie ahnen es schon – etwas holprig ins Deutsche übersetzt.

Während die amerikanische Serie mit insgesamt 74 Bänden in den siebziger Jahren auslief (unter den letzten Ausgaben waren ausgerechnet Nr. 72 über »Ausgestorbene Tiere« und Nr. 74 zum Thema »Fossilien«), waren die Bücher in Deutschland ein großer Erfolg und die Serie blieb und bleibt lebendig. Von dem »Mathematik«-Band gibt es allerdings nicht nur die zwei Ausgaben, die mir ins Auge gefallen waren, sondern insgesamt fünf, publiziert in den Jahren 1963, 1973, 1983, 2001 und 2010. Diese fünf deutschen Aus-

Der amerikanische *How-and-why*-Band über Mathematik, 1961

gaben tragen vier verschiedene Titelbilder (jeweils neu 1963, 1983, 2001 und 2010) – sie zeigen die damals populären »Bilder der Mathematik«. Diese Motive sollten natürlich die Inhalte der Bände widerspiegeln, und das tun sie durchaus, aber sie sollten eben auch ein Gesamtbild der Mathematik entwerfen, das Jugendliche von acht bis vierzehn Jahren anspricht. Das tun sie ebenfalls, auch wenn das zunächst sicher nicht die Absicht war.

Was ist Mathematik?

Wenn wir das abstrakt sagen könnten, also ohne Bilder, nur in Worten, dann könnten wir ja auch sehen, ob und wie die Titelbilder dazu passen. Weil das aber fast unmöglich ist, versuchen wir's nicht selbst, sondern kritisieren lieber eine fremde Leistung, nämlich die der anonymen Autoren von Wikipedia. Und die tun sich sichtlich schwer, wie man im folgenden Text sehen kann:

Mathematik

Die **Mathematik** (griechisch μαθηματική τέχνη *mathēmatikē téchnē* ‚die Kunst des Lernens‘, ‚zum Lernen gehörig‘) ist die Wissenschaft, welche aus der Untersuchung von Figuren und dem Rechnen mit Zahlen entstand. Für *Mathematik* gibt es keine allgemein anerkannte Definition; heute wird sie üblicherweise als eine Wissenschaft beschrieben, die selbst durch *logische* Definitionen geschaffene abstrakte Strukturen mittels der *Logik* auf ihre Eigenschaften und Muster untersucht.

Wikipedia über Mathematik

Wussten die Wikipedia-Autoren, die diese Definition erstellt haben, dass die »Zahlen und Figuren« ein Novalis-Gedicht heraufbeschwören könnten, das als prototypisch für die Romantik gilt und in unzähligen Deutsch-Grundkursen zu Tode interpretiert worden ist?

> Wenn nicht mehr Zehlen und Figuren
> Sind Schlüssel aller Kreaturen
> Wenn die, so singen oder küssen,
> Mehr als die Tiefgelehrten wissen […]
>
> **Novalis (1800)**

Haben Sie gemerkt, dass es bemerkenswert selbstbezüglich ist, wenn als Teil einer Definition von Mathematik angeboten wird, dass es keine allgemein anerkannte Definition gibt? Das freut die Logiker in der Mathematik, die ihre Freude an selbstbezüglichen Aussagen haben wie dem Satz »Dieser Satz ist falsch!« oder der berühmten Aussage eines Kreters »Alle Kreter lügen!« Und schließlich: Merken die Wikipedia-Autoren, dass es möglicherweise keine sehr attraktive Aufgabe ist, »selbst durch logische Definitionen geschaffene abstrakte Strukturen mittels der Logik auf ihre Eigenschaften und Muster« zu untersuchen? Beschäftigt sich Mathematik nur mit den abstrakten (also nicht vorstellbaren?) Strukturen, die sie selbst erfunden hat? Nein, das klingt nicht interessant, und das ist weltfremd im Sinne von »weit weg von der Welt«. Kein attraktives Bild von Mathematik…

Das Bild der Mathematik

Das Titelbild von 1963 zeigt (von links oben gegen den Uhrzeigersinn) die Alten Ägypter beim Pyramidenbau, einen alten Chinesen mit Abakus, einen Astronomen (ich muss dabei an Johannes Kepler denken) und einen Vermessungsingenieur, gekleidet ganz nach der Mode der Sechziger, alle vier eingeschlossen in ein wiederum astronomisches Winkelmessgerät.

Mathematik also als historische Disziplin, hervorgegangen aus den Aufgaben des Zählens und Messens. Damit beschäftigt sich das Buch dann auf den ersten 32 Seiten, bevor es in den letzten fünf kurzen Kapiteln zu den »aktuellen Themen« kommt: »Rechnen mit elektronischen Rechenautomaten«, »Mathematik im Raumzeitalter«, »Was ist eine graphische Darstellung?« (über Statistiken), »Welche Chancen hast du?« (über Wahrscheinlichkeiten) und »Neue Mathematik«.

Was ist »Neue Mathematik«? Da wird Topologie erklärt, anhand des Möbiusbandes, das man erhält, wenn man die Enden eines schmalen Papierstreifens am Ende verdrillt zusammenklebt (im Jahr 1858 von August Ferdinand Möbius beschrieben, also 1963 auch schon über hundert Jahre alt, inzwischen aber wieder im Trend – siehe unser Kapitel zum Jahr 2009), das »Drei-Häuser-drei-Brunnen-Problem« der Graphentheorie (kann man drei Häuser und drei Brunnen so platzieren, dass sich die neun Wege von den drei Häusern zu den drei Brunnen nicht kreuzen – das war 1963 schon lange gelöst, als Bestandteil des Satzes von Kuratowski aus dem Jahr 1930, der beschreibt, welche Graphen man ohne Überschneidungen in die Ebene zeichnen kann), und auf der letzten Seite des Buches schließlich noch das damals ungelöste Vierfarbenproblem:

Auf Landkarten verwendet man gewöhnlich verschiedene Farben für benachbarte Länder. Wie viele Farben braucht nun ein Hersteller von farbigen Landkarten wenigstens? Die Antwort gibt uns die topologische Mathematik. Man hat durch

Versuche herausgefunden, dass jede Karte mit nur vier verschiedenen Farben angefertigt werden kann, ganz gleich, wie kompliziert die Karte ist, wieviele Länder sie enthält und wie die Länder liegen. Aber kein Mathematiker ist bis heute imstande gewesen, zu beweisen, warum.

Und zum Abschied motiviert das Buch:

Viel bleibt noch zu tun. Die Weiterentwicklung dieses Gebietes der Wissenschaft ist eine großartige und fesselnde Aufgabe. Vielleicht liefert einer von euch eines Tages einen wichtigen Beitrag zur Welt der Mathematik.

Natürlich habe ich davon geträumt! Als ich 1981 Abitur gemacht habe (und im Deutsch-Abi nicht Novalis interpretiert habe, sondern Gottfried Benn), war allerdings das Vierfarbenproblem schon gelöst – mit Methoden der Topologie, der bereits erwähnten Graphentheorie und mit massivem Einsatz dessen, was im *Was ist was*-Band von 1963 noch »elektronische Rechenautomaten« genannt wurde.

1973 hat Tessloff dann eine neue Version des Mathematikbandes auf den Markt gebracht, die Übersetzung einer neuen US-Ausgabe aus dem Jahr 1969. Die Ausgabe hat dasselbe altmodische Cover wie der Vorgängerband. Allerdings prangt auf dem Innentitel das Logo des 1966 gegründeten Deutschen Jugendschriftenwerks DJW, was wohl »pädagogisch wertvoll« signalisieren soll. Und wem das noch nicht gereicht hat, konnte sich auf den Zusatz »Wissenschaftliche Überwachung durch Studienrat Gerhard Blohm« berufen, also quasi »mit Segen der Schule«.

Vergleicht man nun die Ausgaben von 1963 und 1973, dann merkt man, wie furchtbar die Mengenlehre in diesen zehn Jahren in Mode gekommen war. Um für diese schauderhafte didaktische Verirrung Platz zu schaffen, wurde der Abschnitt »Mathematik im Raumzeitalter« kurzerhand von mehr als vier auf zwei Seiten gekürzt, der Abschnitt »Neue

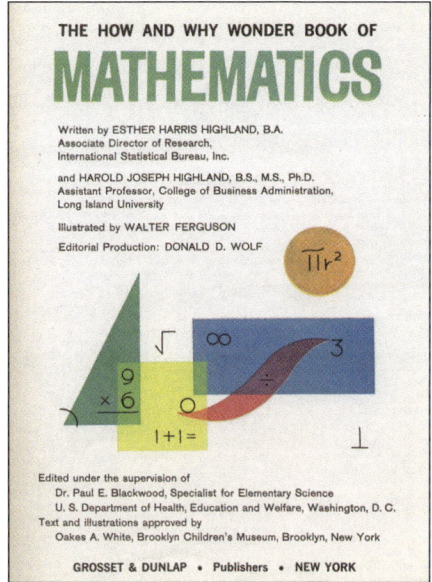 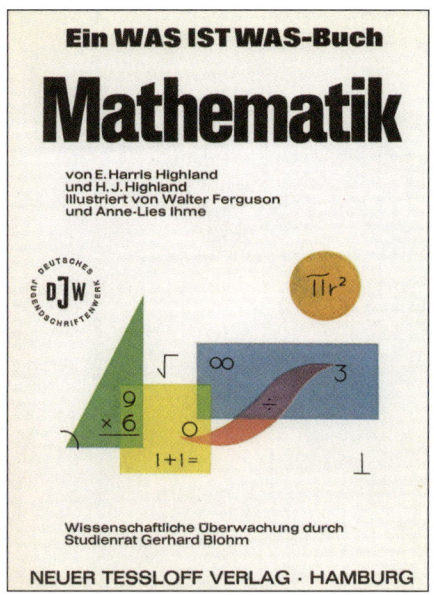

»Pädagogisch wertvoll«: Das Titelblatt im Band, US-Version des Jahres 1961, und die deutsche Ausgabe mit DJW-Siegel, 1973

Zweige der Mathematik« von zweieinhalb auf eineinhalb Seiten. Und los ging's mit drei neuen Seiten zum Thema »Grundbegriffe der Mengenlehre«. Weil wohl noch Platz war, wurde dahinter die Seite »Was ist eine graphische Darstellung« angeklebt (sie fehlt im Inhaltsverzeichnis).

Was für ein Rückschritt! Nach der Mondlandung 1969 hätte man doch den Abschnitt über »Mathematik in der Raumfahrt« ausbauen können – das fasziniert schließlich jeden fünfzehnjährigen Jungen (der ich damals war) und sicher auch viele fünfzehnjährige Mädchen. Stattdessen Mengenlehre! Wen soll die faszinieren, außer ein paar Spezialisten im Elfenbeinturm der Universität?

1983 wurde der Band – im Innenteil unverändert – mit neuem Titelbild aufgelegt. Darauf erkennen wir neben einer griechischen Büste (des Platon?), einem Abakus, den Pyramiden samt Sphinx, einem Kegelschnitt (eine Ellipse?!) und dem Möbiusband in hübscher, aber irreführender Rot-Grün-Version (das Ding hat eben keine Vorder- und Rückseite!)

einen roten Würfel, der die Wahrscheinlichkeiten symbolisiert. Dazu noch ein weißes π, eine sehr merkwürdige Darstellung der / einer Sonne auf einer elliptischen Umlaufbahn um einen viel zu großen Planeten (Jupiter), und schließlich ein startendes Space Shuttle, das wohl für die

Die »Mathematik«-Bände der Jahre 1963, 1983, 2001 und 2010

Raumfahrt steht, mir seit der Challenger-Katastrophe von 1986 aber auch Bauchweh macht.

Aber irgendwann (genauer: 2001) war dann wohl doch Zeit für ein neues Buch: Der Verlag, der inzwischen wieder Tessloff Verlag hieß, konnte dafür Dr. Wolfgang Blum gewinnen. Blum, Jahrgang 1959, ist promovierter Mathematiker, arbeitet als Lehrer für Mathematik, Physik und Informatik an einem Gymnasium in Nürnberg und gleichzeitig auch als Wissenschaftsjournalist und Publizist. Für den *Was ist was*-Band hatte er offenbar enge Vorgaben. Er gliederte den Band nach der Einleitung »Mehr als nur rechnen« in vier weitere Kapitel, die sich alle irgendwie auf dem neu gestalteten Cover wiederfinden: »Zahlen« (auf den mit Primzahlen versehenen Lottokugeln), »Raum« (die Pyramiden, das Ikosaeder und ein futuristischer Raumtransporter, der die Challenger ablöst), »Wahrscheinlichkeit« (der Würfel, diesmal grün) und »Geheimschriften« (unsichtbar). Dazu etwas ganz Altes, eine schwingende Saite (nach Pythagoras von Samos, der aus Zahlenverhältnissen die Harmonie der Welt inklusive Musik erklären wollte), und etwas damals schon gar nicht mehr sehr Neues, nämlich Fraktale.

Nebenbemerkungen über Fraktale

Natürlich gehören die hochaufgelösten farbigen Graphiken von Fraktalen, und insbesondere das Apfelmännchen, das auf dem Cover von 2001 wie eine schwarze Sonne hinter der Pyramide aufgeht, zur Bilderwelt der Mathematik. Der französisch-amerikanische Mathematiker Benoît Mandelbrot (1924 – 2010) hat für »selbstähnliche« Strukturen, bei denen die Einzelteile aussehen wie verkleinerte Bilder des Ganzen, den Begriff »Fraktale« geprägt.

Solche Strukturen entstehen, wenn geometrische Prozesse wie das »verkleinert und verzerrt Kopieren« unendlich oft wiederholt werden. Mandelbrot hat darauf bestanden, dass die Formen der Natur – Bäume,

Berge, Küstenlinien, Wolken – nur mit Fraktalen adäquat beschrieben werden können. Der Bremer Mathematikprofessor Heinz-Otto Peitgen (*1945) hat zusammen mit seinen Mitstreitern seit den achtziger Jahren die Bilderwelt der Fraktale in hochauflösenden Computergraphiken sichtbar und ungemein populär gemacht. *The Beauty of Fractals* hieß ein spektakulärer Bildband von Peitgen und Peter H. Richter aus dem Jahr 1986, an dem man sich kaum sattsehen konnte, aber aufgrund der Allgegenwart der Bilder dann doch irgendwann sattgesehen hat. Nach den Bildern kam der Marsch in die Klassenzimmer: Vier Bände *Fractals for the Classroom* haben Peitgen und seine Mitstreiter seit 1990 auf den

Das »Apfelmännchen« als Insel …

Markt gebracht. Das Motto »Nieder mit Euklid! Tod den Dreiecken«, das der einflussreiche französische Mathematiker Jean Dieudonné (1906 – 1992) 1959 im Namen der Mathematikergruppe Bourbaki propagiert haben soll, wurde hier wiederbelebt: statt der Dreiecke im Ma-

thematikunterricht sollten jetzt
Fraktale gelehrt werden. Aber wie
die Mengenlehre im Unterricht
war auch dies eine Mode, die bald
vorübergezogen ist.

Mit der Ausgabe 2010 sind wir auf
unserer *Was ist was*-Zeitreise in
der Gegenwart angekommen: Das
π ist wieder da, die Würfel auch
(die sind wieder rot), dazu Gauß
und ein alter Grieche, das Man-
delbrot-Männchen hat seine Far-

ben verloren, alles in schmuckem
Hellblau. Signalisiert das jetzt also
irgendwie »Zeugs für Jungs«?

… und als abstrakte Graphik. Schul-
stoff, der begeistert?

Die Designerin Anja Knust, die das neue Cover entworfen hat, beschreibt das Hellblau als »rational«, das Rot als »emotional«. Viele der
neuen Cover von *Was ist was*-Bänden, die von dreißig verschiedenen
Graphikern entworfen wurden und im Jahr 2010 alle gleichzeitig auf den
Markt kamen, nehmen dieses Farbschema auf.

Das Cover ist wie seine Vorgänger eine Collage von Motiven, die teilweise vom Verlag vorgegeben waren, teilweise den Inhalt widerspiegeln
und teilweise den Geschmack der Graphikerin. Carl Friedrich Gauß
muss sein für die Geschichte, Fraktale waren für die Mädchen gedacht
und für die interessierten Jungs (etwas unmotiviert) ein Teilchenbe-
schleuniger. Insgesamt ergibt die Covercollage ein ganzes Füllhorn aus
»Versprechen« und »Verheißung«: Mit diesen emotionalen Vokabeln
beschreibt jedenfalls die Graphikerin das (von ihr entworfene) Cover –
eine Frau, die von sich selbst sagt, sie sei in Mathematik nie besonders
gut gewesen, habe das Fach aber irgendwie gemocht. Und das große
rote π stehe aus dem schlichten Grund da, weil sie es haben wollte: »π
war für mich immer etwas Wunderschönes!«

As prerequisites, I assume only that the reader is acquainted with the basic language of mathematics (i.e. essentially sets and mappings), and the integers and rational numbers. A more specific description of what is assumed will be summarized below. On a few occasions, we use determinants before treating these formally in the text. Most readers will already be acquainted with determinants, and we feel it is better for the organization of the whole book to allow ourselves such minor deviations from a total ordering of the logic involved.

New York, 1965   SERGE LANG

pretentious ass.

Fuck You!

1970

F**k you!

Als ich Gymnasiast war, Leistungskurs Mathematik am Ernst-Mach-Gymnasium in Haar bei München (das wir damals das »Mach-Ernst-Gymnasium« nannten), hatte unsere Lehrerin, Frau Meyer, offenbar irgendwann den Eindruck, dass sie mich mit zusätzlichem »Futter« versorgen sollte: Sie gab mir ein Buch zu lesen, das sie sich gegen Ende des Studiums gekauft hatte – ein Lehrbuch der Algebra.

> Algebra war meine absolute Lieblingsdisziplin, je abstrakter, desto besser. Wahrscheinlich habe ich nicht alles aus dem Buch verstanden, aber es hat mir einiges bedeutet,

berichtete sie mir jüngst. Es war die *Algebra* von Serge Lang. Ich erinnere mich, dass der Band, den sie mir in die Hand drückte, mit Bleistift-Unterstreichungen und Randnotizen in ihrer Handschrift garniert war, zumindest im ersten Kapitel. (Weiter bin ich mit meiner Lektüre damals nicht gekommen.)

Nun könnte man, bei oberflächlicher Betrachtung, den Eindruck haben, das Buch könnte für einen begabten (wenn ich das denn war) und ehrgeizigen (das war ich) Oberstufenschüler eine wertvolle und geeignete Lektüre sein.

Einladung zur Algebra

Geeignete Lektüre für einen Gymnasiasten? Dazu schreibt der Autor im letzten Absatz des Vorworts, den das Kapitelauftaktbild zeigt:

> Als Voraussetzung nehme ich nur an, dass der Leser mit den Grundlagen der Sprache der Mathematik vertraut ist (also im Wesentlichen mit Mengen und Abbildungen) und mit den ganzen und den rationalen Zahlen. Eine spezifischere Beschreibung der Voraussetzungen wird im Folgenden zusammengefasst. Ein paar Mal verwenden wir Determinanten bevor sie formal eingeführt sind. Die meisten Leser werden Determinanten ohnehin schon kennen, und wir haben den Eindruck, dass es besser für den Aufbau des ganzen Buches ist, wenn wir uns solche kleinen Abweichungen von der totalen Ordnung der betreffenden Logik erlauben.

Dem folgt, auf den nächsten drei Seiten des Vorspanns, eine Liste der Konzepte und Ideen, mit denen der Leser nach Einschätzung des Buchautors schon vertraut sein sollte, angefangen von Mengen und Abbildungen (Mengenlehre-Notation, siehe Kapitel »Was ist was?«), über kommutative Diagramme (siehe Kapitel über »Formelkunst«, Seite 202), bis hin zu partiellen und totalen Ordnungen; dazwischen kommen Konzepte wie »wohldefiniert« und das »Zornsche Lemma« zur Behandlung von unendlichen Mengensystemen.

Ich habe damals in das Buch reingeschaut, mich in den ersten Seiten festgelesen, die mir nicht nur fremd und unzugänglich schienen, sondern auch nicht hinreichend motiviert – mir war nicht klar, welche interessanten Probleme mit diesem Sammelsurium von formalen Strukturen denn gelöst werden sollten. Also habe ich das Buch weggelegt und bin erst viele Jahre später wieder darauf gestoßen. Die *Algebra* von Serge Lang ist eben doch kein Buch für Schüler, nicht einmal eines für das

Grundstudium. Es richtet sich eigentlich an fortgeschrittenere Jünger des Fachs, die im Umgang mit der mathematischen Sprache und den mathematischen Strukturen sicher sind und auch schon wissen, warum und wofür der wunderbare formale Apparat der Algebra im Buch aufgebaut und entwickelt wird: Weil der nämlich nicht nur die Sprache liefert, in der die klassischen Probleme der Antike gelöst worden sind (also insbesondere die Unmöglichkeitsbeweise für die Dreiteilung des Winkels, die Verdopplung des Würfels, die Quadratur des Kreises mit Zirkel und Lineal, aber auch für die Auflösung der Polynomgleichungen fünften Grades durch Wurzelausdrücke), sondern weil darauf auch die Strukturtheorie fußt, mit der die Mathematik des zwanzigsten Jahrhunderts gigantische Erfolge gefeiert hat (nicht zuletzt mit der Lösung des Fermatproblems durch Andrew Wiles 1993 / 1995).

Ein berühmter Professor und ein gefrusteter Student

Der Autor des Algebrabuchs, das mir Frau Meyer also etwas unmotiviert vorgesetzt hatte, war der Franzose Serge Lang, 1927 in Paris geboren, als Jugendlicher mit seiner Familie in die USA emigriert, wo er dann auch studierte, unterbrochen durch Militärdienst 1946 / 1947, in dessen Rahmen er unter anderem in Deutschland stationiert war. Vier Jahre später promovierte er in Princeton bei Emil Artin, einem Deutschen, der (auch) wegen seiner jüdischen Frau bereits 1937 in die USA emigriert war und 1958 nach Hamburg zurückkehrte.

Den Namen Artin kennen wir ja schon: Die erstmals 1930 / 31 auf Deutsch erschienene *Moderne Algebra* des Holländers Bartel van der Waerden basierte auf Vorlesungen von Emmy Noether in Göttingen und eben Emil Artin in Hamburg. Serge Lang schrieb seine *Algebra* mehr als dreißig Jahre später auf Englisch – basierend auf der Algebra, wie er sie aus dem Buch von van der Waerden und aus Vorlesungen bei Artin selbst gelernt hatte. Sein Stil war sicher auch durch die Bourbaki-Gruppe in Frankreich geprägt, einem anonymen Mathematiker-Autorenkollektiv, bei dem Lang mitgearbeitet hat. Diese Gruppe publizierte von 1939 an die Grundfesten der Mathematik in einem legendär-präzisen, formalen, logischen (und staubtrockenen) Stil in einer Serie von insgesamt vierzig dicken Bänden. Bourbaki war in den Sechzigern und Siebzigern en vogue und stilbildend, andere Bücher dieser Jahrzehnte sind entsprechend präzise, verlässlich und – trocken.

Langs Buch erschien 1965 bei der Addison Wesley Publishing Company in Reading, Massachussetts. Es war ein großer Erfolg, was unter anderem dazu führte, dass es immer wieder nachgedruckt und mehrmals neu aufgelegt wurde, zuletzt 2002 als überarbeitete dritte Auflage beim Springer Verlag in New York. Langs *Algebra* war nicht nur ein erfolgreiches Lehrbuch, sondern über viele Jahre die Standard-Grundlage, nach der an US-Universitäten die Algebra-Vorlesung gehalten wurde, die praktisch jeder Student hören musste. Und genau deshalb war sie auch das Buch, mit dem sich die hoffnungsfrohen Mathematikdokto-

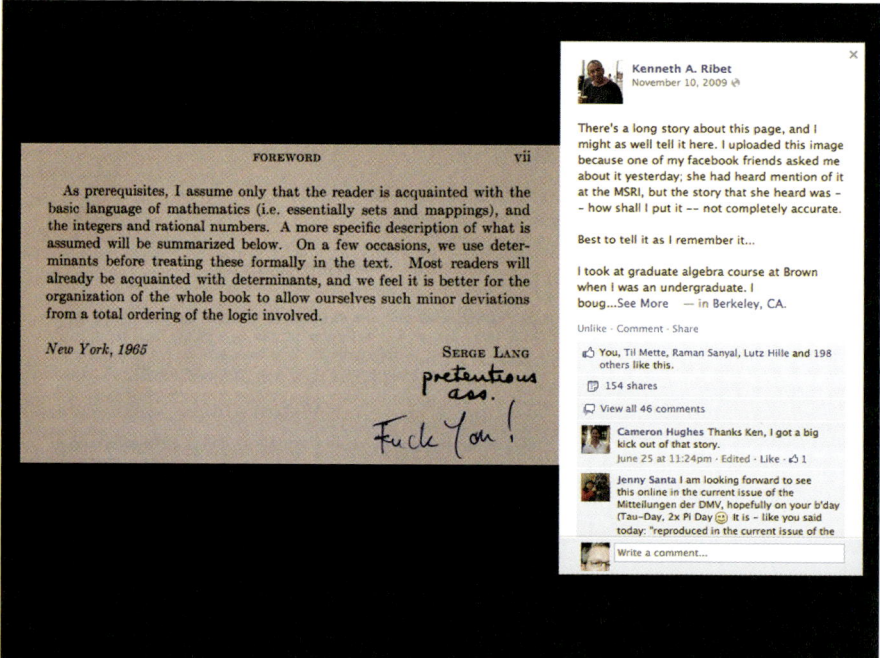

Ken Ribet präsentiert das »Corpus Delicti« auf facebook

randen auf die Promotionszulassungsprüfung vorbereitet haben. Einer von denen war Kenneth A. Ribet, 1948 in New York geboren. Er legte den Bachelor und Master an der Brown University in New Haven (im US-Bundesstaat Rhode Island) ab und promovierte dann 1973 an der Harvard University bei John Tate (auch der ein Artin-Schüler).

Das Auftaktbild für dieses Kapitel stammt aus Ken Ribets Exemplar der *Algebra* von Serge Lang. Es zeigt den letzten Absatz des Vorworts – mit zwei recht aussagekräftigen handschriftlichen Zusätzen. Das Foto davon hat Ken Ribet selbst am 10. November 2009 auf seiner facebook-Seite hochgeladen, mit der folgenden Erklärung:

Die abgebildete Buchseite besitzt eine lange Geschichte, die ich hier gern erzählen möchte. Ich habe das Bild auf meine facebook-Seite geladen, nachdem mich tags zuvor eine facebook-Freundin darauf angesprochen hatte. Sie hatte am MSRI (dem Mathematical Sciences Research Institute in Berkeley) Gerüchte darüber gehört, aber die Geschichte, die sie gehört hatte, war – wie soll ich sagen? – sie entsprach nicht so ganz der Wahrheit.

Am besten erzähle ich sie so, wie ich mich daran erinnere: An der Brown University besuchte ich als junger Student eine Algebra-Vorlesung für Fortgeschrittene. Damals kaufte ich mir ein Exemplar der dritten Ausgabe des *Algebra*-Buchs von Serge Lang. Es war die Bibel der Algebra und ist es vermutlich bis heute. Später, als Doktorand in Harvard, investierte ich viel Mühe und Schweiß in die Vorbereitung auf das Qualifying Exam, das wir am Ende des ersten Jahres ablegen mussten. Ich verbrachte Monate damit, die Kernthemen der Algebra, Topologie und Analysis zu meistern. Irgendwann war ich von Langs Stil etwas gefrustet und fügte den Kommentar an, der dort in schwarzer Tinte geschrieben steht.

Viele Jahre später arbeitete Serge in meinem Büro in Princeton, während ich einige Zeit in Paris verbrachte. Wie üblich zog er seine eigenen Bücher zu Rate und stieß dabei auf meinen Kommentar. Er fügte seinen eigenen hinzu (unten auf der Seite) und erzählte mir nach meiner Rückkehr in die USA davon. Wir amüsierten uns beide köstlich.

Viele Jahre später, auf der kanadischen Zahlentheorie-Tagung in Vancouver, sprach mich ein deutscher Mathematiker auf die Seite an – ich war überrascht. Woher wusste er davon? Serge oder ich mussten wohl geplaudert haben und dann hat sich das Gerücht verbreitet. Das Bild habe ich im Juli 2001 aufgenommen; ich richtete meine erste Digitalkamera auf die Seite und betätigte den Auslöser. Serge war in der Stadt und ich erzählte ihm, dass ich das Bild auf der Webseite meiner bevorstehenden Algebra-Vorlesung verlinken wollte, damit die Studierenden es sehen konnten. »Aber klar!« Im Laufe des Semesters erfuhren Mathematiker aus aller Welt von dem Link auf meiner Webseite und begannen, die URL an ihre Freunde weiterzuleiten. Eines Tages rief Serge mich in meinem Büro an: »Willst du mir sagen, dass alle Welt das sehen kann? Nimm es raus!!« Also tat ich es.

Dieser facebook-Eintrag war und ist ausgesprochen populär. Als ich das letzte Mal nachgesehen habe, hatte er über 200 »gefällt mir«-Clicks und wurde 160 Mal »geteilt«.

Aber welches Verhältnis hatten die beiden Mathematiker denn wirklich? Der nicht ganz Knigge-gemäße Austausch von der facebook-Seite ist ja nur ein einzelner Schnappschuss. Die Kontrahenten sind fachlich eng verbunden; akademisch gesehen ist der eine ein Sohn, der andere ein Enkel von Emil Artin. Ribet ist einundzwanzig Jahre jünger, hat von Lang viel gelernt, wenn auch nicht immer ganz ohne Widerwillen, wie wir gesehen haben.

Serge Lang hat nicht nur als Algebraiker und Zahlentheoretiker fundamentale Theorie-Beiträge geleistet, er bleibt auch als Buchautor in Erinnerung – als er 2005 starb, konnte man insgesamt fünfzig Bücher

zählen, viele davon in mehreren Auflagen, plus seine Zeitschriftenauf-
sätze in vier Bänden (Gesammelte Werke). Darunter auch der Band
Challenges, der seine jahrelangen »politischen« Kampagnen dokumentiert: Lang kämpfte engagiert, erbittert und unnachgiebig an etlichen
Fronten, unter anderem gegen den Missbrauch von Formeln durch den
Politikwissenschaftler Samuel Huntington und gegen den angeblich
nicht hinreichend bewiesenen Zusammenhang von HIV und Aids. Lang
war sicher ein »streitbarer« Mensch, um das noch sehr zurückhaltend
zu sagen, und sein F**k you! kein einzelner Ausrutscher, sondern etwas,
das sehr gut zu ihm passt.

Sein Kontrahent Ken Ribet hat sich unter anderem durch seinen entscheidenden Beitrag zur Lösung des Fermatschen Problems bleibenden
Ruhm verdient: dem durch Andrew Wiles mit Richard Taylor 1995 ab-
geschlossenen Beweis, dass die Summe zwei n-ter Potenzen von positiven ganzen Zahlen nie wieder eine n-te Potenz liefert, wenn n größer als
2 ist. Ken Ribet ist seit vielen Jahren Professor für Mathematik an der
University of California in Berkeley, ein netter und zugänglicher und
üblicherweise gar nicht streitlustiger Mensch. Es liegt also nahe, ihn
nach seinem Verhältnis zu Serge Lang zu fragen.

Serge Lang, ca. 1985; das Foto
hat Ken Ribet aufgenommen

Portrait von Ken Ribet – »ich mag
das Bild irgendwie«, sagt er

Ribet hat Lang 1967/68 zunächst über sein *Algebra*-Buch kennengelernt, das (natürlich!) einer Vorlesung an der Brown University zugrunde lag. Und dann hat er 1969/70 die Vorlesung nochmal besucht, in seinem ersten Jahr als Promotionsstudent in Harvard: Dort hielt John Tate die Vorlesung. Ribet war eigentlich für das Korrigieren der Übungsaufgaben zuständig und gar nicht in die Vorlesung eingeschrieben, aber es war eine solche Freude, Tate zuzuhören, dass er fast keine Vorlesung verpasst hat. Das F**k you! stammt aus dem Sommer danach, wir können es also auf 1970 datieren.

Persönlich getroffen hat Ken Ribet Serge Lang erst ein Jahr später, als der (Lang hatte unter mysteriösen Umständen seine Professur an der Columbia University in New York gekündigt und war akademisch quasi eine Weile obdachlos) im Herbstsemester 1971 als Gastprofessor eine Intensivvorlesung hielt, die Ribet als Assistent betreuen sollte. Lang soll da bei den Studenten sehr beliebt gewesen sein, mit seinem Assistenten Ribet hat er eng zusammengearbeitet: »Lang hat in seinem Leben viele junge Mathematiker unter seine Fittiche genommen. Er mochte mich offenkundig sehr, aber hat nicht versucht, mein Studium zu beeinflussen. Vermutlich hielt er mich für einerseits unabhängig, andererseits hatte ich ja Tate (und später Serre) als Betreuer«, erinnert sich Ribet.

Lang hat Ribet auch weiter gefördert, ihm Kolloquiumseinladungen verschafft, die Publikation seiner Doktorarbeit vermittelt, ihm auch später Ratschläge gegeben und ihn, wenn nötig, aufgemuntert – das war Ribet viel wichtiger als Langs Mathematik oder Bücher. Lang und Ribet haben nie wirklich an einem gemeinsamen Problem oder Projekt zusammengearbeitet, es gibt nicht einmal einen gemeinsamen Aufsatz. Aber sie haben über die Jahre viel Zeit miteinander verbracht, unter anderem in Bonn, Paris und Berkeley, und natürlich auch über ihre jeweiligen mathematischen Projekte gesprochen.

Für seine Bücher ist Serge Lang unter anderem von der American Mathematical Society mit dem »Steele Prize« ausgezeichnet worden. Ken Ribet beschreibt Langs Rolle als Lehrbuchautor, und insbesondere seiner *Algebra*, so:

Was Lang schrieb, war bekanntermaßen in verschiedener Hinsicht unvollkommen, aber er hat auf ganz hervorragende Weise die Arbeit und Ergebnisse anderer Leute herangezogen und daraus eine Darstellung zusammengesetzt, die für alle in dem Gebiet zugänglich war. Als seine *Algebra* 1965 publiziert wurde, war sie ein phantastischer Beitrag. Sie lieferte eine perfekte Einführung in das Gebiet für Fortgeschrittene, die den sauberen, abstrakten Zugang mochten. Die aktuelle Ausgabe hat um die tausend Seiten; sie ist voller Sachen, die Serge hinzugefügt hat, weil er den Eindruck hatte, dass ein *Algebra*-Lehrbuch heute nicht mehr vollständig ist, wenn es keine Einführung in Themen wie Fitting-Ideale und Darstellungstheorie enthält. Das Buch ist wohl zu lang, aber es scheint sich niemand zu beschweren. Im Prinzip gibt es keinen Hinderungsgrund für jemand anderes, ein neues Algebra-Buch zu publizieren, aber seit dem Buch von Serge hat sich kein anderes durchgesetzt. Es ist immer noch das Standard-Lehrbuch für die Einführungsvorlesung in die Algebra.«

Ribet ist es immer noch – vierzig Jahre nach seinem Kampf mit der Algebra von Serge Lang zur Prüfungsvorbereitung – lieber, wenn er Mathematik an der Tafel erklärt kriegen kann, »aber Bücher sind o.k.«.

Dass sich, wie Ken Ribet sagt, heutzutage niemand beschwert über die Lehrbücher von Serge Lang, ist allerdings nicht ganz richtig. Als Lang starb, wünschte ihm ein Student via Internet eine gute Reise: Sein Weg zur Hölle möge mit Exemplaren seines *Analysis*-Lehrbuchs gepflastert sein.

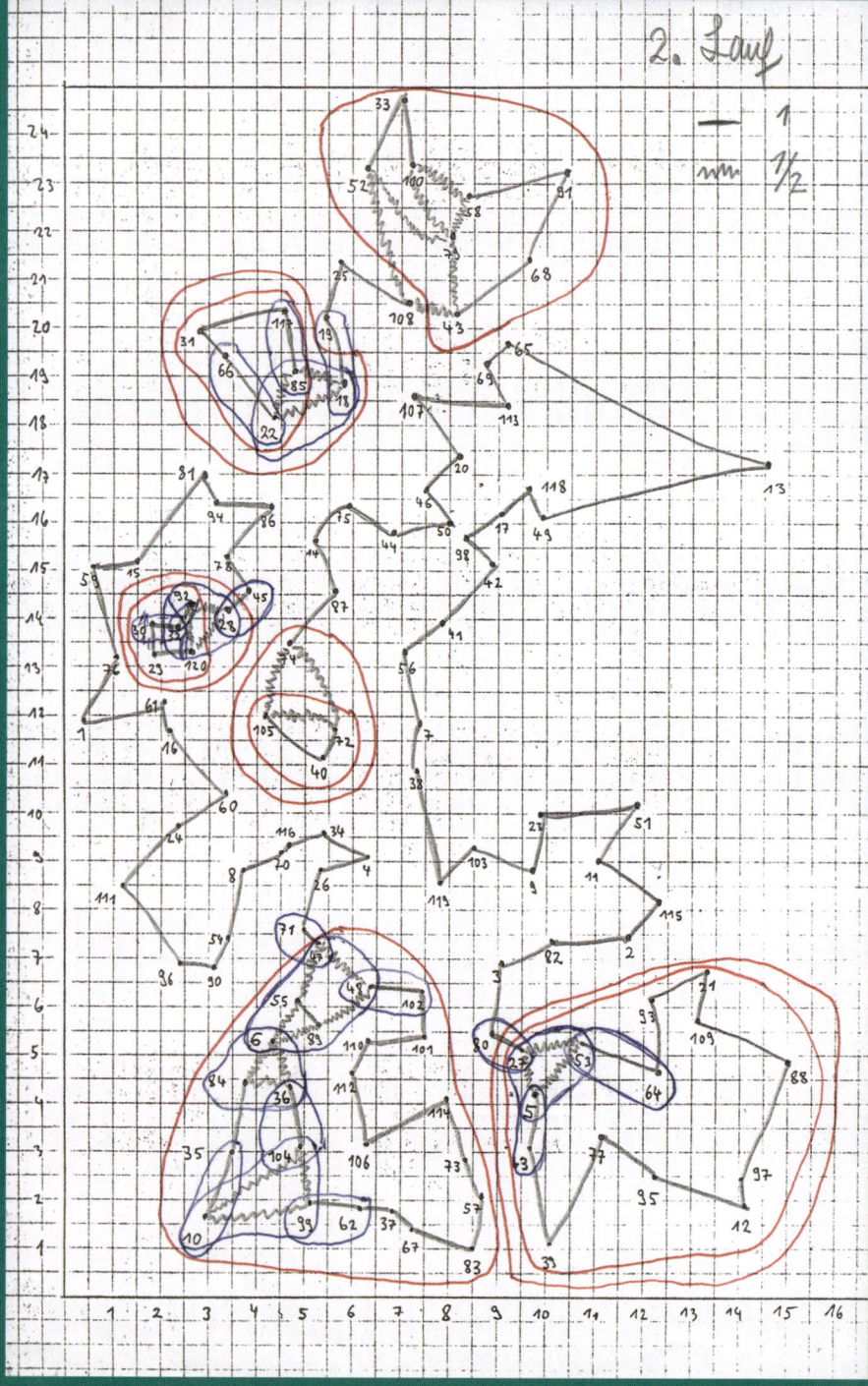

2. Lauf

1977

120 Städte

Im Jahr 1832 publizierte ein Handlungsreisender aus Frankfurt am Main ein Buch mit dem Titel *Der Handlungsreisende – wie er sein soll und was er zu thun hat, um Aufträge zu erhalten und eines glücklichen Erfolgs in seinen Geschäften gewiss zu sein. Von einem alten Commis-Voyageur.* Es enthält am Ende eine treffliche Beschreibung eines Problems, das in der Mathematischen Optimierung später als »Problem des Handlungsreisenden« (oder »Travelling Salesman Problem«) berühmt wurde:

> Die Geschäfte führen die Handlungsreisenden bald hier, bald dort hin, und es lassen sich nicht füglich Reisetouren angeben, die für alle Fälle passend sind; aber es kann durch eine zweckmäßige Wahl und Eintheilung der Tour manchmal so viel Zeit gewonnen werden, daß wir es nicht glauben umgehen zu dürfen, auch hierüber einige Vorschriften zu geben. Ein Jeder möge so viel davon benutzen, als er es seinem Zwecke für dienlich hält; so viel glauben wir aber davon versichern zu dürfen, daß es nicht wohl thunlich sein wird, die Touren durch Deutschland in Absicht der Entfernungen und, worauf der Reisende hauptsächlich zu sehen hat, des Hin- und Herreisens, mit mehr Oekonomie einzurichten. Die Hauptsache besteht immer darin: so viele Orte wie möglich mitzunehmen, ohne den nämlichen Ort zweimal berühren zu müssen.

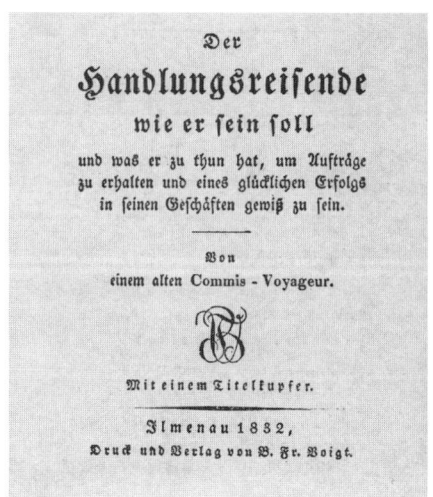

Titelblatt: *Der Handlungsreisende – wie er sein soll*

Damit ist das »Problem des Handlungsreisenden« hervorragend beschrieben: Vorgegeben ist eine Liste von Städten, die besucht werden sollen. Wir nehmen an, dass auch die jeweiligen Entfernungen zwischen den Städten bekannt sind. Im nächsten Schritt soll eine möglichst kurze Rundreise durch diese Städte berechnet werden, wobei jeder Ort genau einmal besucht wird; anschließend erfolgt die Rückreise zum Ausgangspunkt.

Der anonyme »Commis-Voyageur« von 1832 macht keine Vorschläge, wie eine gute oder gar optimale Reiseroute gefunden werden kann, er betont nur, dass die Planung wichtig ist. Und er gibt Beispielrouten an, etwa eine von Frankfurt am Main ausgehende Tour durch insgesamt 45 Städte, die bis nach Sachsen und am Ende wieder zurück nach Frankfurt führt. »Einfach ausprobieren« ist auf der Suche nach der kürzesten Rundreise sicher nicht besonders sinnvoll: Für die Tour durch 45 Städte, wie sie der Handlungsreisende anno 1832 vorgegeben hat, gibt es unvorstellbar viele Alternativen – die will und kann man nicht alle ausprobieren!

Das Bild zum Auftakt dieses Kapitels stammt von Martin Grötschel, der für seine Dissertation aus dem Jahr 1977 eine kürzeste Rundreise durch insgesamt 120 deutsche Städte berechnet hat: Die Zeichnung entstand an einem entscheidenden Punkt auf dem Weg zur Lösung, den wir im Folgenden nachzeichnen wollen; die Skizze auf der nächsten Seite präsentiert das Endergebnis in Grötschels Dissertation.

Grötschels Beitrag war ein Meilenstein im Wettrennen um die Berechnung von optimalen Rundreisen durch eine immer größere Zahl von Städten – eine Rekordjagd, die bis heute anhält: nicht nur aus Spaß am Wettbewerb und akademischem Interesse, sondern auch, um die Methoden der Optimierungstheorie für den Einsatz in der Praxis zu verbessern. Denn das »Travelling Salesman Problem« ist nicht nur eine reizvolle Theorie, es ist auch ein Modellproblem, das in seinen verschiedenen Varianten tatsächlich von praktischer Bedeutung ist, etwa bei der Planung der Fahrwege von Hochregallager-Be-

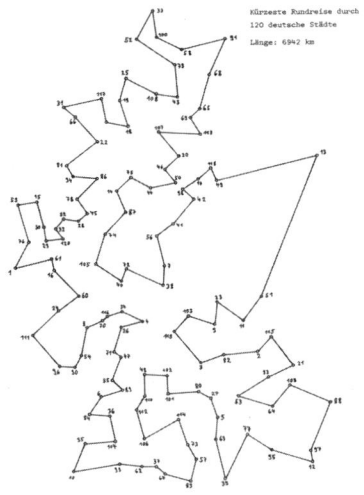

Kürzeste Rundreise durch 120 Städte

diengeräten und auch bei der Steuerung von Bohrmaschinen und Bestückungsautomaten in der Fertigung von Leiterplatten.

49 Städte

Erst hundert Jahre nach der Problembeschreibung begannen Mathematiker, sich ernsthaft dieser Sache zu widmen, unter ihnen Karl Menger (1902 – 1985) aus Wien, einer der Väter der Graphentheorie. Und nach etwa 120 Jahren wurde der Hebel gefunden, über den mathematische Methoden zum Einsatz gebracht werden können, nämlich die hochdimensionale Vektorrechnung, die man an der Universität als »Lineare Algebra« kennt – eine Pflichtvorlesung für alle Mathematikstudenten gleich im ersten Semester.

Mit ihrem Lineare-Algebra-Ansatz gaben George Dantzig, Ray Fulkerson und Selmer Johnson 1954 den Startschuss zu einem veritablen Wettrennen um die exakte Lösung immer größerer Rundreiseprobleme: Die drei amerikanischen Mathematiker konnten eine optimale Rundreise durch 49 Städte in den USA finden – und diese Optimalität auch

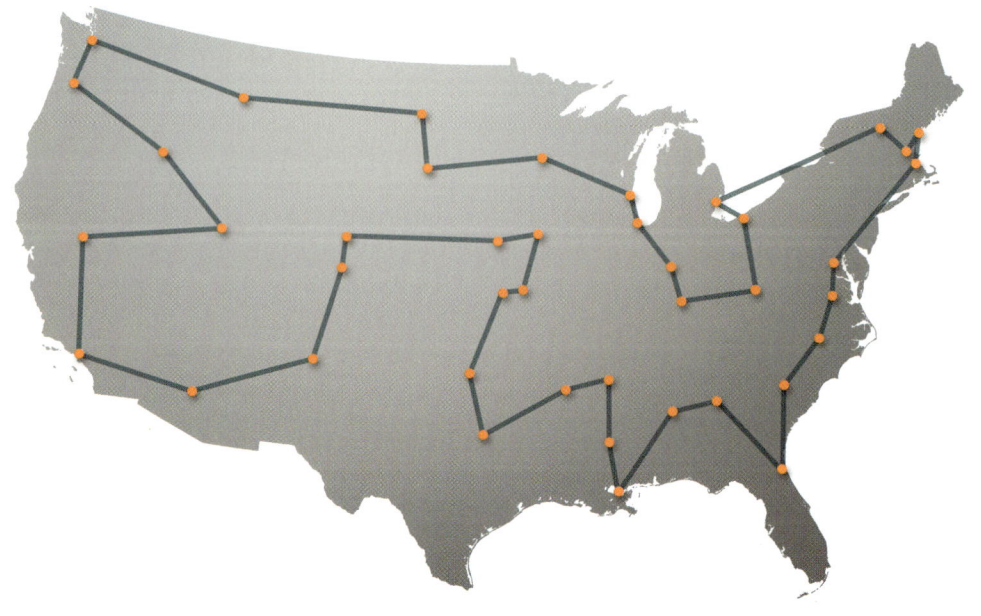

Optimale Rundreise durch 49 Städte der USA, wie von Dantzig, Fulkerson und Johnson 1954 berechnet

beweisen! Bemerkenswerterweise haben George Dantzig, Ray Fulkerson und Selmer Johnson ihre rechnerische Meisterleistung ganz ohne Computer erzielt, sozusagen ausschließlich per Kopf und Hand. Zu dieser Zeit hat es zwar schon Computer gegeben, aber die steckten noch in den Kinderschuhen und waren zudem für solche »Spielereien« nicht zu kriegen. Vielleicht hätten Dantzig & Co. damals auch die Tour unseres anonymen Handlungsreisenden durch 45 Städte in Hessen und Thüringen nachrechnen und beweisen können, dass die tatsächlich optimal war – das haben sie aber nicht versucht.

Das Wettrennen jedenfalls war mit dieser optimalen Rundreise durch die USA eröffnet. Doch zunächst gab es für viele Jahre keine Fortschritte zu verzeichnen. Viel mehr als 49 Städte, das war schnell klar, waren mit den damaligen Methoden einfach nicht zu bewältigen.

6 Städte

Um den Ansatz von Dantzig & Co. zu verstehen, schauen wir uns erst einmal ein ganz kleines Rundreiseproblem an, für nur sechs Städte, nämlich A = Augsburg, B = Berlin, C = Celle, D = Düsseldorf, E = Emden und F = Frankfurt. Wenn die Mathematiker von einer »Rundreise« oder »Tour« sprechen, dann interessiert sie nicht die Stadt, in der die Reise losgeht, und auch nicht die Reiserichtung, sondern die Liste der Streckenabschnitte, die bereist werden sollen – also eine Tour, wie man sie hier im folgenden Bild sehen kann. Die Tour besteht aus sechs verschiedenen Streckenabschnitten, AB, BC, CD, DE, EF und AF, die der Reisende absolvieren muss. Und dann gibt es noch neun weitere denkbare Streckenstücke, die der Reisende nicht für seine Tour verwendet, nämlich AC, AD, AE, BD, BE, BF, CE, CF und DF.

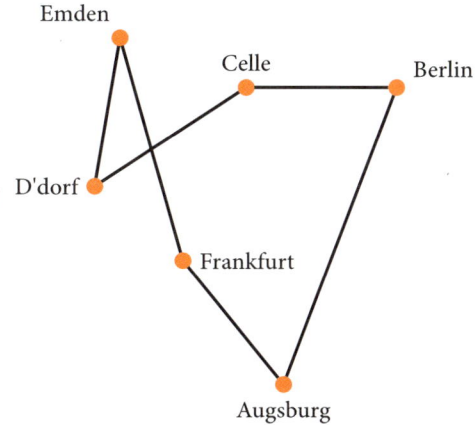

Unter den vielen verschiedenen Möglichkeiten, wie man die Tour notieren könnte, verwendet der Lineare Algebra-Ansatz einen »Vektor« mit 15 Einträgen:

(1 0 0 0 1 1 0 0 0 1 0 0 1 0 1).

Sofern eine Strecke AB, AC, AD, AE, AF, BC, BD … Teil der Tour ist, wird eine 1 notiert; ist sie kein Bestandteil der Tour, wird eine Null gesetzt.

Natürlich lässt sich das etwas leichter interpretieren, wenn wir die Bedeutung der Komponenten jeweils dazuschreiben. Etwa so:

$$\begin{array}{ccccccccccccccc} \text{AB} & \text{AC} & \text{AD} & \text{AE} & \text{AF} & \text{BC} & \text{BD} & \text{BE} & \text{BF} & \text{CD} & \text{CE} & \text{CF} & \text{DE} & \text{DF} & \text{EF} \\ (\ 1 & 0 & 0 & 0 & 1 & 1 & 0 & 0 & 0 & 1 & 0 & 0 & 1 & 0 & 1\ ). \end{array}$$

Um nun die *Länge* der Rundreise zu berechnen, muss man nur die Längen der Streckenstücke addieren, die bereist werden sollen.

Eine andere und »offensichtlich« kürzere Rundreise durch die sechs Städte ist durch den Vektor

$$\begin{array}{ccccccccccccccc} \text{AB} & \text{AC} & \text{AD} & \text{AE} & \text{AF} & \text{BC} & \text{BD} & \text{BE} & \text{BF} & \text{CD} & \text{CE} & \text{CF} & \text{DE} & \text{DF} & \text{EF} \\ (\ 1 & 0 & 0 & 0 & 1 & 1 & 0 & 0 & 0 & 0 & 1 & 0 & 1 & 1 & 0\ ) \end{array}$$

definiert, der die Tour im folgenden Bild beschreibt.

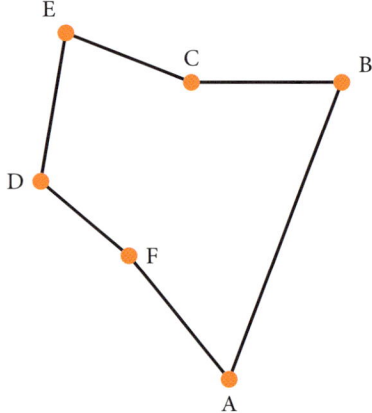

Der Vorteil von Bildern ist natürlich, dass man auf ihnen »etwas sieht«. Der Vorteil von Vektoren ist, dass man mit ihnen rechnen kann – und dass man solche Vektoren ausrechnen kann.

Nun beschreibt aber nicht jede Folge von 15 Nullen und Einsen eine Tour. Dafür, dass ein Vektor eine Tour beschreibt, müssen einige Bedingungen gelten, die man dem Vektor nicht auf Anhieb ansieht. Die erste Bedingung ist, dass jede Tour durch 6 Städte immer genau 6 Streckenabschnitte hat: Unser Vektor muss also genau 6 Einsen haben. Die zweite Bedingung ist, dass jede Stadt genau einmal besucht werden muss, also auf der Rundreise eine Strecke erst zu der Stadt hin- und dann wieder von ihr wegführt. Damit muss es für jeden gültigen Vektor genau zwei Einträge geben über denen ein »A« steht, zwei über denen ein »B« steht, und so weiter. Anders gesagt: Die Summe der Einträge über denen ein »A« steht, ist genau 2; die Summe der B-Einträge ist ebenfalls genau zwei und so weiter. Das sind lineare Gleichungen, die für jeden TourVektor gelten müssen. Mathematiker würden x_{AB} schreiben für den Eintrag, der uns sagt, ob die Strecke von A nach B verwendet wird, x_{AD} für die Strecke A nach D etc. Damit lautet eine Gleichung, die erfüllt sein muss, so:

$$x_{AB} + x_{AC} + x_{AD} + x_{AE} + x_{AF} = 2.$$

Entsprechende Gleichungen gibt es für jede der 6 Städte.

Leider liefert aber nicht jeder Vektor aus Nullen und Einsen, der diese Gleichungen erfüllt, wirklich eine Tour. Ein Beispiel ist der Vektor

$$\begin{array}{cccccccccccccccc} AB & AC & AD & AE & AF & BC & BD & BE & BF & CD & CE & CF & DE & DF & EF \\ (\;0 & 0 & 1 & 0 & 1 & 1 & 0 & 1 & 0 & 0 & 1 & 0 & 0 & 1 & 0\;) , \end{array}$$

der die Strecken im nächsten Bild beschreibt.

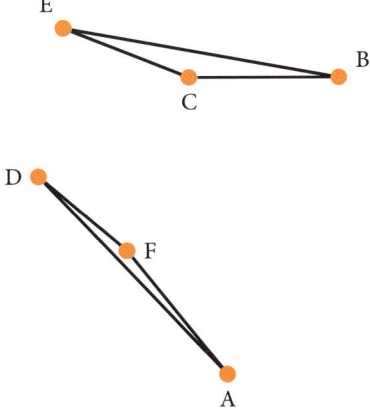

Das ist natürlich kürzer – aber keine gültige Tour, die ein Handlungsreisender abarbeiten könnte. Was ist falsch? Klar, das Bild zeigt zwei nicht miteinander verbundene Teile. Aber was ist falsch am Vektor?

Um das herauszufinden, brauchen wir keine Gleichung, sondern eine Ungleichung: Eine gültige Rundreise durch alle sechs Städte kann zwischen den drei Städten Berlin, Celle und Emden nur höchstens zwei Streckenabschnitte verwenden, es muss also für jeden Rundreise-Vektor

$$x_{BC} + x_{BE} + x_{CE} \leq 2$$

erfüllt sein – es gibt also viele solche »Kurzzyklus-Bedingungen«, die jeder gültige Tour-Vektor erfüllen muss. Eine Bedingung für jede Menge von mindestens drei Städten.

Die gute Nachricht ist: Wenn wir den Tour-Vektor für eine kürzeste Rundreise berechnen wollen, müssen wir ein lineares Ungleichungssystem lösen – und dafür gibt es effektive Verfahren. Der Computer macht's möglich! Die schlechte Nachricht ist: Die Lösungen für das lineare Ungleichungssystem, die der Computer ausspucken wird, werden im Allgemeinen keine Touren beschreiben. Das liegt daran, dass wir den Computer nur mit linearen Ungleichungen füttern dürfen. Dazu gehören insbesondere die Ungleichungen der Form

$$0 \leq x_{AB} \leq 1,$$

die verlangen, dass alle Komponenten unseres Vektors zwischen 0 und 1 liegen – aber nicht, dass die Werte wirklich 0 oder 1 sein müssen, das wäre nicht linear. Und das rächt sich, weil am Ende der Computer »gebrochene Lösungen« ausspucken könnte, mit Komponenten, die strikt zwischen 0 und 1 liegen. Für unser kleines 6-Städte-Beispiel ist

$$
\begin{pmatrix}
AB & AC & AD & AE & AF & BC & BD & BE & BF & CD & CE & CF & DE & DF & EF \\
1 & 0 & \tfrac{1}{2} & 0 & \tfrac{1}{2} & \tfrac{1}{2} & 0 & \tfrac{1}{2} & 0 & 0 & \tfrac{1}{2} & 1 & 1 & \tfrac{1}{2} & 0
\end{pmatrix}
$$

eine solche Lösung. Im nachfolgenden Bild stellen die dünnen grauen Kanten jeweils die Werte ½ dar. Man sieht leicht, dass die Summe aller Werte, die an einer Stadt ankommen, genau 2 ist, wie gefordert, aber eben nicht in der Form von zwei ganzen Kanten, wie wir das brauchen, sondern in der Form von 1 + ½ + ½.

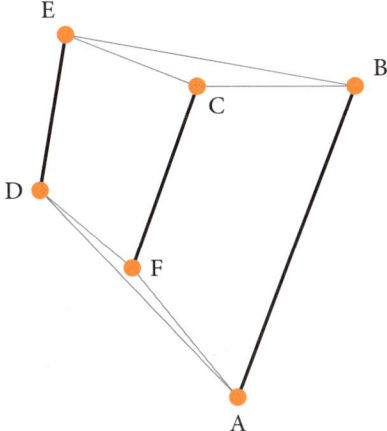

Wenn wir jetzt weitermachen wollen, müssen wir uns eine lineare Ungleichungsbedingung überlegen, die für alle »echten« Rundreisen gilt, aber nicht für diese unzulässige »gebrochene Lösung«.

120 Städte

Eine systematische Lösung dieses Problems gelang Martin Grötschel im Jahr 1977. Und dem können wir – ein Glücksfall! – »live bei der Arbeit zuschauen«, anhand seiner Original-Notizzettel und Bilder. Grötschel, Jahrgang 1948, war damals ein junger, ganz unbekannter Doktorand in Bonn. Die optimale Lösung eines 120-Städteproblems in seiner Dissertation war seine erste spektakuläre Leistung, sie hat ihn auf der Landkarte der Mathematik etabliert. (Heute ist er Professor an der TU Berlin, Präsident des Zuse-Instituts in Berlin, Vorstandsvorsitzender der Einstein-Stiftung des Landes Berlin und Generalsekretär des Weltverbands der Mathematiker IMU – und vielfacher Ehrendoktor.)

Grötschel hat in Bochum studiert und 1977 in Bonn promoviert, am Institut für Ökonometrie und Operations Research von Bernhard Kor-

Martin Grötschel mit TSP-Problem, dreißig Jahre später

te. Der Betreuer seiner Doktorarbeit war Manfred Padberg (*1941), er hat ihn auf dieses Thema »angesetzt«. Der war 1973/1974 Gastprofessor in Bonn, danach im Fachgebiet Operations Research an der Gradute School of Business der New York University tätig – und häufig Gast an Kortes Institut.

Grötschels Dissertation galt als »wirtschaftswissenschaftliche Arbeit«, war aber Mathematik: Damals, in den späten Siebzigern, gab es in Deutschland nur eine einzige Mathematik-Professur für Optimierung, die hatte Rainer Burkhard an der Universität Köln inne. Alle anderen Professuren für Optimierung waren in Fachbereichen für Wirtschaftswissenschaften oder Informatik angesiedelt, und da war natürlich weniger Platz und Wertschätzung für harte Mathematik. Das hat sich in Deutschland inzwischen grundlegend geändert, und das ist ein großer Vorteil im internationalen Wettbewerb – in den achtziger Jahren etablierte sich Optimierung in den Fachbereichen für Mathematik an deutschen Universitäten, mit großen Lehrstühlen etwa in Augsburg (wo Grötschel 1982 hingegangen ist), München, Heidelberg, Berlin, Köln,

Erlangen und so weiter. »In den mathematischen Fachbereichen sind in der Regel die guten Studenten diejenigen, die die mathematische Theorie industrieller oder wirtschaftswissenschaftlicher Probleme verstehen, Lösungsverfahren weiterentwickeln und damit dann ganz konkret etwas bewirken können. So haben wir schon in den Achtzigern Mathematik für die Praxis betrieben, zum Beispiel für Siemens in Augsburg«, berichtet Grötschel. In seiner Dissertation konstruierte er neue Bedingungen (lineare Ungleichungen), die für die Lösungen von Rundreiseproblemen gelten müssen: Neben die Kurzzyklus-Ungleichungen, die schon Dantzig, Fulkerson & Johnson verwendet hatten, traten nun die »Kamm-Ungleichungen«. Die sind viel komplizierter.

Arbeitsschritte

Dass seine neuen Ungleichungen »etwas brachten«, wollte Grötschel an einem »echten« Problem demonstrieren. Seine Zielmarke: Er wollte die kürzeste Rundreise durch 120 deutsche Städte berechnen. Seine »Arbeitsgrundlage« war dafür zunächst der Deutsche Generalatlas. Die Ausgabe der Jahre 1967 / 1968 enthielt im Anhang eine riesige ausfaltbare Tabelle, in der alle Entfernungen zwischen 120 deutschen Städten aufgelistet waren. Die Städte waren von der Redaktion des Mair Verlags ausgewählt worden, vermutlich handelte es sich um die damals größten der Bundesrepublik. Der Doktorand Grötschel markierte zunächst die Städte auf einer Deutschlandkarte aus dem Atlas, dann machte er sich an die Tabelle: Systematisch tippte er die gesamten Entfernungen unter der Diagonalen ab – insgesamt 7140 Zahlen. Natürlich brauchte er etliche Korrekturrunden, bis er die Daten vollständig und fehlerfrei auf seinen Lochkarten hatte. Nun konnte er damit beginnen, eine optimale Tour durch diese Städte zu berechnen.

Der Weg dorthin lässt sich auch heute noch nachverfolgen. Dabei stützen wir uns nicht nur auf die publizierten Ergebnisse und die Beschreibung in der Dissertation, sondern auch auf Manuskriptblätter

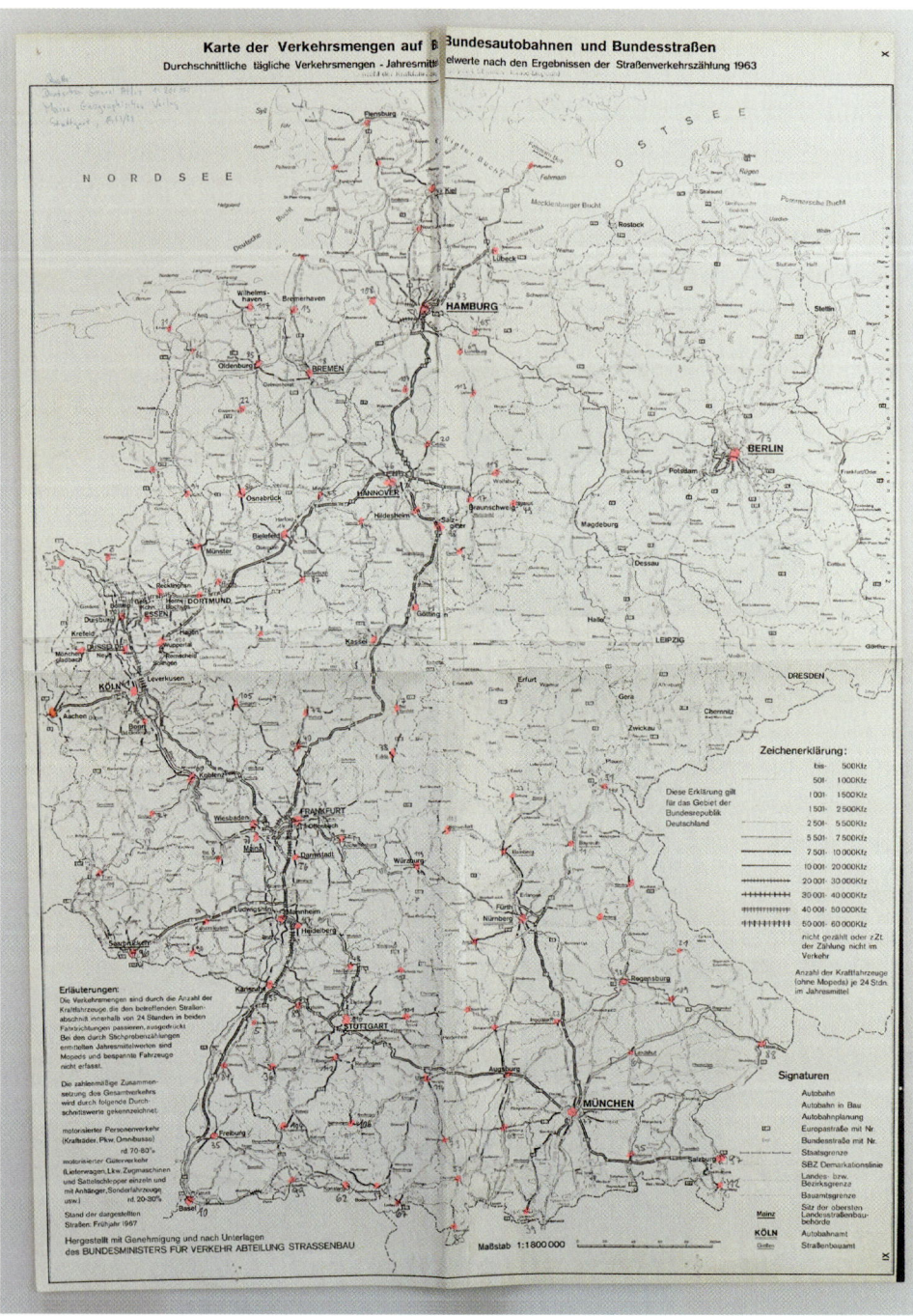

Datenlage 1977: Karte …

und Computer-Ausdrucke, die Martin Grötschel aus seiner Promotionszeit aufgehoben hat und die mit ihm von Bonn über Augsburg nach
Berlin gereist sind.

Grötschel ist damals sehr systematisch vorgegangen: Zunächst hat er
die Lage der 120 Städte von der Deutschlandkarte auf ein DIN-A4-Blatt
übertragen – das ging ganz gut, mit Durchstechen mit dem Zirkel – und
durchnummeriert (alphabetisch, beginnend mit 1 Aachen, 2 Amberg,
3 Ansbach und so weiter). Das Blatt mit den 120 nummerierten Punkten hat er dann sehr oft kopiert.

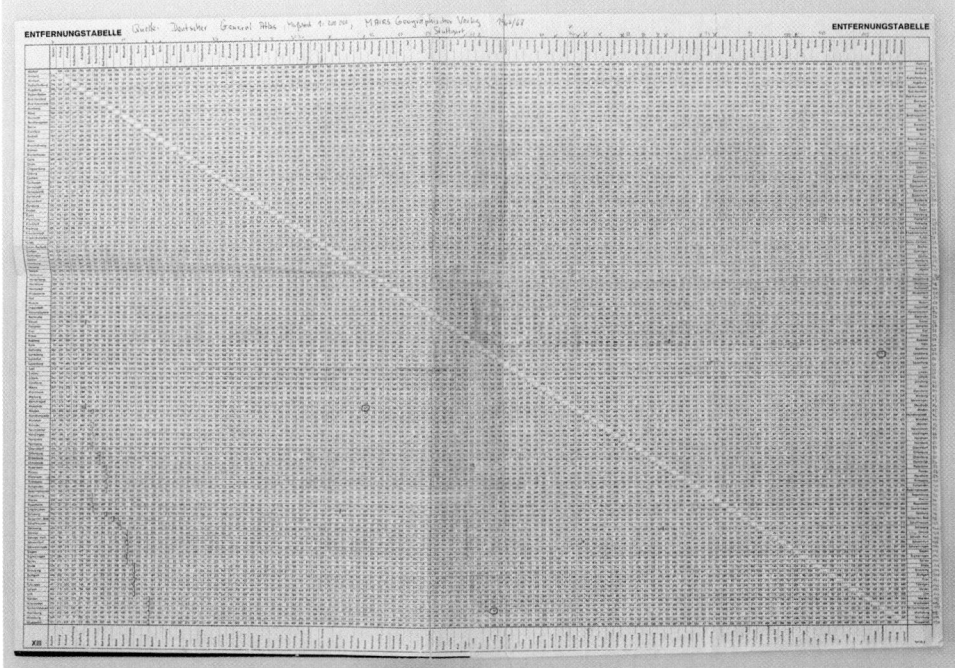

… und Entfernungstabelle für 120 Städte in Deutschland

Die eigentliche Optimierung war dann ein Hin und Her zwischen den
Lösungsvektoren der linearen Ungleichungssysteme und den gezeichneten Bildern. Am Anfang stand wieder das lineare Ungleichungssystem, das für jede mögliche Strecke zwischen zwei Städten einen Wert
zwischen 0 und 1 ansetzt – unter der Nebenbedingung, dass die Werte

sich an jeder einzelnen Stadt zu 2 addieren, und der »Wert« der Lösung (also die Summe der Längen der »verwendeten« Strecken) möglichst klein sein sollte. Das ergibt ein »lineares Programm«, also eine Optimierungsaufgabe, die man dem Computer übergeben und mit dem »Simplex-Algorithmus« lösen kann: das ist genau der Simplex-Algorithmus, den Kantorowitsch und Dantzig entwickelt hatten (siehe unser Kapitel »Kalter Krieg«) – kein Wunder, dass Dantzig & Co. ihn als »Arbeitspferd« für die Durchführung ihres Verfahrens vorgesehen hatten, das zu ihrer Lösung des 49-Städte-Problems führte.

Und genau dasselbe Verfahren hat auch Grötschel angewendet, nur nicht mehr per Hand: Das Ergebnis seiner Computer-Rechnung war aber, wie man erwarten konnte, zunächst keine korrekte Rundreise durch alle Städte, sondern eine »gebrochene Lösung«. Die hat Grötschel dann trotzdem auf einer Kopie des DIN-A4-Blattes eingezeichnet und daran gesehen, warum die Lösung nicht gut ist. Aus dieser »visuellen Kontrolle« hat er Bedingungen formuliert, die jede korrekte Rundreise erfüllen muss, die seine vorliegende gebrochene Lösung aber verletzt hat. Und diese Bedingungen, in lineare Ungleichungen übersetzt, wurden dem Computer als zusätzliche lineare Ungleichungen »mitgegeben« – und der musste dann wieder rechnen.

Ganz konkret sehen wir das auf dem Notizblatt mit dem Ergebnis der zweiten Runde, das erhalten ist und am Anfang dieses Kapitels steht: Die gebrochene Lösung hat viele echte Kanten (mit dem Wert 1), die Grötschel mit dem Bleistift als Striche gezeichnet hat, aber auch etliche halbe Kanten (mit dem Wert ½), die er mit Schlangenlinien markiert hat. Jede zulässige Tour muss ja an jeder Stadt genau zwei Kanten angeben. In der gebrochenen Tour liegen an jeder der 120 Städte also zwei echte Kanten an, oder aber eine echte und zwei halbe geschlängelte, oder eben vier geschlängelte Kanten; dass das erfüllt ist, können wir anhand der Zeichnung leicht verifizieren.

Das Bild mit der »gebrochenen Lösung« hat Grötschel dann wieder mehrmals kopiert, und darauf kleine Konfigurationen gesucht, die einerseits Beleg dafür waren, dass das eine gebrochene und damit unzulässige Lösung war, und die sich andererseits in lineare Ungleichungen übersetzen ließen (und zwar in möglichst »kleine Ungleichungen«, also Ungleichungen, die nur so wenige Kanten wie möglich benutzen). Das sieht man auf dem Originalblatt zur Vorbereitung der dritten Runde sehr schön: Die Lösung, die das lineare Programm in der zweiten Runde produziert hat, hängt ja gar nicht richtig zusammen, sie zerfällt in mehrere Teile. Es gibt also kleine Bereiche, aus denen eigentlich mindestens zwei Kanten herausführen müssten, was in der gebrochenen Lösung aber nicht erfüllt ist. Solche Inseln hat Grötschel identifiziert und rot markiert; das war wichtig, weil das zu kleinen Ungleichungen, eben Kurzzyklus-Bedingungen mit wenigen Koeffizienten führt. Aber die entscheidende Neuerung lag damals nicht in den rot markierten Kurzzyklus-Bedingungen, sondern in den »Kamm-Ungleichungen«: Die hatte Grötschel gefunden und bewiesen, dass alle Tour-Vektoren diese erfüllen – das war der große theoretische Schritt in seiner Dissertation.

Für unser 6-Städte-Modellproblem ist

$$x_{BC} + x_{BE} + x_{CE} + x_{AB} + x_{CF} + x_{DE} \leq 4$$

eine solche Kamm-Ungleichung: Keine Tour kann von den sechs Kanten des Kammes, der im folgenden Bild dargestellt ist, mit »Griff« BCE und den »Zinken« AB, CF und DE, mehr als vier Kanten verwenden; der vorhin diskutierte »gebrochene« Lösungsvektor ergibt auf den sechs Kanten aber insgesamt einen Wert von 4 ½ .

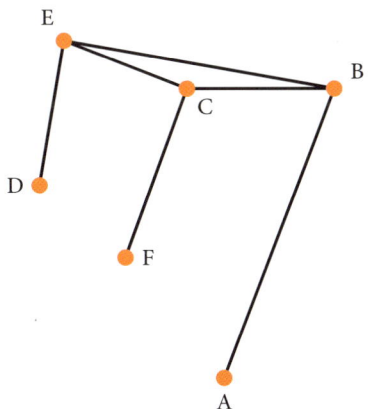

Grötschels Kamm-Ungleichungen waren also eine Klasse von linearen Ungleichungen, die man systematisch suchen und dann in den Computer einspeisen konnte. Aber er wusste damals nicht, wie man Kamm-Ungleichungen automatisch finden könnte. Also machte er sich mit einem Buntstift an seine Kopien und markierte seine Funde: sie sind auf der abgebildeten Seite als kleine blaue »Kakteen« sichtbar.

Betrachten wir etwa den kleinen blauen Kamm in Bayern (zwischen 80 = Nördlingen, 63 = Landsberg und 64 = Landshut): der besteht aus einem dreieckigen »Griff« und drei weiteren einzelnen Kanten, den »Zinken«, die in drei unterschiedliche Richtungen zeigen. (Das ist eigentlich ein komischer Kamm, aber Mathematikern kann das egal sein.) Die gebrochene Lösung, die der Simplex-Algorithmus für Grötschels zweite Runde produziert hatte, weist den Kanten aus diesem Kamm dreimal den Wert 1 und dreimal den Wert ½ zu, also insgesamt eine Summe von 4 ½. Und damit ergibt der kleine Kamm eine neue Ungleichung, die für alle »richtigen« Touren stimmen muss, aber von der gebrochenen Lösung verletzt wird. Wenn man die Kamm-Ungleichung zum Ungleichungssystem hinzufügt, kann diese gebrochene Lösung also nicht mehr auftauchen. Grötschel hat etliche solcher Kämme identifiziert; in der Zeichnung erkennen wir insgesamt 10 Kurzzyklus-Ungleichungen und 5 Kamm-Ungleichungen. Er berichtet:

> Da war sehr viel Handarbeit dabei – das Auffinden der verletzten Ungleichungen hat sich auf Papier abgespielt. Aber das sehe ich heute auch noch so, der Computer ist ein verlängerter Bleistift, das Wesentliche spielt sich im Kopf und auf Papier ab! Und die Bilder waren damals entscheidend, weil wir ja die Schnittebenen »visuell« gefunden haben. Erst einige Jahre später, 1980, haben Padberg und Hong das Vorgehen automatisiert, also mathematische Algorithmen entwickelt und eingesetzt, um Schnitte zu finden. Seitdem werden Bilder nur noch verwendet, um Methoden und Erfolge zu visualisieren, aber kaum mehr als Teil des Rechenprozesses.

Damals hat er die »Kämme« also per Hand gefunden, das war zu der Zeit noch »eine Kunst«, und wir können das am Auftaktbild für dieses Kapitel ablesen. (Heute macht das »der Computer«, und man sieht nichts mehr.) Die neuen Ungleichungen wurden dann auf Lochkarten gestanzt, mit denen schließlich weitergerechnet wurde. Und dann hieß es: Auf in die nächste Runde …

Das 120-Städte-Problem aber war nach der dritten Runde bei Weitem noch nicht gelöst: Das war der dritte Lauf von insgesamt 13. Wie gut war der? Nun, die kürzeste Tour, die Grötschel mit Ausprobiermethoden (»Heuristiken«) auf dem Computer gefunden hat, hatte eine Länge von 7091 Kilometern. Nachbessern »per Hand« ergab eine kürzere Tour von 7011 Kilometern, und da war erst einmal das Ende der Fahnenstange erreicht. Dann ging es mit dem Ansatz über Lineare Programmierung weiter. Der Startwert aus der ersten Runde war 6662,5. Das ist eine untere Schranke, damit wusste Grötschel also, dass die kürzeste Tour mindestens 6663 Kilometer lang sein musste. Nach der zweiten Runde war die untere Schranke schon 6883,5. Die dritte Runde hat das auf 6912,5 Kilometer verbessert, das war also ein substanzieller Schritt. Bis zur zwölften Runde robbte sich Grötschel schließlich auf 6941,5 Kilometer ran – bis der Computer in der dreizehnten Runde eine ganzzahlige Optimallösung mit 6942 Kilometern ausgespuckt hatte. Eine optimale Tour durch 120 Städte – neuer Weltrekord!

Ob der Rekord damals gefeiert wurde, weiß Grötschel gar nicht mehr: »Das war ja noch keine Rekordjagd an sich, sondern der Auftakt dafür. In den Jahren darauf ist das erst richtig losgegangen.« Der Weltrekord von Grötschel hat immerhin drei Jahre gehalten. Grötschel selbst hat sich dann aber erst einmal aus dem Rennen verabschiedet:

> Ich hatte einfach keine Lust mehr – das Datenschaufeln, Stanzen von Zahlen in Lochkarten, das Umsetzen von Zahlen in handgemalte Bilder, das ewige Warten auf die Batch-Läufe und so weiter war schon sehr mühsam. Für mich war es interessanter, nun einmal theoretisch über das Finden von Schnitt-

ebenen nachzudenken. Das habe ich dann gemeinsam mit László Lovász (damals aus Szeged in Ungarn) und Alexander Schrijver (damals aus Tilburg in den Niederlanden) getan. Unser Buch über die Ellipsoid-Methode, die all das enthält, hat sich als recht fundamental herausgestellt, das Buch hat uns viele Jahre an Arbeit gekostet, aber auch viel Entdeckerfreude bereitet. Es ist schließlich 1988 erschienen.

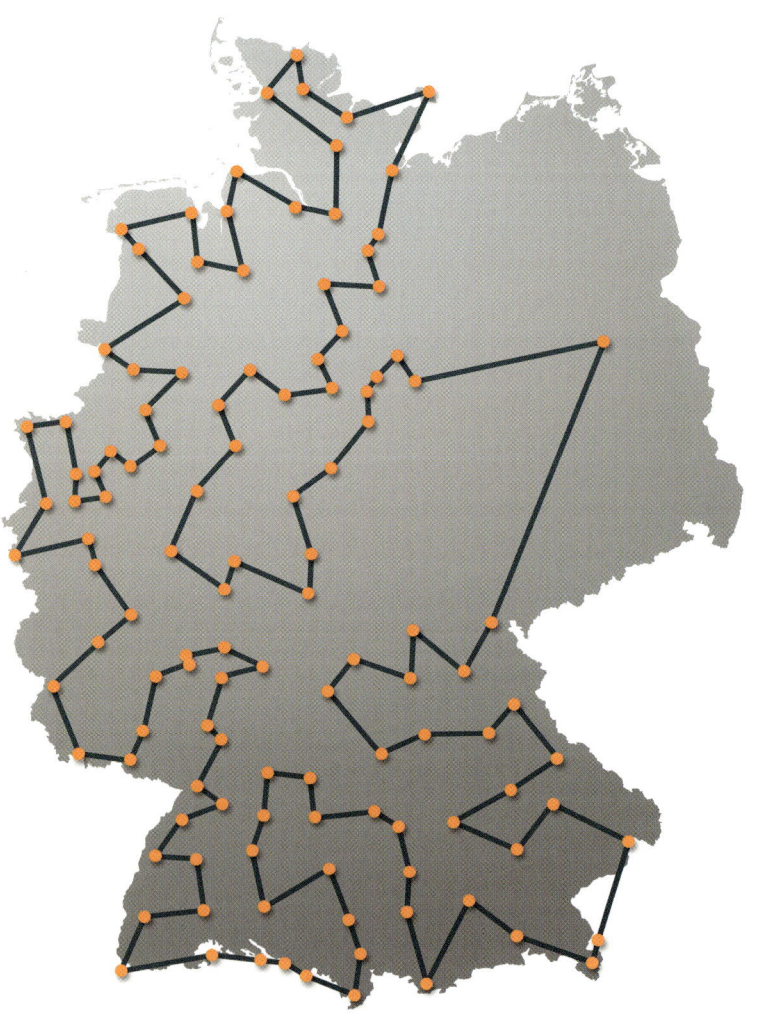

Optimale Rundreise durch 120 deutsche Städte, Grötschel 1977

Und in der Tat ist nicht so klar, wie weit man mit den Computern von 1977 überhaupt hätte kommen können. Auf Seite 285 von Grötschels Dissertation heißt es dazu:

> Bedenkt man die recht kurzen Rechenzeiten und die Fähigkeiten von MPSX, lineare Programme mit bis zu etwa 16 000 Variablen lösen zu können, so halten wir es durchaus für möglich, daß Travelling Salesman Probleme auf etwa 170 Städten mit LP-Verfahren gelöst werden können.

War das zu pessimistisch? Nein, das war damals einfach Stand der Technik. Ein paar Jahre später gab es neue Computer und neue Programme. »Und das war dann die Basis für das Entscheidende – nämlich für neue Ideen«, sagt Martin Grötschel.

Drei Jahre nach der Rekordtour, 1980, gab es plötzlich Zweifel an Grötschels Lösung: Bernhard Fleischmann, damals Professor an der Universität Hamburg, hatte mit Grötschels Daten gerechnet, und ihm war aufgefallen, dass der einstige Doktorand für die Entfernung zwischen zwei Städten in Westfalen (von Meschede nach Hamm) eine Distanz von 621 Kilometern angegeben hatte. Das konnte natürlich nicht sein. Tatsächlich hatte sich in die Entfernungstabelle des Generalatlas (siehe Seite 139) ein Tippfehler eingeschlichen: Oberhalb der Diagonalen wurden als Entfernungsangabe von Hamm nach Meschede 62 Kilometer angegeben, das ist viel realistischer. (Auch die Entfernung zwischen Straubing und Frankfurt war viel zu groß, die von Wilhelmshafen nach Landsberg viel zu klein angegeben, aber diese Fehler waren für die Optimierung nicht wichtig und haben Grötschels Ergebnisse nicht beeinflusst.)

Grötschel hat sofort versucht, die Rechnung mit den korrigierten Daten zu wiederholen. Das lineare Programm spuckte nun nicht mehr die Optimallösung von 6942 Kilometern Länge aus, aber immer noch die untere Schranke, die einen halben Kilometer darunter lag. Aber weil alle Entfernungsangaben in dem Problem auf ganze Kilometer gerundet waren, musste die optimale Tourlänge auch eine ganze Zahl sein. »Wir wussten also, dass diese ganze Zahl mindestens 6941,5 war.« Und die Deutschland-Tour von 6942 Kilometern lag ja schon vor (und die hat die Strecke von Meschede nach Hamm nicht verwendet) – also war die Tour optimal, und das Ergebnis gerettet.

666 Städte

1987, zehn Jahre nach seinem Weltrekord, hat sich Grötschel zurückgemeldet: Gemeinsam mit dem Bonner Doktoranden Olaf Holland präsentierte er eine optimale Tour durch 666 interessante Städte der Welt, sein zweiter großer Schlag, zumindest was das Travelling Salesman Problem angeht. Die Städte hatte auch dieses Mal Grötschel ausgewählt. Das waren zunächst alle Hauptstädte der Welt (nach dem Stand von damals), dann alle sehr großen Städte, womit er so um die 620 Städte zusammen hatte. Aber weil Martin Grötschel irgendwas »Rundes« zusammenkriegen wollte, hat er einfach weitergesammelt: Südpol und Nordpol, seine Geburtsstadt Schwelm und Herne (die Heimatstadt seiner Frau), aber auch Tiruchchirappalli, wo sein Kollege Ravi Kannan aufgewachsen ist, der damals gerade in Bonn zu Besuch war (seine Geburtsstadt Chennai, damals noch Madras, hatte Grötschel sowieso schon auf der Liste) und so weiter, bis er 666 Städte zusammenhatte. Damals wusste er nicht, dass 666 eine Zahl ist, um die sich jede Menge Esoterik rankt – das ist ihm erst aufgefallen, als später einige Zuschriften aus dieser Ecke kamen …

Für das 666-Städte-Problem wurde keine Entfernungstabelle mehr eingegeben, sondern Koordinaten, also Breiten- und Längengrade. Den Abstand musste man dann über Winkelfunktionen ausrechnen (eine kleine Übungsaufgabe für die Leser!) – und zwar unter der Annahme, dass die Erde eine perfekte Kugel ist. Und dann wurde auf ganze Kilometer aufgerundet. Von der Reise um die Welt durch 666 Städte gibt es wieder ein Bild – aber das zeigt nur das Endergebnis eines Arbeitsprozesses. Grötschel und Holland haben 1987 nicht mehr mit Bildern gearbeitet, sondern die Schnittebenen mit mathematischen Verfahren im Computer erzeugt: »Das Bild von der optimalen Tour ist erst nachträglich erzeugt worden. Auch in dem Aufsatz, in dem wir das Ergebnis publiziert haben, war kein Bild von der World Tour drin«, so Grötschel.

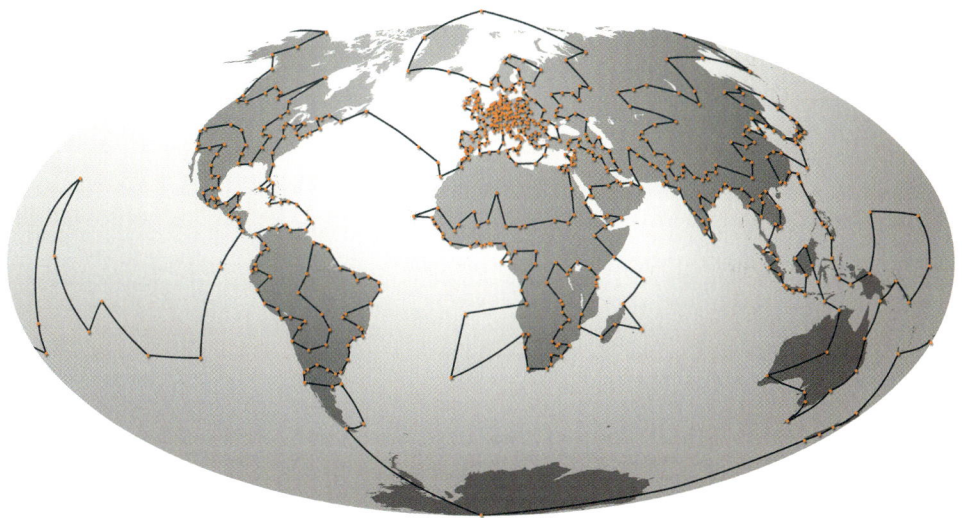

Optimale Rundreise durch 666 Städte, Grötschel und Holland 1987

Auch dieses Mal war es ihm wichtig, einen Rekord zu holen: »Den Rekord braucht man ja auch, um zu zeigen, dass die Methoden was Neues können. Der Anteil schnellerer Computer ist der kleinste Teil vom Fortschritt.« Allerdings war Grötschels zweiter Rekord bei Weitem nicht so haltbar wie der erste: »Er ist noch im selben Jahr gebrochen worden, von Manfred Padberg gemeinsam mit Giovanni Rinaldi in Rom, die beiden haben ein Leiterplattenproblem mit 2392 Bohrlöchern gelöst, und dafür viele neue Ideen eingeführt, das war phantastische Arbeit.«

Damals hat sich Grötschel aber endgültig aus dem Rennen verabschiedet: Olaf Holland ging in die Industrie, und Grötschel war an praktischeren Problemen interessiert. »Das Travelling Salesman Problem (TSP) ist ja eher ein Modellproblem, obwohl das zum Beispiel in der Steuerung von Hochregallagern und in der Leiterplattenfertigung fast in Reinform wirklich auftritt: Wenn man mehrere Tausend Löcher in eine Leiterplatte bohren muss, kommt es ja doch – wenn die Fertigungszeit so kurz wie möglich sein soll – darauf an, dass die Bohrmaschine den schnellsten Wege von einem Bohrloch zum nächsten nimmt.«

Grötschel wollte die Durchschlagskraft von vielfältigen, harten mathematischen Methoden in der Praxis an echten Industrieproblemen demonstrieren. Solche Probleme lassen sich oft als Reihenfolgeprobleme wie das TSP-Problem formulieren, aber in der Praxis gibt es dann meist noch viele bekannte oder auch verdeckte Zusatzbedingungen, die man in die Optimierung einbeziehen muss.

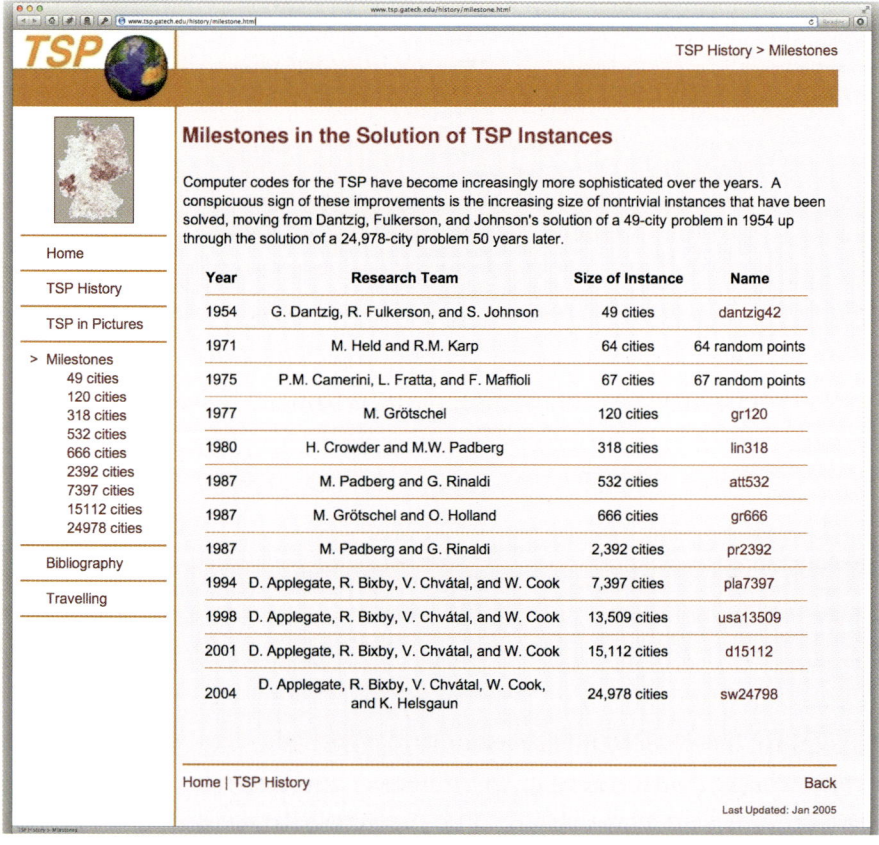

Die Tabelle der Weltrekorde für das TSP-Problem

Auf seine Beiträge zum Wettrennen ist er heute noch stolz: »Das TSP ist immer noch reizvoll, es ist sozusagen der Mount Everest der kombinatorischen Optimierer, und die Ideen, die wir und andere damals für das TSP entwickelt haben, gehen zum Beispiel heute in Routen-, Fahrzeugeinsatz- und Produktionsplanung ein.«

Noch ein Fehler?!

Geschichte wiederholt sich?

Um 1990 gab es wieder Aufregung: Manfred Padberg und Giovanni Rinaldi hatten das 666-Städte-Problem nachgerechnet – und zu ihrer großen Überraschung eine Lösung gefunden, die einen Kilometer besser war als die »optimale« von Grötschel und Holland. Das durfte natürlich nicht sein! Was war da los?

Grötschel und Holland haben das natürlich sofort überprüft und festgestellt, dass die Diskrepanz an der Prozedur lag, mit der bei der Berechnung der Entfernungen »auf ganze Kilometer aufgerundet« wurde. Grötschel und Holland hatten mit der vollen Rechengenauigkeit des IEEE-Industriestandards für die Darstellung von Gleitkommazahlen gerechnet, Padberg und Rinaldi haben anders gerundet – und so bei einer entscheidenden Distanz einen Kilometer weniger rausbekommen!

Das Rennen geht weiter

Die aktuellen Weltrekorde stammen alle von David Applegate, Bob Bixby, Bill Cook und Vašek Chvátal (die als Team mit ABCC notiert werden) sowie ihren Schülern und Kollegen. Dazu gehören die kürzeste Rundreise durch 85 900 Markierungspunkte auf einem Chip (2006 berechnet) und die kürzeste Rundreise durch 24 978 Städte und Dörfer in Schweden (aus dem Jahr 2004). Dem ABCC-Team verdanken wir aber noch mehr: unter anderem eines der besten Programme für die Lineare

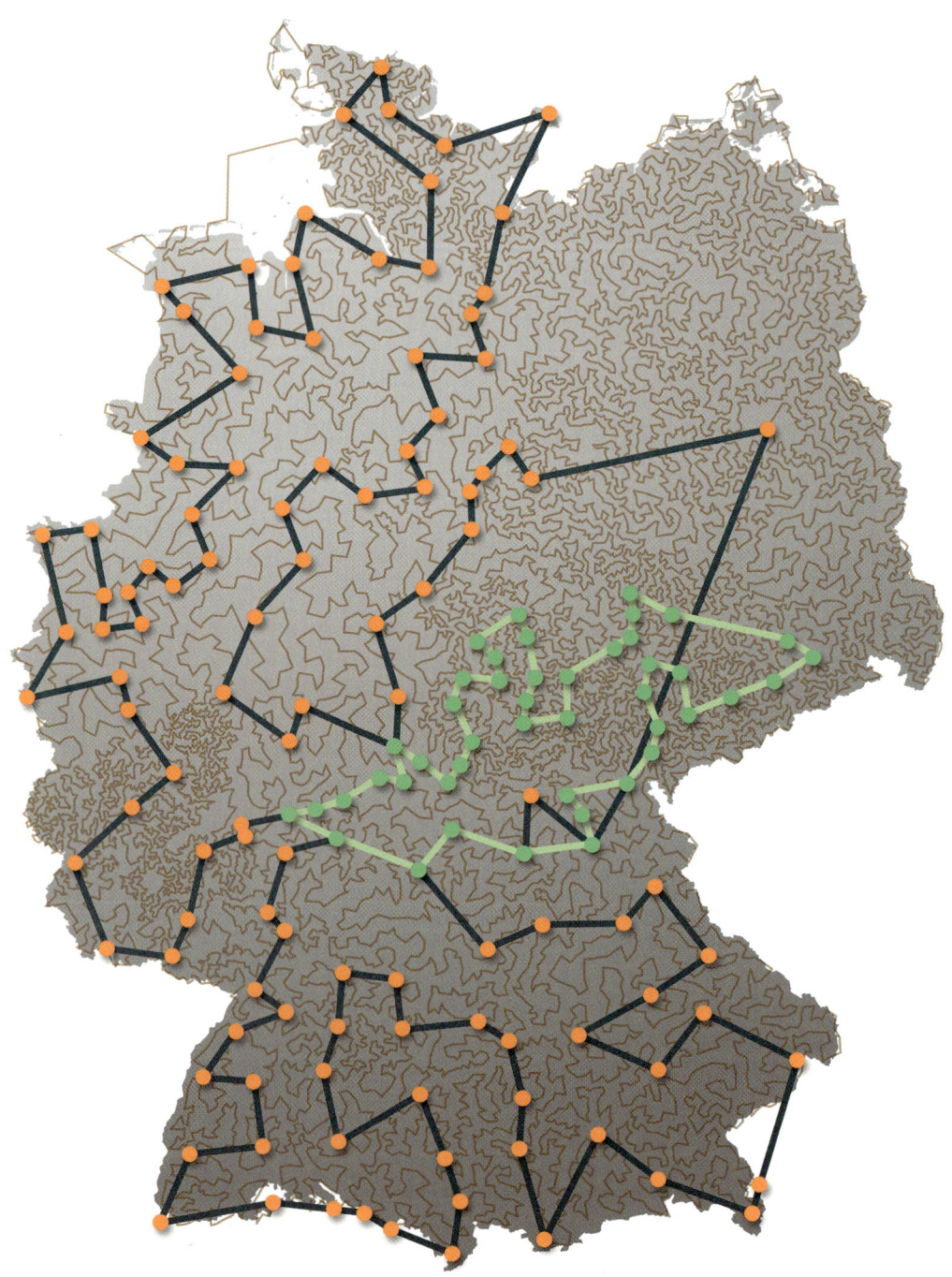

Fortschritt: Optimale Reiserouten durch 48, 120 und 15 112 deutsche Städte

Optimierung, von Bob Bixby und seinen Kollegen, aber auch die Farbbilder, die dieses Kapitel schmücken. Die hat David Applegate gemacht,
als der vor einigen Jahren mit Bixby und Cook an der Rice University in
Texas gearbeitet hat. (Jan Schneider hat sie für die Präsentation in diesem Buch graphisch »herausgeputzt«.)

Auf http://www.tsp.gatech.edu/world/ berichtet Bill Cook über die
Rechnungen an einem gigantischen TSP-Problem – für fast zwei Millionen Städte und Dörfer auf der ganzen Welt wird eine kürzeste Rundreise gesucht. Im Juli 2013 hatte die kürzeste bekannte Tour (von dem
Dänen Keld Helsgaun gefunden) eine Länge von 7,515,778,188 Metern.
Gleichzeitig steht schon seit 2007 eine untere Schranke von 7,512,218,268.
Die Wahrheit, also die optimale Wegstrecke durch die fast zwei Millionen Städte und Dörfer, liegt irgendwo zwischen diesen beiden Zahlen,
die ja nur 0,0474 Prozent auseinanderliegen.

Einerseits sind 0,0474 Prozent »fast nichts«, andererseits geht es um
eine Differenz in der Wanderstrecke von 3,559,920 Metern, also mehr
als dreieinhalbtausend Kilometern. So oder so wird sich der Handlungsreisende auf der Welttour Blasen an den Füßen holen.

1990

Seifenblasen

Diese Traube von sechs Seifenblasen wurde mit dem Sur-
face-Evolver-Programm erzeugt. Das Bild wurde mit Hilfe
der beschriebenen Computergraphik-Techniken produziert, die den Fresnel-Effekt von verminderter Transparenz
bei stumpfen Winkeln modellieren. Man beachte die sattel-
förmige Grenzfläche im Inneren. Unter allen bisher bekann-
ten Seifenblasentrauben mit nichtsphärischer Grenzfläche
hat diese – entdeckt von John Sullivan – die kleinste Anzahl
von Luftblasen.

Fred Almgren & John Sullivan, 1990

In kaum einem Thema ist schwierigste Mathematik so gut versteckt
wie in Seifenblasen und in den Bildern von Seifenblasen. Die Traube
von sechs Seifenblasen vor türkisblauem Hintergrund, die John Sullivan im Sommer 1990 (dem Sommer seiner Promotion) gemeinsam
mit seinem Doktorvater Fred Almgren präsentiert hat, legt davon ein
beredtes Zeugnis ab, auch wenn sie auf den ersten Blick ganz harmlos
aussehen mag. Seifenblasen haben Kugelform – das weiß jedes Kind
aus eigener Erfahrung. In der Schule lernt es dann, dass das an der
Oberflächenspannung liegt: Die Kugelform schließt ein vorgegebenes
Volumen mit kleinster Fläche ein, und bei vorgegebener Fläche das
größte Volumen. Das stimmt auch, ist aber, wenn man einen präzisen
und verlässlichen mathematischen Beweis will und braucht, gar nicht
so einfach zu zeigen. Einen Beweis dafür hat als Erster Hermann
Amandus Schwarz (1843 – 1921) im Jahr 1884 in Göttingen gefunden.

Formeln und dann Bilder

Sobald man aber eine Traube aus zwei oder mehr Seifenblasen betrachtet, wird die Mathematik sehr viel komplizierter: Dann können wir das Objekt mathematisch nicht mehr als »glatte Fläche« beschreiben, weil es ja Stellen gibt, an denen drei oder vier Seifenhäute zusammenstoßen. Wo drei Seifenhäute zusammenstoßen, müssen sie immer Winkel von 120° bilden, sonst ist die Seifenblase nicht stabil: Diese Regel hat der belgische Physiker und Fotopionier Joseph Plateau (1801 – 1883) als Ergebnis seiner Experimente mit Seifenblasen aufgestellt und 1873 in einem Aufsatz mit dem Titel »Statique experimentale et théorique des liquides soumis aux seules forces moleculaires« (»Experimentelle und theoretische Statik von Flüssigkeiten, die nur Molekularkräften ausgesetzt sind«) veröffentlicht. Aufgrund dieses Aufsatzes ist die Frage nach den Formen von Seifenhäuten mit vorgegebenen Randkurven als »Plateau-Problem« bekannt.

Wenn aber eine Traube von Seifenblasen mathematisch gesehen keine glatte Fläche ist, was ist sie dann? Diese Frage mag etwas spitzfindig klingen, das ist sie auch, aber für die mathematische Forschung ist sie essenziell! Die Theorie der glatten Flächen (die Mathematiker »differenzierbare zweidimensionale Mannigfaltigkeiten« nennen) und ihre Formenvielfalt im dreidimensionalen Raum sind von Gauß und seinen Nachfolgern intensiv studiert und entwickelt worden. Seitdem wissen wir etwa, wie man durch Entfernungsmessungen auf einem sehr kleinen Ausschnitt einer Fläche feststellen kann, ob und wie die Fläche gekrümmt ist – das ist das sogenannte Theorema egregium, »der bemerkenswerte Lehrsatz«, den Gauß als Folge seiner Geländevermessungen im Königreich Hannover im Jahr 1827 aufgestellt hat. Man kann auch die lokale Krümmung an den einzelnen Punkten einer geschlossenen Fläche in Verbindung bringen mit der globalen Form der Fläche, das macht der »Satz von Gauß-Bonnet«: Aus dem folgt zum Beispiel, dass eine geschlossene Fläche, die überall »positive Krümmung« hat, also keine Sattelpunkte aufweist, keine Henkel haben kann.

Ausgehend vom Studium konkreter Flächen ist so in den letzten
zweihundert Jahren ein riesiges
geschlossenes Theoriegebäude gewachsen, die »Differenzialgeome-
trie«, auf das immer noch weitere
neue Stockwerke gebaut werden –
aber die Fundamente sind stabil.
Wenn wir jedoch beweisen wollen, dass etwa eine Traube aus nur
zwei Seifenblasen gleichen Volu-
mens aus zwei gleich großen Kugeln bestehen muss, die an einer
ebenen Kreisschreibe zusammengeklebt werden, dann ist das keine
Frage der klassischen Differenzi-

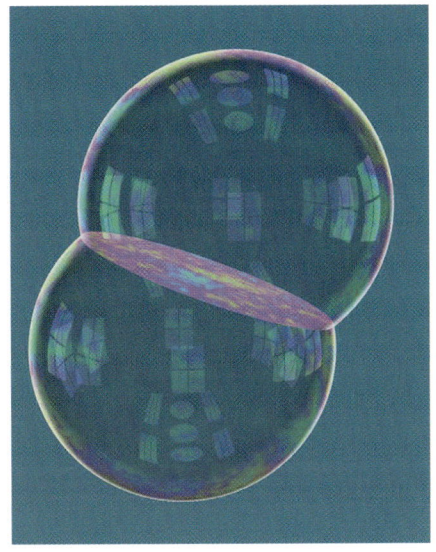

Eine Traube aus zwei gleich
großen Seifenblasen

algeometrie. Und da müssen wir als Erstes das Problem formalisieren,
also genau definieren, was das eigentlich ist, so eine »Traube aus zwei
Seifenblasen«. Eine glatte Fläche ist sie jedenfalls nicht, wegen der Kreis-
line, an der die beiden Blasen zusammentreffen.

Drei Generationen von amerikanischen Mathematikern haben in den
letzten 65 Jahren die Grundlagen der Theorie entwickelt, mit der man
die Mathematik der Seifenblasentrauben in den Griff bekommen kann,
die »Geometrische Maßtheorie«.

Am Anfang steht Herbert Federer: Der wurde 1920 in Wien geboren,
emigrierte im Jahr 1938 in die USA, promovierte 1944 bei Marston
Morse in Berkeley, und war seit 1945 fast ununterbrochen an der Brown
University in Providence (US-Bundesstaat Rhode Island) tätig. Im Jahr
1960 präsentierte er in einer fundamentalen Arbeit in den *Annals of
Mathematics* zusammen mit Wendell Fleming ein mathematisches Modell für die Geometrie von Seifenblasen und das Plateau-Problem, »nor-
male und ganzzahlige Flüsse« (Objekte also, die aus endlich vielen Flä-

chenstücken zusammengesetzt sind, die nicht einmal glatt sein müssen, auf denen wir aber Flächeninhalt messen können), und lieferte damit die theoretische Grundlage für alle weiteren Entwicklungen in der Theorie der Seifenblasen. Neun Jahre später publizierte er dann unter dem Titel *Geometric Measure Theory* die »Bibel« des Fachgebiets: ein monumentales Werk von 676 Seiten voller Formeln, aber ohne eine einzige Abbildung, Zeichnung oder Skizze (wie die griechischen Urschriften des Neuen Testaments vielleicht, weit weg von den illustrierten Bibeln des Mittelalters ...). So beschreiben ihn auch seine akademischen Enkel: »Herbert Federer war sehr präzise, sehr formal. Wenn er Dinge aufschrieb, dann so kurz und direkt und so klar wie möglich, aber ohne Ablenkung durch Bilder.«

Sein Schüler Frederick »Fred« Almgren, Jahrgang 1933, aus Birmingham (US-Bundesstaat Alabama) hatte zunächst Ingenieurwesen studiert und vielleicht daher eine Liebe für das Konkrete auch in die Mathematik mitgebracht. Nach dem Studium war er Kampfpilot bei der US-Marine, bevor er sich 1955 auf ein Mathematikstudium an der Brown University stürzte – abgeschlossen mit seiner Promotion 1962 bei Herbert Federer, die ihn als Postdoc nach Princeton brachte, wo er schnell Pro-

Herbert Federer und Frederick Almgren (rechts)

fessor wurde und dann zeitlebens blieb, bis zu seinem Tod im Jahr 1997. Während Federer in der Präzision der Formeln lebte, war Almgren anders, zumindest wenn er lehrte: »Freds Vorträge und Vorlesungen waren immer ein Füllhorn an wunderbaren geometrischen Einsichten und Bildern. Aber sein Schreibstil war oft in dem trockeneren Stil, den er von Federer gelernt haben muss«, meint Federers Doktorand John Sullivan. Und ein anderer Doktorand, Frank Morgan, berichtet:

> Gleich das erste Mal als ich Fred Almgren traf, am ersten Tag seiner Vorlesung über Geometrische Maßtheorie, wusste ich, dass ich ihn als Doktorvater haben und das studieren wollte, was er machte, nämlich Seifenblasen. Und genauso war das für die anderen Doktoranden, Jean, Ken, Brian White, John, und andere. In dem Herbst, als ich anfing, mit ihm zu arbeiten, gab er mir diese Hausaufgabe für die Weihnachtsferien: Lerne die Strukturtheorie von Federer. Um das zu tun und nicht die Familienfeierlichkeiten zu verpassen, bin ich jeden Morgen sehr früh aufgestanden und habe ein paar Stunden damit gekämpft.
>
> Wenn Fred vorgetragen hat, dann hat er immer mit alten, vergilbten Manuskriptseiten angefangen, die wie die Seiten von Federer aussahen, aber irgendwann würde er sie dann plötzlich beiseitelegen, sich uns zuwenden, sein Gesicht würde leuchten, und dann gab er uns die schönsten geometrischen Erklärungen.

Almgren hat offenbar selbst mit den Theoriemonstern gekämpft: Der Beweis seines »Regularitätstheorems« für hochdimensionale Modelle von Seifenblasen hat ihn zehn Jahre beschäftigt, das Manuskript hatte insgesamt 1700 Seiten. Es ist erst 2000, drei Jahre nach seinem Tod, im Druck erschienen, in einer Buchversion von 955 Seiten. Gleichzeitig hat Almgren seine neunzehn Doktoranden ausgebildet, gefördert und mit ihnen gearbeitet. Unter ihnen war auch der bereits zitierte Frank Mor-

John Sullivan (links) und Frank Morgan

gan (1977), außerdem Jean Taylor, die 1973 bei Almgren promovierte und später seine zweite Ehefrau wurde, Ken Brakke (1975), Brian White (1982) und John Sullivan (1990).

Der Künstler und unser Bild

John Sullivan verdanken wir die Seifenblasentraube, die dieses Kapitel schmückt. Er wurde 1963 in dem kleinen, aber sehr, sehr feinen Universitätsstädtchen Princeton, New Jersey geboren. (Nicht das Städtchen ist fein, das ist ein langweiliger Ort ohne eigene Bahnstation auf halber Strecke von New York nach Washington, D.C., sondern die Universität. Die beherbergt neben einem der besten Mathematik-Fachbereiche der Welt auch das »Institute for Advanced Study«, wo unter anderem Kurt Gödel, John von Neumann und Albert Einstein geforscht haben.) Sullivan ging nach seiner Promotion bei Almgren zunächst an das »Geometry Center« in Minneapolis. Nach weiteren Stationen in Amherst (ein kleines College im Bundesstaat Massachusetts), Urbana-Champaign in Illinois (südlich von Chicago) und in Berkeley (bei San Francisco) kam er 2003 nach Berlin, um dort einen außergewöhnlichen neuen Lehrstuhl zu übernehmen, die MATHEON-Professor für Mathematische Visualisierung am Institut für Mathematik der TU. John Sullivan versteht seine Forschungen zu optimalen geometrischen Formen als Kunst und setzt sie in Computergraphiken, Kunstdrucke, 3D-Filme, Modelle und Schneeskulpturen um – mit Preisen ausgezeichnet in etlichen dieser Disziplinen.

Unser Bild, die Traube aus sechs Seifenblasen, stammt zwar aus dem Sommer seiner Promotion, hatte an sich mit dieser aber nichts zu tun. Die Arbeit an der Visualisierung von Seifenblasen war eher das Ergebnis einer Folge von sehr produktiven Sommern, die zufällig im gleichen Jahr beendet wurde wie die Promotion: Almgren, Taylor, Brakke, Sullivan und einige andere verbrachten über Jahre hinweg jeden Sommer sechs Wochen lang am Geometry Center in Minneapolis. Dort sprachen sie unter anderem mit Pat Hanrahan, der von 1988 an das Visualisierungsprogramm RenderMan für die Animationsfilmstudios Pixar geschrieben hat. Mit diesem Programm werden auch heute noch die Trickfilme fürs große Kino produziert – Hanrahan hat dafür inzwischen schon seinen zweiten Oscar bekommen.

Die Seifenblasentraube ist aus einem ganz groben Geometriemodell entstanden: vier gleich große Kugeln, mit Symmetrie eines Tetraeders, in die dann zwei kleinere, wiederum gleich große Blasen eingesetzt wurden. Das Resultat hat noch zwei Spiegelsymmetrieebenen.

Mit diesen Daten fütterte man dann den Surface Evolver von Ken Brakke; der Evolver ist ein interaktives Computerprogramm, mit dem man Flüssigkeitsfilme unter verschiedensten Kräften und Nebenbedingungen modellieren kann und das aus einem einfachen, groben Geometriemodell realistische gekrümmte Flächen erzeugt – auf der Grundlage der von Plateau, Schwartz, Federer, Almgren und vielen anderen entwickelten Theorie. Das Ergebnis, das mathematische Modell der gekrümmten Flächen, muss dann aber noch visualisiert werden. Dafür wird es dem RenderMan-Programm übergeben. In RenderMan ist ein recht kurzes Programm eingebaut, das John Sullivan selbst geschrieben hat, und das die bildliche Darstellung der Seifenhäute liefert. Hier steckt jede Menge Physik und Optik drin: Sullivan schnappte sich das Physikbuch aus seinem Grundstudium, schlug die Reflektionsgesetze von Fresnel nach, die die Brechung von Licht an ebenen Grenzflächen beschreiben – und setzte sie anschließend um. Diese Gesetze erklären, warum Seifenhäute unter stumpfem Winkel viel weniger durchsichtig sind, als wenn man steil auf die Flächen blickt; und das kann man auch im Bild beobachten. Was Sullivan zunächst nicht klar war (da fehlte dann vermutlich die Chemie bzw. das entsprechende Lehrbuch), aber wichtig für den optischen Eindruck ist, war die Dicke der Seifenhaut. Für die hat er einen recht beliebigen Wert gewählt, dann aber die Dicke auch mit der Höhe variiert. Das führt zu den Farbverläufen, die wir auf dem Bild zum Beispiel in der Mitte rechts sehen. Das Schillern der Seifenblasen kommt ja daher, dass unterschiedliche Farben unterschiedlich gebrochen werden, langwelliges Licht eben schwächer als kurzwelliges.

Mit verschiedenen Experimenten hat Sullivan dann festgestellt, dass das Ergebnis bei Beleuchtung mit nur drei Farben Rot-Grün-Blau nach dem RGB-Schema, das ja eigentlich alle Farben des Regenbogens erzeugen kann, nicht gut aussieht. Deshalb hat er schließlich das Licht für diese Graphik aus zwei Arten Rot, zweimal Grün und zweimal Blau gemischt, also insgesamt sechs Farben verwendet.

Auch das Türkisgrün im Hintergrund war ein Ergebnis dieser Experimente. Sullivan hat ein breites Spektrum von Möglichkeiten entlang der gesamten Farbskala durchprobiert und ist dann bei diesem Farbton hängengeblieben: das war eine rein ästhetische Entscheidung.

Die Kunst der Seifenblasen

Seifenblasen zu malen, zu zeichnen, zu fotografieren oder eben auch am Computer zu visualisieren ist alles andere als einfach – eben eine Kunst. Almgren und Sullivan schreiben dazu:

Sicherlich sind reflektierte Lichtpunkte und Oberflächenstrukturen wichtig. Ein guter Künstler kann diese und andere Details auswählen und mit nur wenigen Pinselstrichen ein Bild erzeugen, das den Augen die notwendigen Hinweise gibt, während er andere Details weglässt, die nicht helfen würden. Computer sind von dieser schwierigen Aufgabe bisher überfordert.

Das legt doch nahe, sich zum Vergleich Seifenblasen aus der Kunstgeschichte anzuschauen. Und um es dem Mathematiker Sullivan nicht zu einfach zu machen, nehmen wir uns nicht irgendwelche Kleinmeister vor, die auch Seifenblasen gemalt haben, sondern Werke von zwei ganz Großen: Rembrandt und Manet.

Rembrandts »Amor mit der Seifenblase«, 1634

»Also der Rembrandt ist doch sehr schön«, meint John Sullivan: die Seifenblase liegt vor dem Amor-Engelchen auf einer Schale, vermutlich war auf der ein Tropfen Seife, der dann mit dem Strohhalm aufgeblasen wurde. Das kann man sich vorstellen. In der Seifenblase spiegelt sich ein Fenster, das Licht kommt von links, das ist alles sehr stimmig und stimmungsvoll.

Die Seifenblase, die der 15-jährige Léon-Édouard Koëlla auf dem Bild seines Stiefvaters Manet erzeugt, ist da viel einfacher, ohne Lichtrichtung, die hellen Punkte darauf haben auch keine klare Funktion oder Bedeutung – eben sehr impressionistisch, gerade das Gegenteil von »mathematisch-physikalisch korrekt«.

Manets »Die Seifenblasen«, 1867

In beiden Werken ist die Seifenblase nur ein kleines Detail auf einem größeren Gemälde: der Rembrandt ist einen knappen Meter breit, der Manet einen Meter hoch. Aber auf die Größe kommt es in diesem Fall an – eine kleine Seifenblase lässt sich aus nur wenigen Pinselstrichen zaubern; erst bei einer großen Blase oder Traube kommen physikalische Details zum Tragen, etwa dass die eigentlich durchsichtige Seifenblase bei sehr stumpfen Winkeln plötzlich opak wird. Das ist auf Sullivans Traube schön zu sehen, und ergibt sich dort aus der Modellierung der Physik (eben der Fresnel-Gesetze) als Teil der Visualisierung.

Vielleicht kann man die Schönheit der Seifenblasenbilder nur dann richtig einschätzen, wenn man's zumindest einmal selbst versucht hat. Also, kleiner Wettbewerb: Mich interessiert Ihre eigene Zeichnung, Ihr Bild, Ihre Computergraphik einer Seifenblasen-Traube. Nebenbei kann man da viel lernen: Nicht nur »Kritisieren ist einfacher als Selbermachen«, sondern auch »Das ist eben doch eine Kunst«. Vielleicht auch, dass »schön« und »realistisch« und »mathematisch-physikalisch korrekt« zusammenhängen, aber doch nicht dasselbe sind. Ich bin sehr gespannt auf Ihre Einsendungen: Die Schönsten werde ich dann in meiner Kolumne »Mathematik im Alltag« in den *Mitteilungen der Deutschen Mathematiker-Vereinigung* publizieren. Vielleicht beweisen Sie damit auch gleich noch »Was Mathematiker können, können nicht nur Mathematiker«? Wer ohne Computer (mit Surface Evolver, RenderMan etc.) auskommen will, darf sich dabei gerne von der Bleistiftzeichnung von James Bredt inspirieren lassen, der schon als Student angefangen hat, die Bücher von Frank Morgan zu illustrieren.

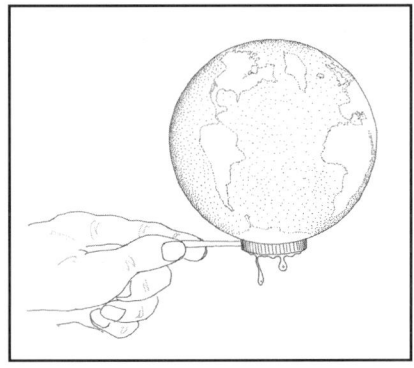

Die ganze Welt in einer Seifenblase, Bleistift auf Papier, Zeichnung von James Bredt

Andererseits: Wer sehen will, wie Seifenblasentrauben nach dem Stand der Kunst aussehen, dem zeigen wir die Trauben, die James Sethian und sein Student Robert I. Saye von der UC Berkeley im Mai 2013 in *Science* veröffentlicht haben: Die beiden haben eine Seifenblasentraube in einem Modell voller Mathematik, Physik und Chemie gebaut, in dem die Blasen eine nach der anderen platzen – und das Ganze wunderschön in einem virtuellen Sonnenuntergang beleuchtet.

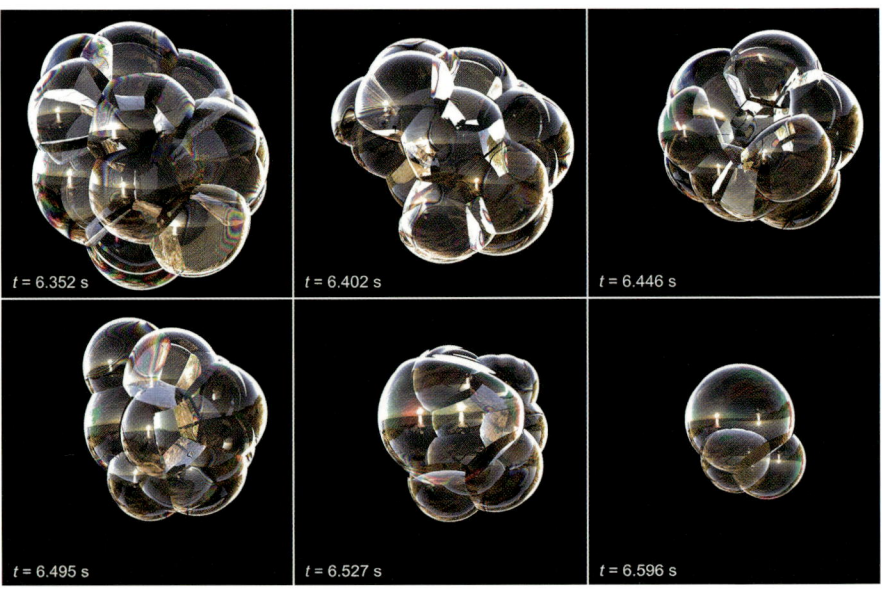

Eine Traube von Seifenblasen platzt: Sethian und Saye, 2013

Was man nicht sieht

Bemerkenswert ist die Seifenblasentraube von John Sullivan ja wegen des kleinen Flächenstücks in der Mitte der Traube: auf das weist er auch in dem Zitat zu Beginn dieses Kapitels besonders hin. Das Flächenstück ist kein Ausschnitt aus einer Kugeloberfläche, sondern eine Sattelfläche; was die naheliegende und auch schon mit »Seifenblasen haben Kugelform« und »das weiß jedes Kind« dort angesprochene Vermutung widerlegt, jede Seifenblasentraube müsste aus sphärischen Flächenstücken (eben Teilen der Oberflächen von Kugeln) zusammengesetzt sein. Das stimmt also nicht!

Was man aber nicht sieht: Die Theorie besagt auch, dass an jeder Kante, an der zwei solche sphärischen Flächenstücke in einem 120°-Winkel zusammenstoßen, das dritte Flächenstück auch sphärisch ist! Das folgt aus Eindeutigkeitssätzen für »Flächen konstanter mittlerer Krümmung«, die besagen, dass jedes Flächenstück durch die Richtung entlang einer Randkurve (»Cauchy-Daten«) schon eindeutig festgelegt ist. Das heißt aber, dass auch die vier großen Seifenblasen in dieser Traube keine genaue Kugelform haben können! Wenn nämlich eine der vier exakte Kugelform hätte, dann müsste das für alle gelten, weil die Konfiguration ja symmetrisch ist. Wenn aber die vier großen Blasen exakte Kugeln wären, dann könnten wir nach der »Wenn zwei, dann auch der Dritte«-Regel folgern, dass auch die Trennflächen der großen Blasen entweder flach oder Ausschnitte aus Kugeloberflächen sind. Und dann können wir mit der »Wenn zwei, dann auch der Dritte«-Regel weiterargumentieren, dass auch die äußeren Wände der beiden kleinen Blasen exakt sphärisch sind – und damit muss das auch für die Wand zwischen den beiden gelten. Die ist aber kein Sphärenausschnitt, sondern eine Sattelfläche, wie man sieht! Die vier großen Luftblasen in der Seifenblasentraube sind also keine exakten Kugeln – das können keine exakten Kugeln sein, sagt die Mathematik, weil das mit der »Wenn zwei, dann auch der Dritte«-Regel nicht zusammenpasst. In diesem Fall weiß die Mathematik mehr, als man mit dem bloßen Auge sehen kann.

Wie groß die Abweichung von echten Kugelflächen ist? Ob man die Form der Seifenblasen eben doch durch Formeln beschreiben kann? Was für »Eier« sind das? Das weiß auch John Sullivan nicht, der das Bild gemacht hat: Seine Seifenblasentraube ist nicht nur ein Kunstprodukt mathematischer Forschung, sondern sie wirft auch Fragen auf, die bisher niemand beantwortet hat und die auch nur die Mathematiker beantworten können, wenn überhaupt, und zwar unter Verwendung aufwendiger Theorie. Leider schwierig! Das ist doch am Ende keine Kunst?

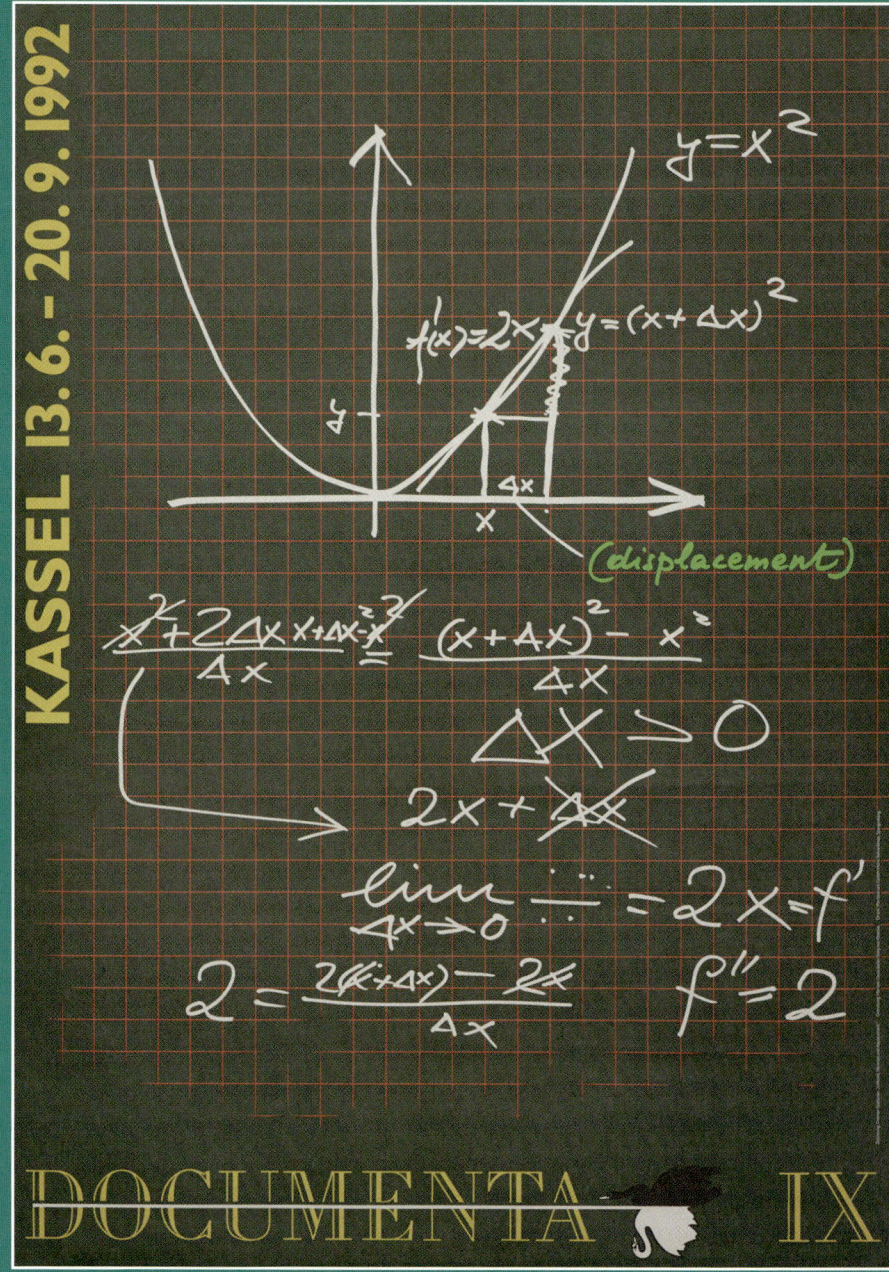

1992

Blasse Erinnerung
an eine Schulstunde

Eine grob skizzierte Parabel, eine mathematische Formel und zwei Schwäne im Schriftzug, das alles auf dunkelgrünem Hintergrund mit rotem Karo-Muster: … ein Plakat wie die blasse Erinnerung an eine Schulstunde … Das erste offizielle Plakat zur DOCUMENTA IX gibt sich ein wenig rätselhaft, etwas unbeholfen sucht der Nicht-Mathematiker im schwer greifbaren Fundus seines Schulwissens nach der Verbindung zwischen »Kurvendiskussion« und einem Kunstereignis wie der documenta.

Mit dieser Bildbeschreibung beginnt der Pressetext Nr. 4 zur DOCUMENTA IX, mit dem fünf Monate vor Beginn der Veranstaltung, am 14. Januar 1992, das erste offizielle Plakat (und auch das einzige vor Beginn der Ausstellung) veröffentlicht wurde. Die documenta in Kassel präsentiert zeitgenössische Kunst. Sie findet alle fünf Jahre statt und dauert hundert Tage, also vierzehn Wochen (Eröffnung jeweils an einem Samstag, Ende an einem Sonntag, für alle, die's nachrechnen wollen). Zu den Regeln des Spiels gehört, dass jedes Mal ein anderer Ausstellungsmacher Konzept und Motto vorgibt, die Kunst entsprechend auswählt und die Künstler einlädt. Die erste documenta fand 1955 statt, die neunte, den Namen in Großbuchstaben gesetzt, also DOCUMENTA IX, vom 13. Juni bis zum 20. September 1992. (Für alle, die auch das nachrechnen wollen: Die zweite bis fünfte documenta fanden in Intervallen von nur vier Jahren statt.)

Die DOCUMENTA IX zeigte eintausend Werke von 196 Künstlern, sie hatte ein Budget von 18,65 Millionen D-Mark, mehr als sechshunderttausend Besucher wurden gezählt. Die Ausstellung stand unter der Leitung des Belgiers Jan Hoet (*1936). Was er präsentierte, war nach seiner eigenen Einschätzung »vielleicht mehr noch als die vorangegangenen documenta-Ausstellungen eine bewusste und persönliche Stellungnahme zu unserer Zeit. Eine Argumentation in Bildern, die gleichermaßen die Augen, das Gefühl, die Erfahrung des Einzelnen fordert«.

Der Oberbürgermeister von Kassel, Wolfgang Bremeier, schrieb im Vorwort zum Ausstellungskatalog: »Jede documenta ist anders. Jede gibt neue Denkanstöße, andere Impulse. Ein Anspruch auf eine Botschaft besteht nicht.« Ausstellungsmacher Hoet berichtet an gleicher Stelle, man erwarte »Erklärungen, programmatische Sätze. Doch es gibt keine richtigen Erklärungen, sie bleiben immer nur Buchstaben und Worte, eben Erklärungen, keine Realität. Nur Randbemerkungen, Erzählungen, Vorschläge.« Und Wikipedia weiß zu berichten: »Ohne besondere theoretische Grundsatzkonzeption veranstaltete Jan Hoet die documenta als ein großes Kunstereignis mit buntem Beiprogramm.« Das Plakat zum Kunstereignis kam dann aber doch sehr theoretisch daher. Sicher ein außergewöhnliches Plakat. Es zeigt eine mathematische Rechnung und es setzt einen einzelnen Begriff in den Mittelpunkt: displacement, farblich hervorgehoben, ganz auffällig. Wessen Handschrift ist das? Achtung, hier ist die naheliegende Antwort nicht richtig! Ein erster Hinweis findet sich aber auf dem Plakat selbst. Ganz klein kann man am rechten Rand des Plakats nämlich lesen:

Zeichnung: Dietmar Guderian »Leibnitz, Newton und displacement«

Gestaltung: Marleen Deceukelier / Sony van Hoecke

Druck: Werbedruck GmbH Horst Schreckhase, Spangenberg

Gedruckt ist das Plakat also in der Nähe von Kassel. Aber beim Satz hat es einen bemerkenswerten Ausrutscher gegeben: mit »Leibnitz« ist hier sicher Gottfried Wilhelm Leibniz (1646 – 1716) gemeint – aber der

schrieb sich ohne »t« im Nachnamen. Wer's nachprüfen will: Beim Wi-
kipedia-Eintrag zu Leibniz ist auch dessen Unterschrift hinterlegt. Die
Transferleistung beim Abspeichern der Bilddatei hat
dann leider nicht funktioniert – die Datei heißt Leib-
nitz_signature.svg. Mit »t«! Nun schreibt sogar Leib-
niz gelegentlich selbst »Leibnitz« – ist der Fehler also verzeihlich? Wir
fragen einen Experten, Professor Eberhard Knobloch von der (im Jahr
1700 auf Initiative von Leibniz gegründeten) Berlin-Brandenburgischen
Akademie der Wissenschaften. Der antwortet prompt: »Ja, der Fehler ist
verzeihlich, bleibt aber ein Fehler, auch wenn er gelegentlich bei Leibniz
selbst auftritt. Latinisiert heißt es Leibnitius, was sprachlich bei Weglas-
sung der lateinischen -us-Endung leicht auf tz führt. Leibniz' Vater wird
auch Friedrich Leubnitz geschrieben, Leibniz glaubte ja, dass sein Name
teilweise slawischen Ursprung hat.« Also: Leibnitz ist falsch.

Der Künstler

Die Randzeile auf dem Plakat verrät auch, dass die Zeichnung von Dietmar Guderian stammt – wer ist das? Professor Dietmar Guderian aus
Freiburg hat sich über viele Jahre wie kein anderer in Deutschland mit
den Verbindungen zwischen Mathema-
tik und moderner Kunst beschäftigt.
Geboren 1939 in Königsberg und aufgewachsen in Niedersachsen, schloss er
die Schule in Bremen ab und studierte
dann Mathematik, Physik sowie Kunstgeschichte in Bremen, Freiburg und
Zürich. Von 1971 an war er Professor
an der Pädagogischen Hochschule Lörrach, dann von 1982 bis 2004 Professor
für »Mathematik und Informatik und
ihre Didaktiken« an der Pädagogischen

Dietmar Guderian

Hochschule Freiburg – und nebenbei Ausstellungsmacher. Unter anderem hat er 1987 die Ausstellung »Mathematik in der Kunst der letzten dreißig Jahre« in Ludwigshafen konzipiert. Und schließlich findet sich in seinem Lebenslauf der Eintrag: »1991 Referat vor dem DOCUMENTA IX-Team im Fridericianum-Kassel. Daraus hervorgehend: displacement – Zeichnung für das offizielle Ankündigungsplakat der DOCUMENTA IX, 1992«.

Vorgeschichte: Kassel, Februar 1991

In der Pressemitteilung wird die Vorgeschichte so beschrieben:

> Die gesamte Skizze entstammt der begleitenden Illustration einer Intervention von Guderian im Rahmen des Diskussionstreffens mit neun Künstlern im Februar 1991 in Kassel. Sein Thema: displacement in den Naturwissenschaften.

Natürlich sollten wir Guderian selbst danach fragen. Er berichtet:

> Den Vortrag, bei dem das »Tafelbild« entstand, hielt ich auf Einladung des documenta-Teams bei einem Treffen des Teams mit einer Handvoll der wichtigsten Künstler der DOCUMENTA IX. Da die Zeit am zweiten Tag sehr weit fortgeschritten war, versprach ich den Zuhörern, ihnen in 10 Minuten (!) das Wichtigste aus meinem Referat vorzutragen. Ich habe kurz den Raum verlassen, mich gesammelt und dann hoch konzentriert auf Englisch vorgetragen. Als erfahrener Referent erkennt man ja, ob mitgearbeitet wird. Ich bemerkte, dass alle zehn (unter ihnen Gerhard Richter, Marlene Dumas, Mario Merz) bis auf den nicht englischsprechenden Fotografen Benjamin Katz meinen Ausführungen folgten. Nach dem Vortrag stellte Mario Merz eine Frage zu einem Zwischen-

schritt in meiner Herleitung. Nur wegen seiner Frage habe ich dann den binomischen Term auf der rechten Seite der ersten Zeile ausmultipliziert (im normalen Ablauf wäre das methodisch untragbar gewesen) und links neben die Formel geschrieben. Der Entschluss, meine Stegreifzeichnung zu einem »Kunstwerk« zu erheben, kam Marlene Dumas abends spontan an der Bar. Alle stimmten begeistert zu. Ich schlich zum Fridericianum, um die Zeichnung und die Abfolge zu überprüfen, aber das Blatt war schon verschwunden.

(Für die der modernen Kunst Unkundigen unter uns, zu denen ich gehöre: Marlene Dumas (*1953) ist eine südafrikanische Künstlerin, sie lebt und arbeitet heute in Amsterdam. Gerhard Richter (*1932) ist ein weltberühmter deutscher Maler. Mario Merz (1925 – 2003), ein italienischer Künstler, Hauptvertreter der »Arte Povera«, ist für seine Lichtobjekte bekannt, hatte schon 1954 seine erste Einzelausstellung, war also 1991 ein »großer alter Mann«.)

Ein halbes Jahr später trafen wir uns während eines weiteren zweitägigen Symposiums in Weimar wieder. Erst dort sah ich meine Zeichnung wieder und entdeckte einen Schreibfehler. Erst nach inständigem Drängen (Jan Hoet: »Herr Guderian, das ist doch Kunst«) wurde mir gestattet, eine fehlerlose Seite nachzureichen. Nach einem langen Wochenende, drei Flaschen Wein und 15 (!) Versuchen hatte das Team ein Einsehen mit meinen Bedenken gegenüber der Mathematikergemeinde. Sie kopierten aus meiner Urzeichnung eine dort vorhandene Ziffer und fügten sie richtig ein. Ein weiteres Nachspiel: Der Begriff »displacement« ist in der Mathematik bereits anderweitig vergeben, »dislocation« ist in der Kunst seit Camille Graesers konkreten Bildern besetzt. Ich hatte daher das sehr selten benutzte Wort »dislozierung« gewählt. Aber Jan Hoet meinte, er habe das Wort noch nie gehört und schrieb kurzer-

hand in anderer Farbe das von der documenta gewünschte
Wort displacement dazu.

Das Plakatmotiv stammt also mit Korrekturen aus dem Kurzreferat von
Dietmar Guderian in Kassel 1991 – das Wort »displacement« steht da
aber in der Handschrift von Jan Hoet. Allerdings hat Guderian auch
nicht, wie das Plakat suggeriert, mit »Kreide auf Tafel« vorgetragen. Für
seinen Vortrag hatte er einen grünen breiten Farbfilzstift gewählt und
auf dem vorgegebenen weißen Papier geschrieben. Das Plakat hat ja
auch das Hochformat eines Flipboards.

Die Rechnung auf dem Plakat oder ein Hauch von Einstein

Versuchen wir gemeinsam, die Rechnung nachzuvollziehen?

$f(x)$ bezeichnet den Wert der Funktion an der Stelle x, also einfach
das Quadrat x^2. Um die Steigung an der Stelle x zu berechnen, vergleichen wir den Wert $f(x)$ an der Stelle x mit dem Wert an einer Stelle in
der Nähe, die $x + \Delta$ heißt. Dabei steht Δ für eine kleine Zahl, die Verschiebung von x nach $x + \Delta$ ist das »displacement«. Die Künstler dürfen
das dann gerne als einen kleinen Schritt zur Seite interpretieren, der die
Perspektive unmerklich oder merklich verändert. Sie dürfen das aber
natürlich auch ganz anders interpretieren …

Die Steigung der Geraden, die durch die beiden Punkte (x, x^2) und
$(x + \Delta, (x + \Delta)^2)$ geht, ist

$$\frac{(x + \Delta)^2 - x^2}{(x + \Delta) - x} = \frac{(x^2 + 2\Delta x + \Delta^2) - x^2}{(x + \Delta) - x} = \frac{2\Delta x + \Delta^2}{\Delta} = 2x + \Delta.$$

Diese Rechnung ist so weit richtig, wenn Δ nicht Null ist, was wir als
$\Delta \neq 0$ notieren würden; für $\Delta = 0$ hätten wir nämlich durch Null geteilt,
und das ergibt keine sinnvollen Ergebnisse, weder in der Schule, noch
später im richtigen Leben, und auch nicht in der höheren Universitäts-
mathematik. Die stärkere Bedingung $\Delta > 0$, die wir groß auf der Tafel

finden, ist jedoch nicht nötig, aber auch nicht falsch. (Wenn Δ negativ ist, dann muss man nur bei der Interpretation der Formel mit der Steigung etwas besser aufpassen.)

Wenn Δ sehr klein ist – und im Grenzwert ganz verschwindet – dann ergibt unsere Rechnung also $2x$, was wir als $f'(x) = 2x$ schreiben würden. Der Übergang zum »Grenzwert« ist auf dem Plakat mit »lim« notiert, was für einen Grenzwert steht. Diese Notation geht auf den Schweizer Mathematiker Simon Antoine Jean L'Huilier (1750–1840) zurück; er hat sie schon 1780 in einem Lehrbuch verwendet, das in Polen im Druck erschien.

Und das Δ, wessen Notation ist das? Newton oder Leibniz?

Antwort: Leibniz, der hat die Differenzialquotienten eingeführt. Die Ableitung in der Notation f' stammt von dem italienischen Mathematiker Joseph-Louis Lagrange (1736–1813), der sie 1797 in seinem Buch *Théorie des fonctions analytiques* einführte.

Isaac Newton hätte wohl $\dot{y}$ geschrieben, für die Ableitung der Größe $y = f(x)$. Insgesamt ist die Notation auf dem Plakat also »mehr Leibniz als Newton« – was deshalb interessant sein könnte, weil es zwischen Leibniz und Newton einen erbitterten Prioritätsstreit um die Erfindung der Infinitesimalrechnung gab, den damals Newton mit höchst unfairen Mitteln für sich entschied. (In aller Kürze sei hier nur so viel gesagt: Eine »unabhängige« Kommission, bestehend aus sehr guten Freunden Newtons, kürte ihn zum Erfinder.)

Aber wir müssen die Rechnung noch zu Ende führen: Dieselbe Rechnung wie oben, jetzt auf die Funktion $f'(x) = 2x$ angewendet, liefert

$$\frac{2(x + \Delta) - 2x}{(x + \Delta) - x} = \frac{2\Delta}{\Delta} = 2.$$

Es gilt also wirklich $f''(x) = 2$ für alle x.

Zusammenfassung: Die Rechnung ist richtig, wenn auch nicht in der Notation, die man als Dozent vielleicht von Abiturienten oder Mathematikstudenten erhoffen würde …

Im Pressetext vom 14. Januar 1992 heißt es zum Abschluss:

> Und hier berühren sich plötzlich Mathematik und Kunst, im
> gemeinsamen Zurücktreten eröffnen sich neue Perspektiven
> und Möglichkeiten, in der Verschiebung der Dinge aus ihren
> alltäglichen Zusammenhängen ergeben sich unerwartet neue
> Bezüge. Der Blick wird befreit von seiner situativen Gebun-
> denheit, und es öffnen sich die Korridore zu neuen geistigen
> Erkundungen.

So viel Enthusiasmus zum Abschluss einer doch recht einfachen Rechenaufgabe aus dem Mathematikunterricht der Oberstufe? Wunderbar! Deshalb gleich weiter, munter aus der Presseerklärung zitiert:

> Der präzise Gedankengang der Mathematik präsentiert sich
> in der Ungenauigkeit der Zeichnung, der abstrakte themati-
> sche Gegenstand manifestiert sich in einer konkreten, aus-
> druckstarken und fast etwas chaotischer Handschrift. Die
> moderne wissenschaftliche Methode, deren Hauptsieg es ist,
> sich rational mit stetigen Vorgängen auseinanderzusetzen,
> trifft auf alltägliche, natürliche Erscheinungen und ist kon-
> frontiert mit dem geheimnisvollen Gefühl des »Werdens«,
> dem Unbestimmten um »die Erscheinung der Dinge«. Bewe-
> gung im Raum, »action in space«, sie manifestiert sich im
> Schwung der Parabel.

Na ja, möchte man als Deutschlehrer sagen, »ausdrucksstark« sollte
man auch als Künstler schreiben können, und die Grammatik in der
chaotischen Handschrift stimmt ja auch nicht ganz… Schauen wir uns
das also nochmal genauer an. Auf der folgenden Seite sehen Sie einen
kleinen Ausschnitt aus dem Pressetext: rechts die Erklärungen von
Guderian zur Rechnung. Links offenbar eine frühere Fassung des Tafel-
bilds aus dem Plakat – aber mit einer anderen Handschrift!

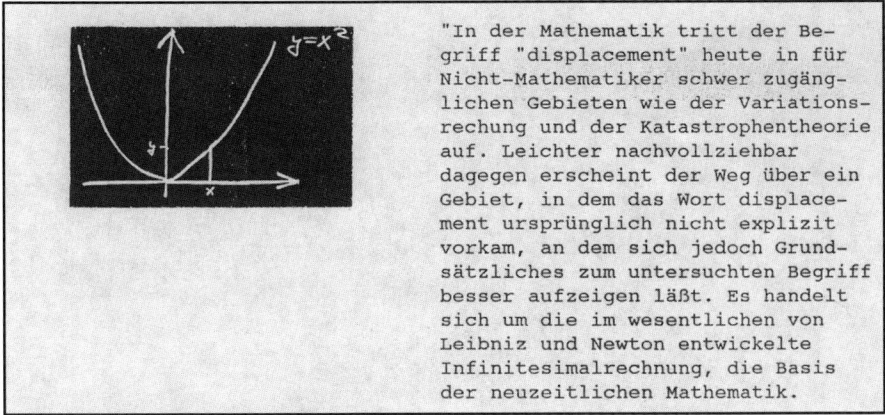

"In der Mathematik tritt der Begriff "displacement" heute in für Nicht-Mathematiker schwer zugänglichen Gebieten wie der Variationsrechung und der Katastrophentheorie auf. Leichter nachvollziehbar dagegen erscheint der Weg über ein Gebiet, in dem das Wort displacement ursprünglich nicht explizit vorkam, an dem sich jedoch Grundsätzliches zum untersuchten Begriff besser aufzeigen läßt. Es handelt sich um die im wesentlichen von Leibniz und Newton entwickelte Infinitesimalrechnung, die Basis der neuzeitlichen Mathematik.

Aus der Presseerklärung zum ersten Plakat der DOCUMENTA IX

Drei Tage nach der Presseerklärung, am 17. Januar 1992, erschien in der *Zeit* ein Gespräch der beiden Redakteure Petra Kipphoff und Hans-Joachim Müller mit Jan Hoet. Ganz am Ende geht es um das Plakat zur DOCUMENTA IX (das in der *Zeit* auch ganz klein und schwarz-weiß abgedruckt war), die beiden Schwäne darauf und die mathematischen Formeln. Die Interviewer konstatieren einen »Hauch von Einstein« – haben also offenbar nicht allzu genau hingeschaut. Jan Hoet sagt:

Und dann die Formel. Ich habe bei den Vorstellungen der documenta-Planungen immer vom displacement in der Kulturgeschichte gesprochen, im Sinne von Grenzverlegungen, von Grenzverschiebungen. Duchamp hat zum Beispiel versucht, von der Kunst wegzukommen, und hat dabei Kunst gemacht. Das war eine Verschiebung, ein Schritt weiter. Aber immer noch im System Kunst. Und das hat einmal ein Mathematiker gehört, der mir erzählt hat, dass es so etwas auch in den Wissenschaften gebe: eine Verschiebung, ohne das System zu verlassen. Und das ist die Formel dafür.

Den Mathematiker kennen wir jetzt, das war Dietmar Guderian. Aber das ist natürlich nicht die Formel dafür.

1993

Bild eines Mathematikers

Unser Foto zeigt einen genialen Mathematiker zehn Jahre vor seiner Jahrhundertleistung: ein großes, offenes Gesicht mit rötlichem Bart, buschigen Augenbrauen, schmalen Lidern und leuchtend blauen Augen. Der da interessiert, aber verhalten, direkt in die Kamera blickt ist Grigori »Grisha« Perelman, geboren am 13. Juni 1966 in Leningrad. Das Foto stammt aus dem Herbst des Jahres 1993, Perelman war damals 27 Jahre alt. Er hatte schon als sechzehnjähriger Schüler auf der Internationalen Mathematik-Olympiade 1982 in London mit voller Punktzahl eine Goldmedaille gewonnen, 1990 dann in Moskau bei Yuri Burago promoviert.

Seine Forschung wurde auch im Ausland aufmerksam verfolgt und führte zu Einladungen an das IHES-Institut in Paris und dann in die USA. Das Jahr 1993 / 1994 verbrachte Perelman mit einem Stipendium der Miller Foundation als »Research Fellow« an der Universität in Berkeley. Dort ist unser Foto entstanden – für ein Fotoprojekt mit langer Vorgeschichte: 1968 hatten sich die Mathematik-Studenten der Universität ein Album mit Portraits der Dozenten gewünscht – um mit diesem »Who is Who« in der großen und renommierten Professorenriege den Durchblick zu behalten. Ein junger Postdoc, George Bergman, der nach seiner Promotion in Harvard neu nach Berkeley gekommen war, meldete sich als Freiwilliger. Er fotografierte dann nicht nur die berühmten Professoren, sondern auch alle Dozenten und Gäste.

Das Fotografieren hat Bergman nie mehr losgelassen. Er blieb in Berkeley, wurde Professor, und auch heute noch, Jahre nach seiner Emeritierung 2009, lässt er sich jeden Herbst eine Liste der »Neuen« geben, klopft an ihre Bürotüren und bittet sie, sich für die Fotowand des Aufenthaltsraums im 13. Stock des Mathedepartments fotografieren zu lassen. Wen er nicht antrifft, den versucht er auf dem traditionellen »Empfang für neue Dozenten« vor die Linse zu bekommen. Auf dieser Feier entstand im Herbst 1993 das Foto von Grigori Perelman.

Anerkennung

Der Aufenthalt in Berkeley muss für den jungen Russen recht produktiv gewesen sein, Perelman war weiter erfolgreich und bekam Anerkennung. So wurde er zu einem Vortrag auf dem Internationalen Mathematikerkongress 1994 in Zürich eingeladen. Der Kongress findet nur alle vier Jahre statt, und dort einen Vortrag halten zu dürfen, ist eine große Ehre. Auf dem Europäischen Mathematikkongress in Budapest zwei Jahre später wurde ihm dann einer der zehn Preise für junge Mathematiker (von höchstens dreißig Jahren) zugesprochen – eine Ehrung, die er aber nicht annahm. Offenbar wollte er arbeiten, Probleme lösen, Fortschritte machen, Strukturen verstehen, aber nicht im Rampenlicht stehen. Ihm war wichtig, dass die Fachleute seine Leistung schätzten, er wollte aber keine Bewertung durch eine Jury, keinen Applaus von einer Öffentlichkeit, die seine Leistung ohnehin nicht beurteilen konnte. (Das ist sicher eine außergewöhnliche Haltung, aber eben auch eine sehr ehrenhafte, die Hochachtung verdient!)

Dann, 2002 / 2003, erfolgten drei Paukenschläge: Am 11. November 2002 platzierte Grisha Perelman einen 39-seitigen Aufsatz auf der Internet-Plattform arXiv.org, Titel »The entropy formula for the Ricci and its geometric applications«; ein zweiter, 22-seitiger Aufsatz »Ricci flow with surgery on three-manifolds« folgte am 10. März 2003. Und dann, am 17. Juli 2003 kamen nochmals sieben Seiten, »Finite extinction time for the solutions to the Ricci flow on certain three-manifolds«. Zusammengenommen lösten diese drei Aufsätze ein Jahrhundertproblem, eines der berühmtesten und wichtigsten Probleme der Mathematik überhaupt: die Charakterisierung der 3-dimensionalen Sphäre, die der Franzose Henri Poincaré im Jahr 1904 als Problem erkannt und formuliert hatte, die sich bis dahin aber hartnäckig allen Beweisversuchen von Experten und Amateuren entzogen hatte. Die Clay-Stiftung hatte das Ganze im Jahr 2000 zum »Millenniumsproblem« erklärt und für den Beweis ein Preisgeld von einer Million Dollar ausgelobt.

Basierend auf Vorarbeiten vieler anderer Mathematiker, insbesondere aber des Amerikaners Richard Hamilton (*1943), der den »Ricci-Fluss« als Beweismethode vorgeschlagen hatte, sollten die drei Aufsätze aber nicht nur die Poincaré-Vermutung beweisen, sondern ein viel weitreichenderes Problem lösen: die Charakterisierung aller dreidimensionalen Raumformen. Dafür hatte wiederum ein anderer Amerikaner, William »Bill« Thurston (1946–2012), einen kühnen Vorschlag gemacht, seine »Geometrisierungs-Vermutung« – und auch für die sollte aus Perelmans drei Aufsätzen ein vollständiger Beweis folgen.

Perelmans Vorgehen zeigte dabei schon eine gewisse Chuzpe: Dass seine Ergebnisse die Poincaré- und die Geometrisierungs-Vermutung beweisen sollten, stand nicht im Titel, sondern ergab sich eher nebenbei. Auf die verwunderte Nachfrage eines Kollegen, ob damit wirklich die Poincaré-Vermutung »erledigt« sei, kam per E-Mail ein knappes »Das stimmt. Grisha« zurück. Er reichte die Arbeiten auch nicht zur Überprüfung und Publikation in einer anerkannten Fachzeitschrift ein, wie das üblich wäre (und auch in den Preisvergaberegeln der Clay-Stiftung gefordert war), sondern vertraute darauf, dass sich die Fachwelt schon auf seine Manuskripte stürzen würde. Die Manuskripte selbst waren auch keine vollständigen Beweise, sondern sehr knappe Skizzen für schwierige und komplizierte Argumentationen, die mühsam zu ergänzen und überprüfen waren. Perelman stellte die Arbeiten im Oberseminar der Professoren Gerhard Huisken und Klaus Ecker an der Freien Universität Berlin vor, dann auch auf einer USA-Reise am M.I.T. in

Cambridge bei Boston, an der Columbia University in New York und in Princeton, antwortete konzentriert auf Nachfragen – und zog sich nach der Reise nach St. Petersburg zurück, um das Votum der Fachwelt zu erwarten. Es kam mehr als drei Jahre später, auf dem Internationalen Mathematikerkongress im August 2006 in Madrid, anlässlich der Verleihung der Fields-Medaillen. Wie jedes Mal sollten vier Medaillen vergeben werden, eine davon war vorgesehen für Grisha Perelman: »für seine Beiträge zur Geometrie und seine revolutionären Einsichten in die analytische und geometrische Struktur des Ricci-Flusses«.

Die Fields-Medaille ist die größte und wichtigste Ehrung der Mathematik – sie wird nur an Mathematiker von höchstens vierzig Jahren vergeben. (Für alte Männer gibt es zum Beispiel den Abel-Preis, den seit 2003 jedes Jahr im Mai der norwegische König im Namen der Norwegischen Akademie der Wissenschaft verleiht.) Mit der Fields-Medaille erkannte die Jury gleichzeitig an, dass Perelmans Lösung der Poincaré-Vermutung und der Geometrisierungs-Vermutung richtig war.

Der Kongress war also der ideale Zeitpunkt und der perfekte Anlass, Perelmans Werk öffentlich zu würdigen und anzuerkennen. Aber Grigori Perelman kam nicht, er wollte den Preis (neben der Medaille mit damals rund 10 000 Euro dotiert) nicht haben, verweigerte sich nicht nur der Öffentlichkeit, sondern auch der Jury, die aus höchst renommierten Mathematikern bestand und im Auftrag der Internationalen Mathematiker-Union handelte, von denen aber vermutlich nur einer (nämlich Gerhard Huisken) die Arbeiten von Perelman selbst studiert und durchdrungen hat. Auch auf das Votum dieser Jury hin wollte Perelman den Preis nicht haben: Das mag verrückt klingen, ist aber sehr konsequent, sehr ehrenhaft: Wir sollten Hochachtung zeigen vor diesem großen Mathematiker, dessen Leistung bleibenden Wert haben wird.

Der Öffentlichkeit aber war Perelmans Verhalten nur schwer zu vermitteln. Er kam nicht nach Madrid zum Kongress, es gab auch kein aktuelles Foto von ihm. Das einzige Bild, das die Internationale Mathematiker-Union der Presse anbieten konnte, war ein kleines, undatiertes Foto aus den Neunzigern, unscharf, 272 mal 304 Pixel, das fast wie ein

Fahndungsfoto wirkt. Von der Eröffnungsfeier des Kongresses, auf der der Preis für Perelman zwar verkündet, aber eben nicht übergeben wurde, gibt es ein offzielles Pressefoto; es zeigt einen Blick über den Monitor des IMU-Präsidenten hinweg ins Publikum. Wir sehen, dass Perelman auch hier mit dem kleinen »Fahndungsfoto« vorgestellt wurde. Schade!

Grigori Perelman – das undatierte Foto war auch auf dem Bildschirm beim Versuch der Verleihung der Fields-Medaille am 22. August 2006 zu sehen

Die *Süddeutsche Zeitung* schrieb damals, »Rasputin kommt nicht nach Madrid«. Aber wollen wir Perelman wirklich auf das Stereotyp des »bärtigen Russen« reduzieren? Schauen Sie ihm mal in die Augen! Dass die *Bild*-Zeitung Perelmans geniale Leistung nicht versteht, nicht verstehen will, sollte keine Verwunderung auslösen. Im Artikel heißt es:

Er sieht aus wie Rasputin, aber er ist einer der klügsten Köpfe der Welt: Grigori Perelman (40) hat die schwerste Mathe-Aufgabe aller Zeiten gelöst! Der bärtige Russen-Professor erbrachte als erster den Beweis für die These: Was kein Loch hat, ist eine Kugel.

Und dass die *Bild* auch seine Entscheidung, den Preis nicht entgegenzunehmen, nicht versteht, nicht verstehen will, darf uns ebenfalls nicht überraschen. So lautete denn auch die Überschrift zur *Bild*-Meldung: »Was kein Loch hat, ist eine Kugel – Für diese Erkenntnis bekam ER 1 Mio. Dollar.« Darunter ist zu lesen: »Irre: Der Russe will das Geld nicht.« Das war nun in verschiedener Hinsicht völlig falsch und unsinnig. So hat die Fields-Medaille zwar höchstes Renommee, aber eine bescheidene Preissumme – 15 000 Kanadische Dollar. Die *Bild* verwechselte das (absichtlich, dürfen wir annehmen) mit dem Millenniumspreis der Clay-Stiftung und posaunte herum, Perelman habe 1 Million Dollar bekommen bzw. abgelehnt. Der Clay-Preis, der mit eben dieser Summe dotiert ist, wurde Perelman aber erst vier Jahre später angeboten, nämlich am 18. März 2010, nach Ablauf der in den Preisrichtlinien vorgesehenen Überprüfungsfristen. Die Boulevard-Presse lief gleich wieder Amok: Perelman hatte sich Bedenkzeit auserbeten, aber die britische *Daily Mail* meldete trotzdem, Perelman, der in asozialen Verhältnissen am Stadtrand von St. Petersburg lebe, habe die Summe abgelehnt. Das war frei erfunden, aber auch deutsche Zeitungen wie die *Süddeutsche* und die *FAZ* fielen auf die Meldung herein und kolportierten sie.

Eine Million Dollar verändert garantiert das Leben, macht aber nicht unbedingt glücklich, wie wir ja aus Presseberichten über Lottogewinner wissen. Perelman jedenfalls hat seine moralischen Standards beibehalten und nach einiger Bedenkzeit auch diesen Preis tatsächlich abgelehnt. Die Boulevard-Presse inklusive *Daily Mail* und *Bild* schäumte – während sich unter den Leserkommentaren auch ganz bemerkenswerte Statements fanden. So haben unter den 242 Kommentaren auf der Webseite der *Daily Mail* die folgenden vier die höchsten Bewertungen:

> Wie wunderbar, dass es in der Welt immer noch diese Art von verrücktem Genie gibt. Ich erinnere mich, gehört zu haben, dass jemand, wenn er einen IQ über einem bestimmten Wert hat, vielleicht 190 oder 200, mit dem Leben und mit durchschnittlichen Menschen nicht mehr klarkommen kann und aus Frust darüber verrückt wird. Lasst ihn in Frieden!
>
> Marie Penney, Manchester (UK)

Wirklich ein einzigartiger Mensch. Ein Purist bis zum Ende.

Winnie, Virginia (USA)

Für den Wissenschaftler, der mit Leib und Seele dabei ist, ist die Freude über die Lösung eines ganz großen Problems viel wertvoller als jeder Geldbetrag. Dies war ein gigantischer Fortschritt an mathematischem Wissen, und die Lösungsmethode war jenseits jeder Vorstellung, als das Problem gestellt wurde. Er wird nie vergessen werden! Astatine, Paris (Frankreich)

Ich verstehe nicht einmal das Problem! trev, Crewe (Cheshire, UK)

Das »Hollywood-Theorem«

Ein verrücktes Genie also? Das Problem ist natürlich, dass der bärtige Russe Perelman mit seiner Verweigerungshaltung der Öffentlichkeit gegenüber so wunderbar dem Klischee des Mathematikers entspricht, das nicht nur die *Bild*-Zeitung, sondern auch das Hollywood-Kino so gerne zelebriert. Das »Hollywood-Theorem« scheint zu besagen, dass mathematisches Talent gefährlich ist für die geistige Gesundheit. Siehe »A Beautiful Mind« mit Russell Crowe als schizophrener Mathematiker John Nash; siehe »Pi« über einen zahlenmusterversessenen Nerd; siehe »Proof« mit Anthony Hopkins in der Rolle als psychisch kranker Mathematiker mit genialer (und auch psychisch gefährdeter) Tochter und so weiter. Das mögen Kino-Stereotype sein, aber die verfangen natürlich auch bei Jugendlichen und prägen ihr Bild von einem Schulfach und der »dazugehörigen« Wissenschaft. Drei britische Soziologinnen haben sich eingehend mit diesem Bild auseinandergesetzt und im Mai 2008 ihre Ergebnisse wie folgt zusammengefasst: »Viele Schüler und Studenten sehen Mathematiker als ältere, weiße Männer aus der Mittelklasse, die besessen sind von ihrem Fach, aber keine Sozialkompetenz haben und auch kein Privatleben außerhalb der Mathematik.«

Die Meldung ging durch die Weltpresse. Die beschämendste Version präsentierte die Internetplattform pravda.ru: Die brachte nämlich die Meldung unter der Überschrift »Junge Männer wollen nicht Mathematiker werden, weil sie schäbig aussehende Verlierer sind«. Illustriert war das Ganze mit dem Foto eines bärtigen Mannes, in der Bildunterschrift wurde die Überschrift gleich noch einmal zitiert. Das Bild zeigte – Sie ahnen es sicher – den genialen Mathematiker Grigori Perelman; es handelte sich um jenes undatierte »Fahndungsfoto« aus den neunziger Jahren. Die Macher von pravda.ru sollten sich schämen!

Grigori Perelman sieht sich nicht als Teil der akademischen Welt und hat daher inzwischen (weiterhin konsequent und ohne Kompromisse) seine Stelle am Steklow-Institut der Akademie der Wissenschaften in Sankt Petersburg gekündigt und sich ganz aus der Öffentlichkeit zurückgezogen. Haben wir einen Anspruch darauf, dass er sich öffentlich zeigt? Natürlich nicht! Der geniale, aber völlig weltabgewandte Mathematiker passt sehr gut in das wohlfeile Klischee, das nicht nur das Kino propagiert und die Schüler daher kennen, sondern das auch die Boulevardmedien so gerne immer wieder bedienen. Aber Perelman spricht nicht mit den Medien und auch nicht mehr mit seinen Petersburger Kollegen. Über ihn wird nur immer wieder aus der Ferne berichtet, und was von ihm in der Öffentlichkeit auftaucht, hat immer mehr mit dem Stereotyp und immer weniger mit dem echten Menschen zu tun, der Geniales geleistet hat.

Da hilft uns auch nicht die Biographie der russischen Autorin Masha Gessen, die über Perelman schreibt, ihn aber nie getroffen und kennengelernt hat. Frau Gessen versucht, Perelman und seine Verweigerungshaltung gegenüber der Öffentlichkeit dadurch zu erklären, dass sie ihn mit einer psychiatrischen Diagnose belegt: Perelman sei Autist, er habe das Asperger-Syndrom. So eine Diagnose passt zum Hollywood-Stereotyp des genialen Mathematikers, ist in Bezug auf Perelman aber weder hinreichend belegt noch fair. Was er heute macht, ob er nur Opern hört oder aber Mathematik betreibt und am nächsten »ganz großen« Problem arbeitet, das alles wissen wir nicht. Warten wir's ab.

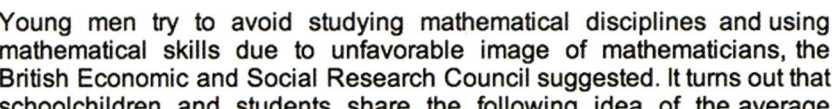

□ Article

Young men unwilling to become mathematicians because they are slovenly looking losers

Front page / Society / Real life stories

16.05.2008 □ **Source:** Pravda.Ru

Young men try to avoid studying mathematical disciplines and using mathematical skills due to unfavorable image of mathematicians, the British Economic and Social Research Council suggested. It turns out that schoolchildren and students share the following idea of the average mathematician: they are unworldly, slovenly and unpopular with women.

According to the Council that financed the project, Doctor Heather Mendick and Marie-Pierre Moreau from the London Metropolitan University and Professor Debbie Epstein from the Cardiff University organized focus groups, polls and interviews among students who study mathematics and humanities to find out existing stereotypes regarding mathematicians and mathematics.

The research suggested that most students and graduates associate a mathematician with an old middle-class white man who is obsessed by his science, devoid of most social skills and love life. Besides, their notion of mathematics is distorted and restricted to elementary arithmetic.

Young men unwilling to become mathematicians because they are slovenly looking losers

□ **BREAKING NEWS**

Screenshot: »young men unwilling to become mathematicians«

Wer an Perelmans Leistung interessiert ist, kann versuchen, seine Arbeiten zu lesen. Zu seinem mathematischen Werk gibt es inzwischen Einführungen, Erklärungen und detaillierte Ausarbeitungen. Aber seine Mathematik ist kompliziert, warum sollte der Mensch also einfach und leicht zugänglich sein? Wer an dem Menschen interessiert ist, der so Bemerkenswertes geleistet hat, kann ihm in die Augen sehen, auf dem Foto von George Bergman, das inzwischen zwanzig Jahre alt ist. Übrigens das einzige, von dem wir wissen, dass Perelman der Aufnahme zugestimmt hat.

1998

Das Mädchen mit den Taschenrechnern

Ich weiß nicht mehr, wann und wie mir das Foto des kleinen Mädchens mit den Taschenrechnern in die Hände gefallen ist. Ich erinnere mich aber noch daran, wie ich durch einen Zufall auf die dazugehörige Agenturmeldung stieß, die in der Bilddatei versteckt war:

> Die Schülerin Sarah Sherry, 5, spielt mit Taschenrechnern in ihrer ersten Klasse in der Beaver Road Infant School. Der Schulstandard-Minister Stephen Byers erklärte auf einer Konferenz in Manchester am Montag, dass Standards der Lese- und Rechenfähigkeit bei Mädchen höher seien als bei Jungen.

Die Meldung als solche dürfte uns eigentlich nicht weiter überraschen; dass Rechnen »eher was für Jungs« sei, stimmt nur dann, wenn man darauf verzichtet, Mädchen überhaupt was lernen zu lassen, wie das heutzutage teilweise noch in Pakistan und Afghanistan der Fall ist. Hier im Westen müssen wir uns ja eher Sorgen machen, dass Jungs schon in der Grundschule ins Hintertreffen geraten, weil Mädchen sich besser konzentrieren können, sorgfältiger arbeiten – und damit auch besser Lesen und Rechnen lernen. Aber offenbar hatte der britische Minister für Schulstandards (damals 44 und Mitglied im ersten Kabinett des gleichaltrigen Tony Blair) den Eindruck, dass man mit einer solchen positiven Meldung punkten kann.

Der 5. Januar 1998 war ein Montag, vermutlich der erste Schultag nach den Weihnachtsferien. Ein idealer Tag, um in einem ministeriellen Grußwort auf einer Konferenz von (zum Beispiel) Erziehungswissenschaftlern eine Erkenntnis zu präsentieren, die eigentlich seit dem Ende des 20. Jahrhunderts Allgemeingut sein sollte. Dass sie zu stimmen scheint, belegte der Minister zwei Wochen später mit einem peinlichen Lapsus. *BBC News* berichtete genüsslich:

> Der Minister hat sich mit Fehlern beim Summieren zum Klassenletzten degradiert. Stephen Byers, im Programm Radio Five der BBC über die Regierungspläne zur Verbesserung der Rechenleistungen in der Schule befragt, wurde gebeten, acht mal sieben zu multiplizieren. »Vierundfünfzig«, sagte der Minister, dessen Aufgabe es ist, die Standards für Schulleistungen im Lesen, Schreiben und Rechnen zu verbessern. Ein Sprecher des Premierministers Tony Blair erklärte, er habe volles Vertrauen in Byers, der als eines der aufstrebenden Talente der Regierung gilt.

Das ist also nicht gut gelaufen für Stephen Byers, der trotz seiner Rechenkünste weiter Karriere machte und seinen Sitz als Abgeordneter im Unterhaus erst 2010 räumte.

Zwei Jahre davor hatte Sarah Sherry ihren nächsten großen Auftritt gehabt: Am 25. Juli 2008 berichtete der Journalist Holger Dambeck in seiner »Numerator«-Kolumne auf spiegel.de unter der Überschrift »Mädchen rechnen genauso gut wie Jungs«: »Das Vorurteil hält sich hartnäckig: Mädchen und Mathematik passen nicht zusammen. Eine Studie mit sieben Millionen US-Schülern hat nun gezeigt, dass es bei Rechnen und Geometrie keine Geschlechterunterschiede gibt.«

Illustriert war die Meldung mit dem briefmarkenkleinen Foto eines kleinen Mädchens. Wer das Bild anklickte, konnte das Foto auch in der Vergrößerung sehen: Unser Kapitel-Titelbild. Darunter stand zu lesen:

Schlagzeilen | Hilfe | RSS | Newsletter | Mobil | ☀Wetter | TV-Programm

SPIEGEL ONLINE WISSENSCHAFT

NACHRICHTEN VIDEO THEMEN FORUM ENGLISH DER SPIEGEL SPIEGEL TV ABO SHOP

Home Politik Wirtschaft Panorama Sport Kultur Netzwelt Wissenschaft Gesundheit einestages Karriere Uni Schule Reise Auto

Nachrichten > Wissenschaft > Mensch > Numerator > Numerator: Mädchen rechnen genauso gut wie Jungs

Login | Registrierung

Numerator: Mädchen rechnen genauso gut wie Jungs

Von Holger Dambeck

Das Vorurteil hält sich hartnäckig: Mädchen und Mathematik passen nicht zusammen. Eine Studie mit sieben Millionen US-Schülern hat nun gezeigt, dass es bei Rechnen und Geometrie keine Geschlechterunterschiede gibt.

🕐 Freitag, 25.07.2008 – 16:26 Uhr

Drucken | Versenden | Merken | Feedback

🔲 +1

THEMA
🔍 **Numerator**

🔍 **Alle Themenseiten**

FOTOSTRECKE

Faszination Mathematik: Bach, Gömböc und Penrose-Parkett

Schülerin vor Taschenrechner: "Stereotypen sind gegen Veränderungen sehr resistent"
REUTERS

Laut den gängigen Klischees stehen Frauen so ziemlich mit allem auf Kriegsfuß, was mit Technik oder dem dreidimensionalen Raum zu tun hat: Orientierung in fremden Städten, Einparken, Computer, Autos. Und natürlich zählt auch die Mathematik zu den Problemzonen des schwachen Geschlechts. Hat halt zu viel mit Logik zu tun - und weibliche Logik gibt es zwar, aber sie funktioniert völlig anders als die männliche.

Und so hält sich wacker das Vorurteil, dass Mädchen und Frauen Eins und Eins nicht zusammenzählen können. Es gibt sogar ältere Studien aus den siebziger und achtziger Jahren, die scheinbar belegen, dass das weibliche Geschlecht mathematisch gesehen dem männlichen unterlegen ist, insbesondere wenn es um das Lösen komplexer Aufgaben geht.

Jetzt zeigt allerdings eine neue US-Untersuchung, dass das Gerede von den mathematisch unbegabten Mädchen schlicht Unsinn ist. Fünf Forscherinnen haben sich die Mühe gemacht, die Prüfungsergebnisse von sieben Millionen US-Schülern der Klassenstufen zwei bis elf systematisch auszuwerten. Die Daten stammen aus der Bildungsinitiative "No Child Left Behind".

»Stereotypen sind gegen Veränderungen sehr resistent«

»Schülerin vor Taschenrechner – Stereotypen sind gegen Veränderungen sehr resistent.« Will man den Pedanten (oder die Pedantin) geben, kann man in der Legende mehrere Fehler finden. So ist das kleine Mädchen erstens eher eine Vorschülerin, zweitens sitzt sie vor mehreren Taschenrechnern (es fehlt also das Plural-»n«) und drittens wäre da noch die Sache mit dem Stereotyp: der korrekte Plural ist laut Duden: »Stereotype«! Aber Schwamm drüber.

Doch was ist mit der Aussage dieser Bildunterschrift? Hält sich das Klischee, dass Mädchen und Mathematik nicht zusammenpassen, gerade weil es die Medien so oft wiederholen? Ich wollte wissen, wie die abgebildete Sarah die Sache sieht. Wenn sie im Januar 1998 fünf war, müsste sie im Sommer 2008 fünfzehn gewesen sein und inzwischen zwanzig, also alt genug, um sie zu fragen, ob ihr, dem »Poster Girl« für die Botschaft »Mädchen können rechnen«, Mathematik in der Schule leicht oder schwer gefallen ist.

Nur: Wo lebt Sarah Sherry heute, was macht sie, wie findet man sie? Um das herauszufinden, schrieb ich zunächst den Direktor der Beaver Road Infant School an. Keine Antwort. Dann kontaktierte ich vier Frauen namens »Sarah Sherry« auf facebook, vier von zwanzig mit diesem Namen, von denen ich dachte, sie könnten nach Alter, Wohnort und Foto passen. An einem Dienstagvormittag im Oktober 2012 gingen meine E-Mails raus. Reaktion erst mal: Null, die ganze Woche lang. Dann aber, am Sonntag um 20:01 Uhr abends, ploppte eine Nachricht in meinem facebook-Account auf:

> Prof. Ziegler, ich bin die Sarah Sherry auf dem Foto. Ich erinnere mich vage, dass das Foto aufgenommen wurde, als ich in der Vorschule war. Das Foto war nicht gestellt, ich habe einfach mit den Taschenrechnern gespielt, nachdem ich mit meinen Matheaufgaben fertig war. Was wollen Sie darüber wissen? Sarah

Ich erfuhr, dass Sarah Sherry aus Manchester stammt, damals tatsächlich fünf Jahre alt war und die Beaver Road Infant School Teil der örtlichen Grundschule für Kinder von vier bis elf war; sie umfasste Kindergarten, Vorschule und Grundschule. Sarah war ganztags in der Vorschule. Dort lernte sie Kopfrechnen, aber auch, wie man mit einem Taschenrechner umgeht. Nach der Beaver Road Infant School wechselte Sarah auf die Parrs Wood High School, wo sie ihr Abitur (A-Levels) ablegte – mit A- und AS-Abschlüssen (also sozusagen Leistungskursen) in Mathematik, Höherer Mathematik, Physik sowie Tanz und Drama. Meine Fragen »Mochtest du Mathe in der Schule? Warst du da gut drin? Bist du ermutigt worden?« beantwortet sie mit »Ja, ja und noch mal ja«. Heute studiert sie an der Manchester University Ingenieurwesen mit

Schwerpunkt Materialwissenschaften. Das ist insofern bemerkenswert, als auch heute noch unter Studienanfängern im Fachbereich Ingenieurwissenschaften fast keine Frauen sind – oft nur eine oder zwei unter Hunderten von Studenten. Das ist in der Mathematik ganz anders; selbst an Technischen Universitäten wie der TU Berlin, wo man von Beginn an seinen Schwerpunkt etwa auf Wirtschafts- oder Technomathematik legen kann, beträgt der Anteil der Frauen unter den Anfängern 40 bis 50 Prozent.

Der Berliner Karikaturist Freimut Wössner zum »Jahr der Mathematik« 2008

Für Sarah Sherry ist das keine Überraschung. Sie sagt, Mädchen können Mathemathematik, Technik und Naturwissenschaften. Aber: »Ich finde, dass man diese Bereiche für Mädchen attraktiver machen muss, damit das nicht nur eine Karriereoption für Männer ist.« Sie selbst sei nie mit irgendwelchen Vorurteilen konfrontiert worden, auch in der Schule nicht, obwohl sie in einem ihrer Mathematikkurse das einzige Mädchen war und nur eines von zweien im Physikkurs. Das habe sie nie gestört, aber »ich kann schon verstehen, dass so was manche Mädchen abschrecken könnte«.

Sarah Sherry, 2012

Sarah Sherry hat für sich genau den richtigen Weg gefunden. Festlegen lassen will sie sich allerdings nicht auf die Rolle als Frau in einer vermeintlichen Männerdomäne. Während sie auf der einen Seite Mathe und Naturwissenschaften sehr genießt, sind Tanz und Theater eine andere große Liebe von ihr, wenn auch im Moment nur als Hobby. »Ich bin, wer ich bin. Deine Zustimmung ist nicht erforderlich« steht auf einem Poster auf ihrer facebook-Seite. Aber natürlich wollen wir auch wissen, wie sie heute aussieht. Links oben sehen wir das »Mädchen mit den Taschenrechnern« mit zwanzig.

»Mathe ist ein Arschloch«

»Kennst du eigentlich die ›Mathe ist ein Arschloch!‹-Postkarte?«, fragte mich eine Kollegin aus München, Professorin für Didaktik der Mathematik, per E-Mail. »Richtig übel«, schob sie gleich noch hinterher. Ja, die Postkarte kenne ich. Und ich mag sie. Ich habe sie mir vor ein paar Jahren in einer Buchhandlung in der Knesebeckstraße in Berlin-Charlottenburg gekauft, in Laufentfernung von der TU. Die Buchhändlerin erzählte, die Karte sei ausgesprochen beliebt, gerade bei den Schülerinnen und Schülern des Gymnasiums gegenüber. Das konnte ich mir lebhaft vorstellen! Auch wenn ich das Motto natürlich nicht unumwunden unterschreiben würde, steckt in seiner Aussage etwas Wahres: Nämlich, dass Matheprobleme nicht gleich im ersten Anlauf zu lösen sind, vielleicht sogar »zurückschlagen«, dass Mathematik zuweilen schwierig, ärgerlich und unnachgiebig sein kann. Der dänische Mathematiker, Designer, Erfinder und Dichter Piet Hein (1905 – 1996) hat das etwas feiner ausgedrückt: »Ein Problem ist nur des Angriffs wert, wenn es sich dagegen wehrt.«

Die Postkarte »f&s146 scheiß Mathe«

Ich wollte wissen, wer die Karte gemacht hat und vor allem, warum. Wann das Bild aufgenommen wurde, wer das Mädchen vorne drauf ist und was es heute macht. Oder, um mit Madonna zu fragen: »Who's That Girl?« Auf der Rückseite der Postkarte entdeckte ich die Anschrift eines Verlags in Marburg. Auf dessen Webseite war die Karte 2012 auf Platz 5 der Topseller gelistet. Sie läuft dort unter der Bestellnummer »f&s146 scheiß Mathe«. Ich schrieb also eine E-Mail an den Pressesprecher des Verlags, einen Herrn namens Steffen Poetsch, und berief mich auf die Webseite, wo es heißt: »Wir vertreiben nach wie vor nur unsere eigenen hausgemachten Produkte und jede einzelne Karte erzählt ihre eigene Geschichte.« Genau die wollte ich erfahren. Steffen Poetsch antwortet vier Tage später per E-Mail:

> Unsere Karte »f&s146 scheiß Mathe« verkauft sich tatsächlich sehr gut und beruht in der Tat auf einer wahren Begebenheit. Die Tochter unseres Verlagsinhabers, Herrn Gartner, brütete in jungen Jahren einmal über einer Mathematikaufgabe und ist an dieser schier verzweifelt. Aufgebracht durch ihr eigenes Scheitern, stieß sie dann »Mathe ist ein Arschloch!« aus. Herr Gartner hat dies zum Anlass genommen, diesen Satz in Form einer Postkarte zu verewigen. Bis heute bereuen wir es, diesen Spruch nicht urheberrechtlich geschützt zu haben. Mittlerweile wurde unsere »f&s146« nämlich zigfach kopiert und in Umlauf gebracht. Anhand des Datums der Ersterscheinung lässt sich allerdings belegen, dass wir die Karte als Erste auf den Markt gebracht haben. Das Mädchen auf der Karte ist übrigens die Tochter von Herrn Gartner, sie durfte also selbst für ihren Spruch posieren.

Die Plagiate der Karte sind in der Tat zahlreich. So gibt es zum Beispiel eine recht humorlose Postkarte, die ein kleines Mädchen mit Stinkefinger zeigt, oder T-Shirts, auf denen der Spruch prangt. Die Shirts gibt es auch in Kindergrößen. Was geben Eltern ihren Kindern mit auf den

Weg, die sie mit »Mathe ist ein Arschloch!« auf dem T-Shirt in die Schule schicken? Ermutigung? Den nötigen Trotz schwierigen Aufgaben gegenüber? Oder doch nur die Vorurteile und Versagensängste aus der eigenen Schulzeit?

»Mathe ist ein Arschloch!« kann man immerhin noch als Schlachtruf interpretieren. Viel schlimmer ist da ein Mädchen-T-Shirt mit der Aufschrift »In Mathe bin ich nur Deko«, das ein Versandhaus im Februar 2013 auf den Markt brachte. Kann ja sein, dass manche Mutter das witzig findet, ihre Tochter mit »Ich bin doof!« auf dem T-Shirt in die Schule zu schicken. Aber hilft's dem Kind? Ermutigung sieht anders aus!

Jedenfalls wird meine Anfrage an das Mädchen auf der Postkarte weitergeleitet, und es meldet sich Julia Lea Schleiermacher bei mir, achtzehn Jahre alt. Sie erzählt:

> Geboren bin ich in Fulda, aufgewachsen aber größtenteils in München. Dreieinhalb Jahre habe ich mit meiner Mama und meinem Stiefvater in West Hartford, Connecticut gelebt. Dort bin ich auch auf die Elementary School gegangen. Das Foto wurde aufgenommen, kurz nachdem wir 2003 nach Deutschland zurückgekehrt sind. Ich hatte mit der Umstellung des Schulsystems – insbesondere in Mathe – große Probleme. Das Foto ist ein Schnappschuss, der entstanden ist, als ich gerade über einer Mathe-Aufgabe der 3. oder 4. Klasse grübelte. Ich war zu der Zeit zu Besuch in Marburg, hatte aber versprochen, dort täglich Mathe zu üben, um meine Defizite auszugleichen. Da ich aber eigentlich keine Lust hatte, meine wertvolle Ferienzeit mit Lernen zu verschwenden, und die Mathe-Aufgabe noch dazu einfach nicht verstanden habe, schnauzte ich meinen Papa an und rief »Mathe ist ein Arschloch!« Ich war da nicht nur trotzig, sondern auch verzweifelt.

Julia Lea hat gemischte Gefühle, was die Postkarte angeht. Sie hatte zunächst gar nicht mitbekommen, dass der Schnappschuss veröffentlicht

Julia Lea Schleiermacher, 2013

wurde; als die Karte dann publik wurde, brachte ihr das nicht gerade besondere Sympathien bei den Lehrern ein, und auch die Mitschüler sparten nicht mit Hänseleien. Mit Mathe hat sie bis heute nicht viel am Hut. Ihre Begabungen, sagt sie, hätten schon immer im sprachlichen Bereich gelegen, und nur dank ihrer guten Noten in Englisch und Deutsch habe sie 2011 die mittlere Reife trotz eines »mangelhaft« in Mathe und Physik geschafft.

Jetzt macht sie eine Ausbildung als Fremdsprachen-Korrespondentin in München, ihr Lieblingsfach ist »Allgemeine Sprachgrundlagen Englisch«. Julia Lea Schleiermacher meint zwar auch, dass »Mädchen können kein Mathe« ein Vorurteil ist, »statistisch gesehen« die Begabungen aber doch eher im sprachlichen Bereich lägen. Das sei auch eine Meinung, die nicht nur viele Mädchen verinnerlicht hätten, sondern viele Lehrer (und Lehrerinnen!) ebenso. Ein klassisches Henne-oder-Ei-Problem: Liegen die Begabungen »eher bei den Sprachen«, weil die Mädchen glauben, das sei so, und weil es ihnen eingeredet wird? Zum Beispiel auch von Müttern, die ihre kleinen Töchter mit »In Mathe bin ich nur Deko!«-T-Shirts in die Schule schicken.

Wissenschaftlich belegt ist: Mädchen können das genauso gut wie Jungs, wenn man sie nur auch genauso fördert und genauso ermutigt. Und als Ermutigung für das ach-so-starke Geschlecht: Auch Jungs zeigen bessere Leistungen in vermeintlichen Mädchenfächern, wenn man ihnen die gleichen Chancen einräumt und sie entsprechend fördert.

Julia Lea jedenfalls hat Interesse, auch wenn sie sich selbst nicht so viel zutraut: Sie findet es sehr wichtig, dass in Schulen vermehrt Projekte wie der »Girls Day« durchgeführt werden, damit Mädchen mehr Einblick in technische Berufe bekommen. »Das sollte noch mehr ausgebaut werden!«

Beton in den Köpfen – kleiner Nachtrag über weibliche Hirnareale

Stereotype sind gegen Veränderung sehr resistent? Ja, in der Tat. Insbesondere weil mit dem Zementieren der Vorurteile ja nicht erst vor kurzem begonnen wurde. Der Beton ist im Laufe der Geschichte ziemlich hart geworden. Ein früher Höhepunkt bzw. früher Betonkopf: Paul Julius Möbius (1853 – 1907), Neurologe, Psychiater und Wissenschaftspublizist. Der Enkel von August Ferdinand Möbius (1790 – 1868), einem bedeutenden Astronomen und Mathematiker, von dem gegen Ende dieses Buches noch die Rede sein wird, hatte sich zwar 1883 habilitiert, es aber nie zu einer Professur gebracht. Unter Protest gab er zehn Jahre später seine Habilitation zurück.

Über den physiologischen Schwachsinn des Weibes, 1900

P. J. Möbius ist der Nachwelt vor allem durch sein 1900 erstmals publiziertes Pamphlet *Über den physiologischen Schwachsinn des Weibes* in Erinnerung geblieben. Das Werk erlebte in den darauffolgenden Jahren etliche Auflagen und wurde immer länger, weil es um Rezensionen und Briefe ergänzt und erweitert wurde. Der Ansatz, mit dem Herr Möbius zu belegen versuchte, dass Frauen »schwachsinnig« seien (wobei er »Schwachsinn« als das definiert, »was zwischen Blödsinn und normalem Verhalten liegt«), ist zu hundert Prozent biologistisch. Da wurden fleißig Hirnareale vermessen, da wurde über Durchblutung referiert, um daraus dann auf Intelligenz und Begabung zu schließen. Herr Möbius postulierte:

Demnach ist also nachgewiesen, dass für das geistige Leben außerordentlich wichtige Gehirntheile, die Windungen des Stirn- und des Schläfenlappens, beim Weibe schlechter entwickelt sind als beim Manne, und dass dieser Unterschied schon bei der Geburt besteht.

Das ist nun dumpfes neunzehntes Jahrhundert, und wir müssen hier nicht weiter darüber diskutieren, zumal Möbius' Erkenntnisse auch statistisch nicht erklären können, warum es so unglaublich viele dumme Männer gibt.

Erledigt und vergessen? Leider nein! Denn erst vor kurzem erklärte Professor Gerhard Roth in einem Interview für ein *GEO-kompakt*-Heft

zum Thema »Intelligenz, Begabung, Kreativität«, Mädchen hätten »statistisch« gesehen weniger
mathematisches Talent als Jungs.
Der Kollege Roth ist nicht irgend-
wer, sondern Leiter des Instituts
für Hirnforschung an der Universität Bremen und laut *GEO* »einer
der renommiertesten deutschen
Neurowissenschaftler«. Außerdem
sprach er auch noch als Präsident
der Studienstiftung des Deutschen
Volkes, was der Studienstiftung
mehr als peinlich war. Mir wurde
das *GEO*-Heft bei einem Vortrag
an einem Gymnasium in Berlin

Das *GEOkompakt*-Heft (2011), in
dem Roth seine Thesen postulierte

von einer Lehrerin unter die Nase gehalten: Die war zu Recht entrüstet,
denn Roth schwadroniert nicht nur über mathematische Begabungen,
sondern koppelt diese gleich noch mit den musikalischen:

> Die Fähigkeiten werden von eng beieinander liegenden Hirn-
> arealen unterhalb unseres Scheitels hervorgerufen. Diese Re-
> gionen haben, wie wir wissen, mit Raumlogik und Raum-
> wahrnehmung zu tun. Viele große Mathematiker waren
> musikalisch hoch talentiert, viele große Musiker mathema-
> tisch exzellent. Einstein etwa, und umgekehrt Bach.

Wobei Albert Einstein ein miserabler Geiger gewesen sein soll, und ich
über die Raumwahrnehmung von Bach nur spekulieren kann. Aber das
nur nebenbei.

Weiter geht's – und zwar keineswegs besser. Der Professor aus Bremen referiert, Jungen seien im räumlichen Bereich und darum mathematisch und musikalisch etwas besser talentiert, es gebe ja auch wenig

bedeutende Mathematikerinnen und Komponistinnen. Deutlich besser seien Mädchen dagegen bei der Verbalisierung sowie in Hinblick auf ihre sozialen und emphatischen Fähigkeiten, also den Umgang mit anderen Menschen. Und das liegt, laut Herrn Roth, an den Hinstrukturen: Die beiden Sprachzentren und außerdem das Wernicke- sowie das Broca-Areal seien bei Frauen, jedenfalls statistisch gesehen, größer und besser durchblutet.

Weiter argumentiert er, Jungen seien generell intelligenter (abzulesen an Punkten in IQ-Tests), das werde aber heutzutage durch besondere Förderung ausgeglichen. Wobei der Professor einige Absätze zuvor noch behauptet hat, das schwächere mathematische Talent bei Mädchen sei auch durch Förderung nicht auszugleichen.

Na was jetzt? Roths Thesen gehen offenbar von einem biologistischen und äußerst beschränkten Begriff von »Talent« aus. Wieso bitte schön soll mathematisches Talent so wesentlich von Raumlogik und Raumwahrnehmung abhängen? Musikalisches Talent genauso? Gerhard Roth hat offenbar nicht erfahren, wie vielfältig Mathematik ist – und wie vielfältig mathematisches Talent ist.

Und noch eine schlechte Nachricht für Professor Roth: Mathematik ist weiblich! Das beweisen nicht nur der Ishango-Knochen und das überragende Talent von Emmy Noether (und vielen anderen), sondern vielleicht am schönsten die allegorische Darstellung der Mathematik als junge, nachdenkende Frau in einer Gewölberundung des großen Festsaals der Universität Wien.

Um die »Fakultätsbilder« in diesem Saal gab es großen Streit: Den Auftrag hatte der Wiener Jugendstil-Maler Gustav Klimt (1862–1918). Aber schon Klimts erster Entwurf für ein Deckengemälde des Saals, der die Philosophie mit viel nackter Haut darstellte, führte zum Skandal – im ebenjenem Jahr 1900, in dem Möbius sein schwachsinniges Pamphlet publizierte. Der Skandal weitete sich aus, als Klimt später Medizin und Jurisprudenz in ähnlichem Stil vorlegte. Das vierte Deckengemälde (die Theologie) wurde daher Klimts weniger heißblütigem Kollegen Franz Matsch (1861–1942) übertragen. Der schuf ab 1904 auch die Einzeldarstellungen personifizierter Wissenschaften auf Goldgrund für die Gewölberundungen im Saal – darunter die Mathematik als nachdenkliches (nacktes) Mädchen. Die drei großen Deckengemälde von Klimt sind am Ende des Kriegs abgehängt worden und wohl 1945 auf Schloss Immendorf in Niederösterreich, wo sie aus Sicherheitsgründen gelagert waren, verbrannt. Aber die Mathematik – die lebt und ist an der Universität Wien im Original zu bewundern.

»Die Mathematik« von Franz Matsch, zu sehen in der Universität Wien

$$
\begin{array}{ccccccc}
H_q(X,A) & \xrightarrow{\;\theta\;} & H_q(K,L) & \xrightarrow{\;\zeta\;} & \overline{H}_q(K,L) & \xleftarrow{\;\overline{\theta}\;} & \overline{H}_q(X,A) \\[2pt]
\Big\uparrow{\scriptstyle i_{n*}} & & \Big\uparrow{\scriptstyle k} & & \Big\uparrow{\scriptstyle \overline{k}} & & \Big\uparrow{\scriptstyle \overline{i}_{n*}} \\[2pt]
H_q(X,A) & \xrightarrow{\;\theta\;} & \overline{H}_q({}^nK,{}^nL) & \xrightarrow{\;\zeta\;} & \overline{H}_q({}^nK,{}^nL) & \xleftarrow{\;\overline{\theta}\;} & \overline{H}_q(X,A) \\[2pt]
\Big\downarrow{\scriptstyle f_{n*}} & & \Big\downarrow{\scriptstyle g} & & \Big\downarrow{\scriptstyle \overline{g}} & & \Big\downarrow{\scriptstyle \overline{f}_{n*}} \\[2pt]
H_q(X_1,A_1) & \xrightarrow{\;\theta\;} & H_q(K_1,L_1) & \xrightarrow{\;\zeta\;} & \overline{H}_q(K_1,L_1) & \xleftarrow{\;\overline{\theta}\;} & \overline{H}_q(X_1,A_1)
\end{array}
$$

2001

Formelkunst

Der französische Bildhauer Bernar Venet (*1941) sucht sich nach eigenem Bekunden Motive auch nach dem Kriterium aus, dass sie »originell sind und visuell weit entfernt von allem, was meines Wissens andere Künstler je gemalt haben«. Venet hat als 24-Jähriger angefangen, mathematische Formeln zu malen. Siebenundvierzig Jahre später, im Oktober 2012, anlässlich einer großen Ausstellung mit neuen großformatigen »Equation Paintings« räsoniert er im Interview:

> Warum sollte so ein Junge, 24 Jahre alt, ein Gemälde mit einem mathematischen Diagramm machen? So etwas tut man nicht, weil man glaubt, dass das noch nie jemand gemacht hat. Nein, so etwas macht man intuitiv, weil man vorher etwas anderes gemacht hat und langsam an einen Punkt herankommt, wo man sieht, denkt, oh Gott, wenn ich das tue, dann könnte das interessant sein. Man weiß dann nicht, wo man ist, man ist völlig blind, wie jemand, der eine Insel entdeckt, die noch nie erforscht worden ist, und man kann nicht wissen, was es auf der Insel gibt, weil man noch nie dagewesen ist. Das sollte für mich also eine aufregende Erfahrung sein. Ich bin in eine Richtung losgezogen, die noch nie jemand eingeschlagen hatte. Und so habe ich eine riesige Menge von Möglichkeiten entdeckt.

In den Jahren 1999 und 2000 hat Bernar Venet monumentale, wandgroße »Equation Paintings« produziert: Formeln und Illustrationen aus mathematischen Büchern und Aufsätzen, überlebensgroß auf Museums- und Galeriewände übertragen, vor blauem, gelbem oder rotem Hintergrund. Die Bilder waren unter anderem in Deutschland, Frankreich, Ungarn, den USA und Brasilien zu sehen und haben Aufmerksamkeit erregt.

Nach demselben Prinzip hat er aber auch Druckgraphiken produziert, unter anderem im Jahr 2001 für die Lococo Fine Arts Publishers in St. Louis, Missouri, eine Serie von sechs Siebdrucken unter den Sammeltiteln »Formulae (blue)« und »Formulae (yellow)«. Und aus dieser Serie stammt unser Kapitelauftaktmotiv. Es ist kryptisch mit »4b+« betitelt, wobei die »4« für das vierte Motiv aus einer Serie von sechs Motiven steht und das »b+« die türkisblaue Version bezeichnet, während die Motive auf gelbem Papier mit »y-« gekennzeichnet sind.

Was ist das?

Wenn wir eine Bildbeschreibung machen wollen, dann interessiert uns als Erstes das Motiv. Bei Venet sind das in der Tat Formeln, allerdings nicht vom Typ

$$a^2 + b^2 = c^2$$

(der Pythagoras aus dem Schulunterricht), auch nicht vom Typ

$$e^{i\pi} = -1$$

(die Euler'sche Formel aus der Analysis, die in einer Umfrage unter Mathematikern aus dem Jahr 1988 zur schönsten Formel der Mathematik überhaupt erklärt wurde), sondern das ist ein Gebilde aus einer Formelsprache im Gebiet der »Algebraischen Topologie«. Diese riesige und mächtige mathematische Theorie übersetzt Eigenschaften von geometrischen Objekten in präzise algebraische Konstrukte (»abelsche Gruppen« – benannt nach demselben Niels Henrik Abel (1802 – 1829), nach dem auch der Abel-Preis für Mathematik benannt worden ist).

Unser Bild zeigt genauer gesagt sogenannte Homologiegruppen. Den Begriff der »Homologie« hat der Franzose Henri Poincaré (1854 – 1912) mit seiner 123-seitigen Arbeit *Analysis situs* aus dem Jahr 1895 eingeführt, die er dann in den Jahren 1899 bis 1904 durch fünf lange »Komplemente« ergänzte – im letzten dieser Zusätze ist auch die Poincaré-Vermutung formuliert, die erst Perelman 2002 / 2003 beweisen konnte. Die Homologiegruppen sind algebraische Objekte, die messen sollen, ob ein geometrisches Objekt zusammenhängt, Löcher oder Hohlräume hat – und wie viele davon. Poincaré und seine Nachfolger haben Homologie zunächst in Zahlen ausgedrückt, den sogenannten Betti-Zahlen (die Löcher und Hohlräume zählen) und Torsionskoeffizienten (die Verdrillungen wie in einem Möbiusband messen). Das war unübersichtlich, bis Emmy Noether erkannte, dass man die Homologie durch »Gruppen« ausdrücken kann und sollte. Gruppen sind algebraische Objekte, die eigentlich schon seit dem neunzehnten Jahrhundert studiert worden waren, die man also gut verstand. Noethers Erkenntnis stieß bei den damaligen Größen des Gebiets der Topologie zunächst auf breite Ablehnung. »Es bedurfte der Energie und des Temperaments von Emmy Noether, um sie zum Allgemeingut zu machen«, schreiben Pavel Alexandrow und Heinz Hopf im Vorwort ihres Topologiebuchs aus dem Jahr 1935. Andererseits wird berichtet, wie glücklich alle waren im Seminar in Göttingen, nachdem Emmy Noether das alles so wunderbar systematisch erklärt hatte. (Unabhängig von Noether hatte wohl Leopold Vietoris (1891 – 2002) in Wien dieselbe Einsicht.)

Die Objekte in der Venet-Graphik, wie etwa $H_q(X, A)$ in unserem Auftaktbild links oben, sind »relative Homologiegruppen«. Die werden in Beziehung gesetzt durch Pfeile (»Abbildungen«) und noch stärker durch Folgen von Pfeilen (»exakte Sequenzen«) und durch die Wege auf dem Rand von Dreiecken und Vierecken, bei denen das Endergebnis nicht vom Weg abhängt, ob man also »linksrum« oder »rechtsrum« an den

Pfeilen entlangläuft, um von einer Homologiegruppe zu einem anderen zu kommen – das nennt man ein »kommutatives Diagramm«.

Die Fundamente der zugehörigen Homologie-Theorie »für die Ewigkeit« haben dann zwei Männer gelegt, die zu einer starken jungen Generation von Mathematikern gehörten, die nach dem Niedergang der Mathematik in Deutschland unter den Nazis die USA an die Weltspitze brachten. Der eine war ein jüdischer Emigrant aus Polen: Samuel Eilenberg (1913 – 1998) hatte 1936 in Warschau promoviert, war drei Jahre später in die USA geflohen und von 1947 an Professor an der Columbia

University in New York. Der andere war gebürtiger Amerikaner: Norman Steenrod (1910 – 1971) aus Ohio promovierte 1936 in Princeton, wo er ab 1947 selbst als Professor tätig war.

Steenrod und Eilenberg publizierten 1952 gemeinsam ein fundamentales Buch: *Foundations of Algebraic Topology* – Grundlagen der Algebraischen Topologie. In diesem Werk wurden kommutative Diagramme, die heutzutage in der Algebraischen Topologie zum grundlegenden Handwerkszeug gehören, zum ersten Mal systematisch benutzt, »sowohl um Beweise zu motivieren, als auch um dem Leser beim Verständnis der Argumente zu helfen«, wie es in einer Buchbesprechung von Edward Spa-

Bernar Venet, »Saturation«, 2006

nier heißt. In genau diesem Buch findet sich auf Seite 103 oben – im Abschnitt über den »fundamentalen Eindeutigkeitssatz« – die Vorlage für die Druckgraphik von Bernar Venet.

$$
\begin{array}{ccccccc}
H_q(X,A) & \xrightarrow{\ \theta\ } & H_q(K,L) & \xrightarrow{\ \zeta\ } & \overline{H}_q(K,L) & \xleftarrow{\ \overline{\theta}\ } & \overline{H}_q(X,A) \\
\Big\uparrow{\scriptstyle i_{n*}} & & \Big\uparrow{\scriptstyle k_{\#}} & & \Big\uparrow{\scriptstyle \overline{k}_{\#}} & & \Big\uparrow{\scriptstyle \overline{i}_{n*}} \\
H_q(X,A) & \xrightarrow{\ \theta\ } & H_q({}^nK,{}^nL) & \xrightarrow{\ \zeta\ } & \overline{H}_q({}^nK,{}^nL) & \xleftarrow{\ \overline{\theta}\ } & \overline{H}_q(X,A) \\
\Big\downarrow{\scriptstyle f_{n*}} & & \Big\downarrow{\scriptstyle g_{\#}} & & \Big\downarrow{\scriptstyle \overline{g}_{\#}} & & \Big\downarrow{\scriptstyle \overline{f}_{n*}} \\
H_q(X_1,A_1) & \xrightarrow{\ \theta\ } & H_q(K_1,L_1) & \xrightarrow{\ \zeta\ } & \overline{H}_q(K_1,L_1) & \xleftarrow{\ \overline{\theta}\ } & \overline{H}_q(X_1,A_1)
\end{array}
$$

Vorlage aus dem Standardwerk zur Algebraischen Topologie

»Und wenn da Fehler drin wären?«

Versteht man das Auftaktbild? Auf Anhieb sicher nicht, schon gar nicht mit Schulmathematik. Ohne fortgeschrittenes Mathematikstudium ist das nicht zu verstehen – dann aber wird's elegant, interessant und wunderschön. Wenn man's also als Laie gar nicht verstehen kann, dann kann man auch nicht erkennen, ob da eventuell Fehler drin sind, in der Vorlage von Eilenberg und Steenrod etwa oder in der Version von Venet. Man kann aber durchaus die beiden Bilder vergleichen – stimmen Original (Mathematik) und Reproduktion (Kunst) denn überein, passen die zusammen? Das sieht ja alles so fotografisch reproduziert aus. Aber ist es das auch?

Karl Heinrich Hofmann, Mathematikprofessor an der TU Darmstadt und der Tulane University in New Orleans, hat 2002 in den *Notices* der Amerikanischen Mathematischen Gesellschaft AMS über die »Equation Paintings« von Venet berichtet, und fragt sich dort:

Nehmen wir mal an, in Venets monumental präsentiertem Gemälde »Related to the Homology of Simplicial Complexes«

hätte der Künstler $H^{q-1}(|L^{q-1}|)$ anstelle von $H_{q-1}(|L^{q-1}|)$ kopiert. Die äußere ästhetische Qualität der Wandgraphik wäre nicht im Mindesten beeinträchtigt. Die meisten Besucher, außer den Algebraischen Topologen, würden nicht einmal bemerken, dass das dann mathematisch Unsinn wäre; die Kopie wäre ein vollkommen sinnvoller Ausdruck für eine vollkommen sinnvolle Kohomologiegruppe – aber der hat in einem Diagramm von Homologiegruppen nichts zu suchen. So eine winzige Veränderung beeinträchtigt weder das Design noch seine Monumentalität noch seine Färbung, und aus der Sicht der Graphik könnte man es immer noch genießen, genau so wie eine Seite mit chinesischer Kalligraphie von einer Person genossen werden kann, die sie nicht lesen kann.

Die Veränderung macht jedoch die Mathematik ungültig. Der Kunstkritiker ohne Mathematikstudium wäre immer noch hingerissen von der Farbe und der Tiefe. Aber was ist mit der »Wahrheit«?

Die Ästhetik von Venets Wandgraphiken zeigt daher zwei Ebenen. Meiner Meinung nach dient Venets Verwendung von mathematischem Material – abgesehen von seinem äußerlichen ästhetischen Reiz – als semiotische Referenz, als ein Signal, das auf Kreativität in einem anderen als dem rein künstlerischen Bereich verweist, in dem sich die Schönheit selbst ausdrückt durch Wahrheit, Kohärenz und logischer Eleganz der Lehrsätze, und durch nichts anderes.

Das ist alles richtig und wichtig und gut beobachtet und argumentiert. Was uns Hofmann allerdings nicht verrät, ist, ob er bemerkt hat, dass Bernar Venet beim Kopieren durchaus Fehler macht – und zwar auch bei der Wandgraphik »Related to the Homology of Simplicial Complexes«, auf die sich Hoffmann in seinem Artikel bezieht!

Die Vorlage dafür stammt ebenfalls aus dem Buch von Eilenberg und Steenrod, Seite 98 oben. Sehen Sie selbst – kleines Suchbild!

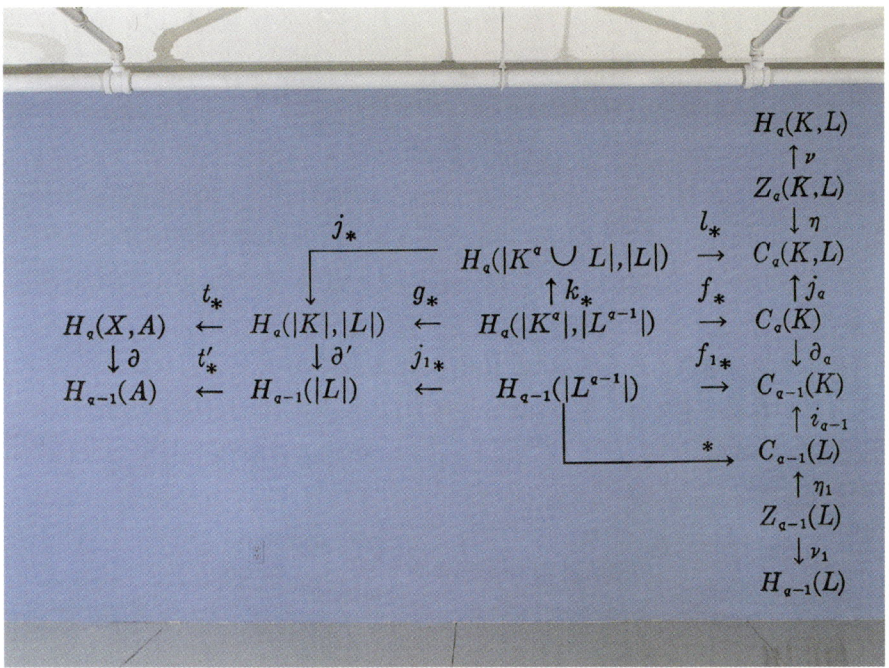

Bernar Venet: »Related to the Homology of Simplicial Complexes« …

$$
\begin{array}{ccccccc}
 & & & & & & H_q(K,L) \\
 & & & & & & \uparrow \nu \\
 & & & & & & Z_q(K,L) \\
 & & j_* & & & l_* & \downarrow \eta \\
 & & \overline{} & H_q(|K^q \cup L|,|L|) & \to & & C_q(K,L) \\
 & t_* & \downarrow & g_* & \uparrow k_* & f_* & \uparrow j_q \\
H_q(X,A) & \leftarrow & H_q(|K|,|L|) & \leftarrow & H_q(|K^q|,|L^{q-1}|) & \to & C_q(K) \\
\downarrow \partial & t'_* & \downarrow \partial' & j_{1*} & \downarrow \partial_1 & f_{1*} & \downarrow \partial_q \\
H_{q-1}(A) & \leftarrow & H_{q-1}(|L|) & \leftarrow & H_{q-1}(|L^{q-1}|) & \to & C_{q-1}(K) \\
 & & & & & & \uparrow i_{q-1} \\
 & & & \overline{} & & \xrightarrow{l_{1*}} & C_{q-1}(L) \\
 & & & & & & \uparrow \eta_1 \\
 & & & & & & Z_{q-1}(L) \\
 & & & & & & \downarrow \nu_1 \\
 & & & & & & H_{q-1}(L)
\end{array}
$$

… und hier die Vorlage dazu aus dem Buch von Eilenberg und Steenrod

»I don't know what it is but I love it«

Auch wenn man das als Laie nicht versteht – ist das interessant? Ist das schön? Wie treten wir dem gegenüber? Mit der Haltung, die mein kleiner Bruder am Morgen nach einer langen Partynacht beim Blick in den Spiegel einnimmt: »Ich kenn dich nicht, aber ich rasier' dich trotzdem«? Oder eher mit der, die Chris Rea 1984 besungen hat: »I don't know what it is but I love it«?

Wir könnten uns dem aber auch ganz anders nähern und uns zum Beispiel fragen, ob die Wandgemälde von Venet erotisch, ja sogar »sexuell aufgeladen« sind? Das befand jedenfalls der New Yorker Kunstkritiker Donald Kuspit. Der Herr ist einer der bedeutendsten Kunstkritiker in Amerika, weiß Wikipedia. Kuspit ist aber auch ein älterer Herr (Jahrgang 1935, genau wie meine Mutter) und war schon im Jahr 2000, als er im *NY Arts Magazine* über die mathematischen Wandgemälde Bernar Venets berichtete, an der Pensionierungsgrenze. Wenn ein 65-Jähriger, der auch mal Mathematik studiert hat (nicht besonders erfolgreich, wie er schreibt), Formeln und Zahlen plötzlich erotisch findet, dann ist

New York Arts, Nummer 9, 2000

Vorsicht angebracht … Die monochromen Farbhintergründe in Venets monumentalen »Equation Paintings« charakterisiert Donald Kuspit als »jungfräulich-rein«, die Formeln darauf aber als »expressiv und aggressiv«. Und gepaart mit Kuspits Angst vor der Mathematik, den Formeln und der Farbe entsteht dann eine Spannung, die doch sehr nach Sigmund Freud ruft:

Wir haben keine Angst mehr, ignorant zu sein, weil die Farben es uns möglich machen, unsere Ignoranz anzunehmen als einen Weg zur emotionalen Wahrheit. Wir schämen uns nicht mehr für unsere Befremdung, die Fremdartigkeit der Mathematik wird zum Eintrittspunkt zu den emotionalen Tiefen. Welche emotionale Wahrheit, welche emotionale Wahrheit? Meiner Meinung nach ist es eine sexuelle Wahrheit und Tiefe – eine Wahrheit und Tiefe, die sich von der Kunst nicht trennen lässt, die ganz in der Tiefe eine erotische Beziehung mit dem Betrachter herstellt. Meiner Meinung nach tun die Wandgemälde dies, ohne den Vollzug zu zeigen. Sie sind zutiefst sexuell in ihrer Bedeutung, in einem großen Maßstab, der ihre Eindringlichkeit maskiert.

Harter Tobak. Verspüren Sie das auch bei der Betrachtung der Venet-Graphiken? Venets Traum von der intellektuellen Einheit von Kunst und Mathematik sei inspiriert von einem latenten sexuellen Wunsch, der nicht wagt, sich zu manifestieren. Spürt der Kunstkritiker hier etwas, das in den Bildern verborgen ist, oder ist's nur seine Frustration über Dinge, die er nicht versteht?

Als Mathematiker sehe ich das vielleicht zu nüchtern. Ich finde die Venet-Graphiken wichtig und interessant und reizvoll, weil sie unsere mathematischen Formelgebilde in eine ganz andere Welt transferieren. Damit bekommen wir Abstand, *displacement* sozusagen, und eine neue Perspektive auf die Produkte unserer (mathematischen) Kunst und können, ja dürfen plötzlich sagen: Das ist einfach schön!

US006285999B1

(12) **United States Patent**
Page

(10) Patent No.: **US 6,285,999 B1**
(45) Date of Patent: **Sep. 4, 2001**

(54) **METHOD FOR NODE RANKING IN A LINKED DATABASE**

(75) Inventor: **Lawrence Page**, Stanford, CA (US)

(73) Assignee: **The Board of Trustees of the Leland Stanford Junior University**, Stanford, CA (US)

(*) Notice: Subject to any disclaimer, the term of this patent is extended or adjusted under 35 U.S.C. 154(b) by 0 days.

(21) Appl. No.: **09/004,827**

(22) Filed: **Jan. 9, 1998**

Related U.S. Application Data

(60) Provisional application No. 60/035,205, filed on Jan. 10, 1997.

(51) Int. Cl.^{7} **G06F 17/30**
(52) U.S. Cl. **707/5**; 707/7; 707/501
(58) Field of Search 707/100, 5, 7, 707/513, 1–3, 10, 104, 501; 345/440; 382/226, 229, 230, 231

(56) **References Cited**

U.S. PATENT DOCUMENTS

4,953,106	* 8/1990	Gansner et al.	345/440
5,450,535	* 9/1995	North	395/140
5,748,954	5/1998	Mauldin	395/610
5,752,241	* 5/1998	Cohen	707/3
5,832,494	* 11/1998	Egger et al.	707/102
5,848,407	* 12/1998	Ishikawa et al.	707/2
6,014,678	* 1/2000	Inoue et al.	707/501

OTHER PUBLICATIONS

S. Jeromy Carriere et al, "Web Query: Searching and Visualizing the Web through Connectivity", Computer Networks and ISDN Systems 29 (1997). pp. 1257–1267.*
Wang et al "Prefetching in Worl Wide Web", IEEE 1996, pp. 28–32.*
Ramer et al "Similarity, Probability and Database Organisation: Extended Abstract", 1996, pp. 272.276.*

Craig Boyle "To link or not to link: An empirical comparison of Hypertext linking strategies". ACM 1992, pp. 221–231.*
L. Katz, "A new status index derived from sociometric analysis," 1953, Psychometricka, vol. 18, pp. 39–43.
C.H. Hubbell, "An input–output approach to clique identification sociometry," 1965, pp. 377–399.
Mizruchi et al., "Techniques for disaggregating centrality scores in social networks," 1996, Sociological Methodology, pp. 26–48.
E. Garfield, "Citation analysis as a tool in journal evaluation," 1972, Science, vol. 178, pp. 471–479.
Pinski et al., "Citation influence for journal aggregates of scientific publications: Theory, with application to the literature of physics," 1976, Inf. Proc. And Management, vol. 12, pp. 297–312.
N. Geller, "On the citation influence methodology of Pinski and Narin," 1978, Inf. Proc. And Management, vol. 14, pp. 93–95.
P. Doreian, "Measuring the relative standing of disciplinary journals," 1988, Inf. Proc. And Management, vol. 24, pp. 45–56.

(List continued on next page.)

Primary Examiner—Thomas Black
Assistant Examiner—Uyen Le
(74) Attorney, Agent, or Firm—Harrity & Snyder L.L.P.

(57) **ABSTRACT**

A method assigns importance ranks to nodes in a linked database, such as any database of documents containing citations, the world wide web or any other hypermedia database. The rank assigned to a document is calculated from the ranks of documents citing it. In addition, the rank of a document is calculated from a constant representing the probability that a browser through the database will randomly jump to the document. The method is particularly useful in enhancing the performance of search engine results for hypermedia databases, such as the world wide web, whose documents have a large variation in quality.

29 Claims, 3 Drawing Sheets

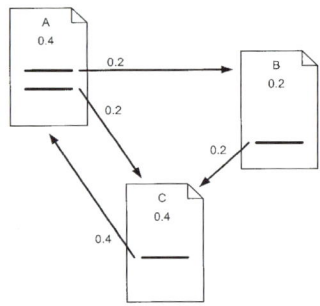

2001

Patent auf eine Formel

Unser Kapitelauftaktbild zeigt die erste Seite einer bemerkenswerten Patentschrift für eine mathematische Formel. Anlass genug, drei Fragen zu stellen und sofort zu beantworten:

- Kann man sich eine Formel patentieren lassen? – Ja.
- Kann man damit Geld verdienen? – Ja, sehr viel sogar.
- Muss die Formel dafür neu sein? – Offenbar nein.
- Kann sie wenigstens für etwas Schönes eingesetzt werden? – Ja, für die schönste Nebensache der Welt.

Nun könnten Sie triumphierend ausrufen: »Das waren doch vier Fragen!« Stimmt, aber Mathematiker können ja bekanntlich nicht besonders gut zählen. Sie könnten auch sagen: »Die Antworten waren etwas knapp.« Stimmt ebenfalls. Da gibt es natürlich viel mehr zu erzählen, und das werde ich mit Vergnügen tun. Und ich werde sogar noch Zusatzfragen beantworten wie:

- Macht Geld sexy?
- Kann ich mir auch Geometrie patentieren lassen?

Da staunen Sie jetzt, was? Aber immer schön der Reihe nach.

Frage 1: Kann man sich eine Formel patentieren lassen?

Dafür, dass man das selbstverständlich kann, gibt es etliche Beispiele. Ein ganz bemerkenswertes ist die Google-Formel zur Bewertung von Webseiten, US-Patent Nummer 6,285,999 B1. Der Antrag dafür wurde, wie man auf der Titelseite lesen kann, am 9. Januar 1998 von Lawrence Page aus Stanford, Kalifornien, eingereicht, dann ausführlich geprüft, bevor am 4. September 2001 das Patent erteilt wurde. Hier nun die Formel: Jede Webseite A bekommt einen Rang $r(A)$, der *PageRank* genannt wird, und der durch die folgende Formel definiert wird:

$$r(A) = \alpha \frac{1}{N} + (1 - \alpha)\left(\frac{r(B_1)}{|B_1|} + \cdots + \frac{r(B_n)}{|B_n|}\right).$$

Ist das beeindruckend? Ein Patent wert? Was soll das überhaupt?

In dieser Formel steht N für die Anzahl aller Webseiten im Internet, es muss sich dabei also um eine sehr große Zahl handeln. Das n ist die Zahl der Seiten, die auf unsere Webseite A zeigen; diese werden mit $B_1, \ldots, B_n$ bezeichnet. Also sind $r(B_1), \ldots, r(B_n)$ die PageRanks der Seiten, die auf unsere zeigen. $|B_1|, \ldots, |B_n|$ wiederum bezeichnet die Anzahl von Links, die von diesen Seiten weggehen. Das ist also jeweils eine Zahl von mindestens 1 (weil sie ja selbst schon auf unsere Seite zeigt). Und α ist eine Zahl zwischen 0 und 1.

Da wird also PageRank mit Hilfe von PageRank ausgerechnet, und das macht die ganze Sache sowohl interessant als auch schwierig: Eine Seite ist wichtig, wenn viele wichtige Seiten auf sie zeigen. Aber ob diese Seiten tatsächlich wichtig sind, wird nach derselben Formel bestimmt.

Interpretation: Eine Webseite ist wichtig (hat also hohen PageRank), wenn es viele wichtige Seiten gibt, die auf sie zeigen, und auf wenige andere. Der PageRank der anderen Seiten verteilt sich also auf die Seiten, auf die sie zeigen. So kann man sich zum Beispiel einen Zufalls-Internetsurfer vorstellen, der einfach auf jeder Seite ein beliebiges Link anklickt, alle mit gleicher Wahrscheinlichkeit, oder aber mit Wahrscheinlichkeit α auf eine beliebige Seite im Internet springt. Wenn α positiv gewählt wird oder das Internet zusammenhängt, so dass man auch ohne Springen von jeder Seite auf jede andere kommen kann, stellt sich für den Zufalls-Internetsurfer eine eindeutige Wahrscheinlichkeitsverteilung ein – und die wäre eine Lösung für die PageRank-Formel.

Betrachten wir doch zum Beispiel ein winzig kleines Modell für das Internet, das aus nur drei Webseiten besteht, die wir *A*, *B* und *C* nennen. In unserem Modell enthält die Webseite *A* Links zu den Seiten *B* und *C*; *B* zeigt auf *C*, und *C* zeigt auf *A*. Das habe ich jetzt gar nicht neu erfunden, sondern das ist genau das Beispiel, das der Erfinder Lawrence Page in seiner Patentschrift diskutiert und das schon durch das Bild auf der Titelseite angekündigt wird (die »Abbildung 2«).

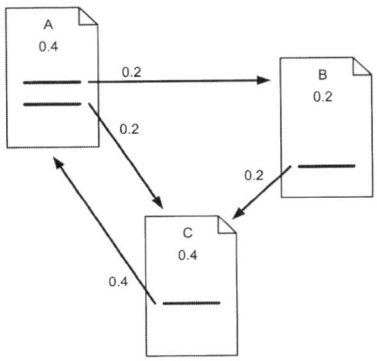

Abbildung 2 aus der US-Patentschrift US 6,285,999 B1, »Method for node ranking in a linked database«, 4. September 2001

Dann ist also $N = 3$, $|A| = 2$, $|B| = 1$ und $|C| = 1$.

Setzen wir nun $\alpha = 0$, so ergeben sich die drei linearen Gleichungen

$$r(A) = \frac{r(C)}{1},$$

$$r(B) = \frac{r(A)}{2} \quad \text{und}$$

$$r(C) = \frac{r(A)}{2} + \frac{r(B)}{1}.$$

Können wir das lösen? Da die Gleichungen linear sind, ist die Lösung nicht eindeutig: jedes Vielfache einer Lösung ist wieder eine. Wir brauchen also noch eine zusätzliche Annahme; nehmen wir an, dass wir den PageRank als Aufenthaltswahrscheinlichkeit auf der entsprechenden Seite auffassen wollen, dann verlangen wir zusätzlich noch

$$r(A) + r(B) + r(C) = 1.$$

Damit haben wir also schon vier Gleichungen für nur drei Unbekannte aufgestellt. Es stellt sich trotzdem heraus, dass »alles aufgeht«. Denn ein bisschen Mittelstufenalgebra führt uns zur eindeutigen Lösung:

$$r(A) = 0{,}4 \quad r(B) = 0{,}2 \quad \text{und} \quad r(C) = 0{,}4.$$

Die Seiten A und C sind also doppelt so »wichtig« wie B, weil auf B eben nur eine Seite zeigt, und die nur »halbherzig«. Ist das plausibel?

Nächste Übungsaufgabe, auch aus der Patentschrift: Was passiert, wenn wir jetzt $\alpha = 1/2$ verwenden? Dann werden die Rechnungen etwas mühsamer. Probieren Sie's aus!

Zur Ergebniskontrolle: da sollte $r(A) = 14/39$ rauskommen ...

Um den PageRank für die Webseiten im kompletten Internet auszurechnen, muss man ein Gleichungssystem von N Gleichungen und N Unbekannten lösen, wobei N die Anzahl der Webseiten ist; aktuell indiziert Google laut Schätzung von www.worldwidewebsize.com um die 50 Milliarden Webseiten. Ein lineares Gleichungssystem in so vielen Unbekannten und Gleichungen lösen zu wollen, klingt nach einer ziemlich unmöglichen Aufgabe, aber die Gründer von Google, Lawrence »Larry« Page und Sergey Brin, schrieben zu Beginn ihres Unternehmens 1998 ganz forsch:

> PageRank oder PR(A) kann durch einen einfachen iterativen Algorithmus berechnet werden und entspricht dem dominanten Eigenvektor der normalisierten Linkmatrix des Internets. Ein PageRank für 26 Millionen Webseiten kann inner-

halb von ein paar Stunden auf einer mittleren Workstation berechnet werden.

Damals war das Netz noch kleiner, aber die Computer waren natürlich auch langsamer und hatten weniger Speicherplatz. Und auch die mathematische Theorie dazu ist weiterentwickelt worden: die »Numerische Lineare Algebra« liefert die Verfahren, um auch die sehr großen Gleichungssysteme für das gesamte heutige Internet zu lösen, und mit genug solcher Mathematik im Köcher haben wir auch keine Angst vor dem noch viel größeren Internet der Zukunft.

Frage 2: Kann man damit Geld verdienen?

Das Patent auf den PageRank nennt Lawrence Page (Jahrgang 1973, aus Ann Arbour, Michigan) als den Erfinder. Der war damals Doktorand an der Stanford University, und das Projekt einer Suchmaschine namens Google entstand im Rahmen eines Promotionsprojekts, gemeinsam mit Sergey Brin (in Moskau geboren, ebenfalls Jahrgang 1973 und Student in Stanford), das Page aber nie abgeschlossen hat. Zugesprochen wurde das Patent (auf seinen Antrag hin, dürfen wir annehmen) dem Aufsichtsrat der Stanford University. Die Suchmaschine Google war, wie wir heute alle wissen, extrem erfolgreich und hat schnell alle ihre damaligen Konkurrenten verdrängt. Und die Bewertung von Webseiten mit der PageRank-Formel war ein wichtiger, wenn nicht der entscheidende Schlüssel zum Erfolg. (Im Laufe der Jahre wurden die Bewertungsmechanismen von Google natürlich immer weiter modifiziert und kompliziert und verfälscht und immer geheimer, die aktuelle Version steht in keiner Patentschrift.) Die Firma Google wurde dadurch immer wertvoller. Die Universität bekam 1,8 Millionen Aktien dafür, dass Google exklusiv das Patent benutzen darf. Sie hat die Aktien im Jahr 2005 für 336 Millionen US-Dollar verkauft. Das Patent für PageRank wurde 2011 nicht-exklusiv (was auch immer das heißt) und läuft 2017 ganz aus. Das kann Larry Page und Sergey Brin aber egal sein – weil die Bewertung der Webseiten durch Google inzwischen anders funktioniert; aber auch, weil sie inzwischen so viel Vermögen angesammelt haben: 18,7 Milliarden US-Dollar soll jeder der beiden schwer sein, hat *Forbes* geschätzt. Das ist, ja, sehr viel Geld.

Macht Geld sexy?

Aber klar. Im Jahr 2004 setzte das *People*-Magazin Sergey und Larry auf seine Liste der fünfzig heißesten Junggesellen – unter der Überschrift »Und auch Hirn! Wer sagt, dass man nicht sexy und schlau sein kann? Diese Jungs haben bewiesen, dass harte Arbeit und Zielstrebigkeit die heißesten Eigenschaften von allen sein können!« Kurz darauf waren beide verheiratet – Sergey Brin hat inzwischen einen Sohn und eine Tochter, Larry Page einen Sohn.

Zusammenfassung: Geld allein macht zumindest nicht unglücklich.

Frage 3: Muss die Formel dafür neu sein?

Offenbar nein. Die Idee, Wichtigkeit durch die Wichtigkeit derer zu messen, die sich auf einen beziehen, publizierte Leo Katz in einem Aufsatz schon 1953:

> Der Zweck dieses Aufsatzes ist, eine neue Methode zur Berechnung von Status vorzuschlagen, die nicht nur die Anzahl der direkten »Stimmen« berücksichtigt, die ein Individuum bekommt, sondern auch den Status jedes Individuums, das das erste wählt, den Status eines jeden, das wiederum diese wählt, und so weiter. Damit berücksichtigt der neue Index auch, wer wählt, und nicht nur, wie viele wählen.

Katz war damals Professor am Fachbereich Mathematik des Michigan State College in East Lansing; seine Untersuchungen wurden mit Forschungsgeldern des Office of Naval Research, dem Forschungsbüro der

US-Marine, unterstützt. Aber auch Katz war nicht der Erste, der diese Idee entwickelte. Sie findet sich schon in der unveröffentlichten Dissertation von T. H. Wei, die dieser im Jahr zuvor an der Cambridge University in England einreichte. Und dann wieder, 1955, in einem Aufsatz von Maurice G. Kendall, damals Gastprofessor am North Carolina State College (gefördert vom Office of Scientific Research of the Air Research and Development Command, dem Forschungsbüro der US-Luftwaffe).

Katz und Kollegen bezogen sich damals auf die Bewertung und den Status von Menschen, nicht von Webseiten. Die Formeln waren die gleichen, denen ist es schließlich egal, worauf man sie bezieht. Und das wusste auch Larry Page, als er sein Patent einreichte: Schon auf der Titelseite seiner Patentschrift ist die Arbeit von Leo Katz zitiert (nicht ganz fehlerfrei).

Frage 4: Und was ist mit der Nebensache?

Es wird ja immer mal wieder festgestellt, dass es Fußballmannschaften gibt, die sehr erfolgreich darin sind, gegen schwache Gegner zu gewinnen, aber gegen die ganz starken verlieren. Die Tabelle, die am Ende der Saison über Abstieg und Meisterschaft bestimmt, sagt nichts darüber aus, gegen wen man gewonnen oder verloren hat. Man könnte also so weit gehen und sagen: Nur wer gegen starke Gegner gewinnt, ist wirklich stark! Der Mathematiker Dirk Frettlöh von der Universität Bielefeld macht sich seit Jahren den Spaß, für die Bundesligatabelle (ähnlich dem PageRank) einen TeamRank auszurechnen und mit der offiziellen Meisterschaftstabelle des DFB zu vergleichen. In manchen Jahren führt das zu bemerkenswerten Abweichungen. So etwa in der Saison 2001 / 2002. Das Bild dazu sehen Sie auf der folgenden Seite.

Die konventionelle Tabelle, links im Bild, zeigt die Punkte aus den Ligaspielen nach den üblichen Regeln, also drei Punkte für jeden Sieg, einen für ein Unentschieden, keinen für eine Niederlage. Das Ergebnis: Dortmund ist Meister. In der rechten Tabelle ist die Punktbewertung

Die Abschlusstabellen / Die Perron-Frobenius-Tabellen
Bundesligasaison 2001/2002

1	Borussia Dortmund	70		1	Bayern München	70,3
2	Bayer Leverkusen	69		2	Borussia Dortmund	69,0
3	Bayern München	68		3	Bayer Leverkusen	67,8
4	Hertha BSC Berlin	61		4	Hertha BSC Berlin	65,7
5	Schalke 04	61		5	Werder Bremen	62,4
6	Werder Bremen	56		6	Schalke 04	59,4
7	1.FC Kaiserslautern	56		7	1.FC Kaiserslautern	53,3
8	VfB Stuttgart	50		8	VfB Stuttgart	49,6
9	1860 München	50		9	1860 München	46,4
10	VfL Wolfsburg	46		10	VfL Wolfsburg	46,3
11	Hamburger SV	40		11	Hamburger SV	40,0
12	Mönchengladbach	39		12	Mönchengladbach	38,7
13	Energie Cottbus	35		13	Energie Cottbus	33,6
14	Hansa Rostock	34		14	SC Freiburg	33,5
15	1.FC Nürnberg	34		15	1.FC Nürnberg	31,8
16	SC Freiburg	30		16	Hansa Rostock	31,2
17	1.FC Köln	29		17	1.FC Köln	26,1
18	FC St.Pauli	22		18	St.Pauli	24,7

Bundesligaabschlusstabellen für die Saison 2001 / 2002 im Vergleich

nach TeamRank vorgenommen, also nach der Formel aus dem Patent von Larry Page. Dirk Frettlöh nennt sie die »Perron-Frobenius-Tabelle«, nach den Mathematikern Georg Frobenius (1849 – 1917) und Oskar Perron (1880 – 1975), denen das relevante Ergebnis aus der Algebra zugeschrieben wird, das die eindeutige Lösung für das Gleichungssystem von Larry Page (und Leo Katz) garantiert. In beiden Tabellen wurde insgesamt dieselbe Anzahl von Punkten vergeben. Auch gab es drei Punkte für jeden Sieg und einen für ein Unentschieden, aber eben jeweils multipliziert mit der Spielstärke des Gegners.

Kommentar von Dirk Frettlöh:

Auffällig ist, dass nach unserer Methode nicht der BVB, sondern (wieder mal) der FC Bayern Meister geworden wäre. Das ist plausibel: Bayern hat auch gegen starke Teams viel gepunktet, während Dortmund aus den sechs Spielen gegen Leverkusen, Bayern und Schalke insgesamt nur magere 3 Punkte holen konnte. Außerdem wäre Rostock statt Freiburg abgestiegen.

Beide Teams sahen gegen die Topteams nicht gut aus, aber Rostock holte mehr Punkte gegen die Teams im Tabellenkeller, etwa gegen St. Pauli oder eben Freiburg, und diese Punkte zählen in unserer Wertung wenig.

Kommentar von mir: Dass die Bayern Meister werden, finde ich als Bayer nicht so schlimm. Mit Mathematik hat das aber nichts zu tun. Die Bayern haben ja auch kein Patentrezept, wie man aus verschiedenen Pleiten sieht. Allerdings hatten sie 1998 – 2004 (und dann noch mal 2007 / 2008) einen Mathematiklehrer als Trainer: Ottmar Hitzfeld, der 1973 erfolgreich sein Staatsexamen in Mathematik und Sport für das Lehramt an Realschulen an der Pädagogischen Hochschule in Lörrach abgeschlossen hat. Und der Mathematiklehrer hat mit Bayern München sechs Mal die Deutsche Meisterschaft gewonnen – nur eben 2001 / 2002 nicht nach der offiziellen Tabelle.

	Bundesligasaison 2012/2013					
1	FC Bayern München	91		1	FC Bayern München	92,4
2	Borussia Dortmund	66		2	Borussia Dortmund	67,2
3	Bayer 04 Leverkusen	65		3	Bayer 04 Leverkusen	65,7
4	FC Schalke 04	55		4	FC Schalke 04	57,1
5	SC Freiburg	51		5	Hamburger SV	49,7
6	Eintracht Frankfurt	51		6	Eintracht Frankfurt	49,0
7	Hamburger SV	48		7	Borussia Mönchengladbach	46,09
8	Borussia Mönchengladbach	47		8	SC Freiburg	46,07
9	Hannover 96	45		9	VfB Stuttgart	46,0
10	1.FC Nürnberg	44		10	VfL Wolfsburg	44,4
11	VfL Wolfsburg	43		11	1.FC Nürnberg	44,3
12	VfB Stuttgart	43		12	Hannover 96	43,1
13	FSV Mainz 05	42		13	FSV Mainz 05	41,9
14	SV Werder Bremen	34		14	SV Werder Bremen	33,2
15	FC Augsburg	33		16	TSG 1899 Hoffenheim	31,6
16	TSG 1899 Hoffenheim	31		15	FC Augsburg	30,4
17	Fortuna Düsseldorf	30		17	Fortuna Düsseldorf	29,0
18	SpVgg. Greuther Fürth	21		18	SpVgg. Greuther Fürth	22,8

Saison 2012 / 2013: Die Bayern gewinnen, so oder so …

2003

Ein Chip im Museum

25. Juni 2003, auf der Apple Worldwide Developers Conference WWDC, der weltweiten Entwicklerkonferenz des Computerkonzerns, in San Francisco: Auf der Bühne steht Steve Jobs und kündigt gespielt-beiläufig »one more thing …« an.

Das kennt man von ihm, so leitet er für gewöhnlich zum Höhepunkt seiner Präsentation über. Was Jobs aber diesmal vorstellt, ist eine Sensation: Es ist der »Power Mac G5« – »The world's fastest Personal Computer«, der damals schnellste PC der Welt, der erste 64-Bit-Computer von Apple, mit zwei extrem starken 2,5 GigaHertz-Prozessoren von IBM.

Steve Jobs spult bei seiner Präsentation in San Francisco Hunderte von Kenndaten herunter, die den meisten Normalsterblichen wenig sagen dürften, die Experten im Saal jedoch in helle Begeisterung versetzen. Dieser schnellste PC der Welt ist das Ergebnis einer intensiven Zusammenarbeit von Apple und IBM. Das Herzstück des Computers, der Systemcontroller, wurde in Bonn entwickelt und optimiert.

Wieso in Bonn? Wer hat da was gemacht? Und was hat das mit den beiden blauen Bildern zu tun, die unser Kapitel schmücken (und im Original in Bonn im Museum hängen)? Dazu gleich mehr!

San Francisco / Bonn

Irgendwann im Sommer 2002 muss Steve Jobs den Startschuss für die Entwicklung des Power Mac G5 gegeben haben. Die Prozessoren dafür (»PowerPC 970«) stellte IBM im Oktober des gleichen Jahres vor. Um die Jahreswende 2002 / 2003 ging es an den Entwurf des Systemcontrollers, genannt »U3«, an dem die beiden Mikroprozessoren des PowerMac hängen, der sie steuern, mit Daten versorgen und ihre Daten übernehmen soll. »U3 memory controller und PCI bus bridge« steht dafür in dem Übersichtsschaltplan, den Apple mit dem Vermerk »vorläufig« gekennzeichnet am 2. Juli 2003 veröffentlichte. Der U3 ist das Herzstück – und nach den diktatorischen Vorgaben von Steve Jobs sollte er mit einer Frequenz von mehr als einem Gigahertz getaktet werden. Das war damals eine unglaubliche Vorgabe, die kaum erreichbar schien.

Steve Jobs'Präsentation auf der Apple Worldwide Developers Conference WWDC, 25. Juni 2003 (links) und Werbung für den Apple PowerMac G5

Der U3 ist ein kleiner quadratischer Chip von 9,3 Millimetern Kantenlänge, auf dem mehr als eine Million Schaltkreise sitzen sollen, verbunden durch mehr als eine Million Netze und vier Millionen Verbindungspunkte (*Pins*). Die Netze haben eine Gesamtlänge von 260 Metern, verteilt auf sechs Verdrahtungsebenen.

Beim »physikalischen Design« geht es um die Platzierung der Komponenten auf dem Chip, um das Verlegen der Drähte – wobei sich auch

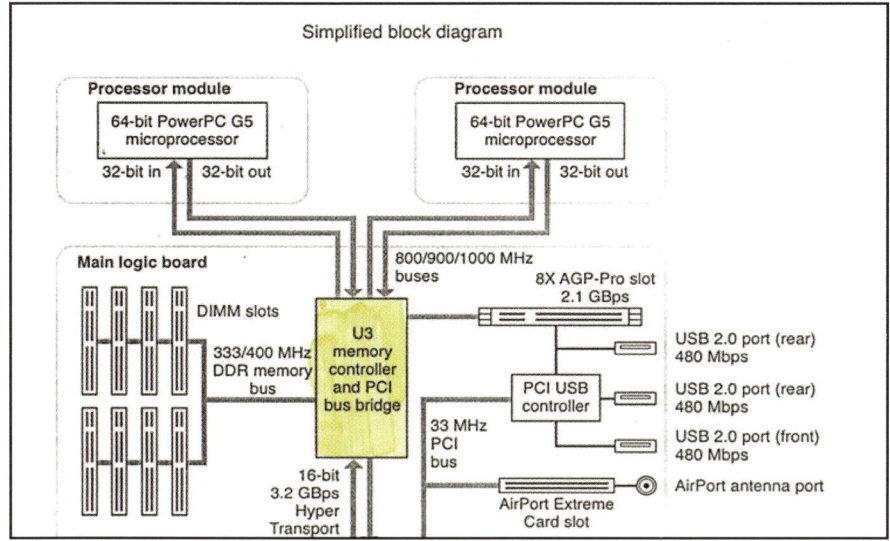

Ausschnitt aus dem Schaltplan für den Apple PowerMac G5:
»Block Diagram and Buses«, 2003

die Länge der einzelnen Drähte und Netze entscheidet, und damit die Laufzeit der Signale.

Der erste Entwurf war bei Weitem nicht gut genug, um die Vorgaben von Steve Jobs zu erfüllen: Das sieht man auf dem oberen der beiden blauen Bilder, einer Entwurfsgraphik für den U3. Die grünen Felder in dem Bild zeigen Elemente an, die im Datenaustausch mit relativ kleiner Verspätung von höchsten 500 Picosekunden erreicht werden – also nur etwas zu spät, aber eben zu spät. Da könnte man noch darauf hoffen, das mit kleineren Korrekturen im Entwurf und mit Sorgfalt bei der Fertigung auszugleichen. Aber die gelben, orangenen und roten Felder zeigen Stellen an, wo Signale deutlich zu spät eintreffen – das war ein Problem, und zwar ein großes! Gelöst wurde es zur Jahreswende 2002 / 2003: Ein Ingenieur aus dem IBM-Entwicklungslabor in Böblingen bei Stuttgart entwarf am Institut für Diskrete Mathematik der Universität Bonn das endgültige physikalische Design des U3 – unter Verwendung eines Software-Pakets, in dem jahrzehntelange Bonner Expertise in der Mathematik des Chip-Designs steckt. Das Software-Paket heißt »Bonn-

Tools®«, es hat viele bewährte und vielfach erfolgreich eingesetzte Komponenten. Für den U3 kam jedoch auch eine ganz neue Idee zum Einsatz – verpackt in eine Programmkomponente namens »BonnCycleOpt®«.

Bevor wir uns damit beschäftigen, was BonnCycleOpt® genau macht, möchte ich erst einmal berichten, wer »die Bonner« sind, und woher deren außergewöhnliche Expertise im Chip-Design stammt.

Drei Generationen sind an der Bonner Erfolgsgeschichte beteiligt. Bernhard Korte wurde 1938 in Bottrop im Ruhrgebiet als Sohn eines Bergmanns geboren. Er studierte in Bonn, promovierte dort 1967 über »Beiträge zur Theorie der Hardy'schen Funktionenklassen« in der Funktionentheorie, einem abstrakten Teilgebiet der Analysis. Danach aber wechselte Korte in die Forschungsgruppe für Empirische Nationalökonomie an der Universität Bonn und konzentrierte sich auf Reihenfolgeprobleme: er hatte die Praxis im Blick. Habilitation vier Jahre später, dann Professuren in Regensburg und Bielefeld, bis er 1972 nach Bonn zurückkam – und blieb. Viele Jahre leitete er das Institut für Ökonometrie und Operations Research der dortigen Universität, ab 1988 dann das neue Institut für Diskrete Mathematik.

Jens Vygen, Jahrgang 1967, in Duisburg geboren, kam 1990 nach dem Vordiplom in Freiburg zum Hauptstudium nach Bonn. Er promovierte und habilitierte bei Korte und wurde nach Gastaufenthalten unter anderem in den legendären Forschungslaboratorien von IBM Research in Yorktown Heights (New York) 2003 zum Professor an Kortes Institut für Diskrete Mathematik berufen. Im Gespräch wirken Korte und er wie Vater und Sohn, die mit vollem Engagement einen Familienbetrieb leiten. So berichtet Korte nicht ohne Stolz von dem Satz, den er einmal zu einem Bewerber für eine Professur am Institut gesagt hat: »Wenn Sie das nicht von morgens bis abends machen wollen, sind Sie falsch hier!«

Die dritte Generation ist ebenfalls schon aktiv am Institut: Ina Prinz, Jahrgang 1975, studierte Kunstgeschichte und Jura an der Universität Bonn. Sie übernahm noch als Studentin die Leitung des damals im Aufbau befindlichen »Arithmeums«, eines Museums für »Rechnen einst und heute« an Kortes Institut, und war damit für viele Jahre die jüngste Museumsdirektorin Deutschlands. Jetzt ist sie Professorin und hält seit Jahren Vorlesungen an der mathematisch-naturwissenschaftlichen Fakultät der Universität über die Geschichte des Rechnens. Einer ihrer Schwerpunkte sind die Rechenmeister der Frühen Neuzeit: Adam Ries & Co. Im Bonner Team ist sie aber auch die Meisterin der Farben: Ihr verdanken wir zum Beispiel das Königsblau auf unseren beiden Bildern.

Die Geschichte des Chip-Designs an Kortes Bonner Institut begann mit einer eher zufälligen Begebenheit: Im Jahr 1985 kam Korte auf einer Konferenz mit einem IBM-Ingenieur ins Gespräch, der ihm die Probleme und Herausforderungen beim Chip-Design schilderte. Schon damals wurden Computerchips längst nicht mehr per Hand entworfen. Das hieß allerdings nicht, dass das nun alles einfach »der Computer machte«. Der Computer ist in dieser Hinsicht wie ein Hund, der bestenfalls das tut, was man ihm sagt.

Das »Arithmeum«

Korte ließ sich nicht nur die Probleme schildern, sondern nahm das als Herausforderung. Er wollte anhand der realen Datensätze der damals aktuellen Chips belegen: Mit mehr Mathematik können wir das besser – und mit viel Teamarbeit, Engagement und Improvisation bei der Technik. In der Anfangsphase hatten die Bonner zum Beispiel noch keinen großen Farbplotter, da wurden dann schnell mal 256 Blätter im Quadrat zusammengeklebt, wenn man auf einem Chipentwurf »in groß« sehen wollte, was sich da tut. »30 Prozent schneller« war damals die Marke, mit der Korte den IBM-Ingenieur überzeugte. So kam es, dass die Bonner am Telekommunikationschip ZORA mitarbeiteten, der 1987 in den IBM-Labors in Rüschlikon in der Schweiz entworfen wurde. Der Anfangserfolg war keineswegs ein Strohfeuer, sondern markierte den Startpunkt für den Weg des Instituts an die Weltspitze. Und diesen Platz halten die Bonner inzwischen seit 25 Jahren. IBM ist seit dem ZORA-Projekt ein Kooperationspartner, der die Arbeit des Instituts auch großzügig honoriert. Korte nennt keine Zahlen, meint aber, man könne problemlos von den Zinsen leben. Die Ergebnisse der Forschung stehen aber der gesamten Chip-Industrie zur Verfügung und werden auch genutzt – etwa in Form der BonnTools®. Das Erfolgsgeheimnis sei einfach, sagt Korte: In den Tools stecke mehr Mathematik drin, weniger Gefummel als bei der Konkurrenz.

Eine entscheidende Idee

Jeder Chip ist getaktet, strikt synchronisiert. Man kann sich das wie ein unerbittliches, sehr sehr schnelles Metronom vorstellen, das vorgibt, in welchem Zeitfenster einzelne Rechenschritte, Speichervorgänge oder Nachrichtensendungen auf dem Chip ablaufen müssen. Wenn Daten innerhalb eines Takts nicht ankommen, kann vielleicht eine Rechnung im nächsten Takt nicht begonnen werden, und das führt dann zu weiteren Verzögerungen. Die Taktung, die Zykluszeit, bestimmt also die Geschwindigkeit des Chips. Steve Jobs forderte mindestens 900 Megahertz, am liebsten wollte er mehr als ein Gigahertz, also nur eine Milliardstel Sekunde pro Rechenzyklus. War das zu schaffen?

Die Bonner machten eine einfache, aber entscheidende Beobachtung: Die logischen Bauteile auf dem Chip werden von Schaltelementen (Registern) gesteuert; diese werden über eine baumartige Struktur synchronisiert, den Taktbaum (»clock tree«). Die Philosophie und Designvorgabe der Ingenieure war es, zur Synchronisierung des Chips alle Elemente im Taktbaum gleichzeitig zu schalten und den nächsten Zyklus zu beginnen. Das allerdings war reines Wunschdenken, in der Praxis technisch nicht zu schaffen. Die Idee war nun aber, nicht die Flinte ins Korn zu werfen – sondern aus dieser Schwäche eine Chance zu generieren! Wenn man nämlich zulässt, dass einzelne Gatter zwar schön im Takt, aber eben nicht zu Beginn der Taktperiode beginnen, sondern eventuell mit Verzögerung, oder auch vorzeitig, dann kann man eine kürzere Zykluszeit erreichen!

Wie das funktioniert, kann man vielleicht an einem periodischen U-Bahn-Plan verstehen. Wenn wir vorgeben würden, dass zum Beispiel alle Abfahrtszeiten von U-Bahnen immer nur Vielfache von 10 Minuten sein dürfen, dann wird das ganze Netz plötzlich sehr langsam. Wenn wir aber erlauben, dass Züge in jeder Station »zur vollen Minute« abfahren können, dann kann man schon einen viel besseren Fahrplan entwerfen! Und das gilt insbesondere, wenn wir nach einem »Taktfahrplan« fahren, in dem die Züge alle 10 oder alle 20 Minuten kommen sollen.

Die Idee lässt sich in ganz kleinen Modellsystemen überprüfen: In der folgenden Graphik haben wir nur vier Register und sechs Verbindungsbögen, die durch Pfeile dargestellt sind. Jeder Bogen hat eine Signallaufzeit, die jeweils als Zahl angegeben ist, die zum Beispiel Nanosekunden (Milliardstel Sekunden) bedeuten könnte. Wenn wir fordern, dass alle Elemente gleichzeitig schalten, dann ist nur eine Zykluszeit von 1,2 zu erreichen – weil der Signalweg vom Register 3 zum Register 1 so lange braucht. Wenn wir aber Register 2 und 3 jeweils etwas früher, Register 4 aber etwas verzögert einschalten, dann lässt sich eine Zykluszeit von 0,9 realisieren – das ist in diesem kleinen Modellproblem eine Beschleunigung um 25 Prozent. Auf Chips wie dem riesigen U3 Systemcontroller für den PowerMac funktioniert die Idee nicht schlechter, sondern noch besser. Insgesamt wurde der Chip um sagenhafte 26,9 Prozent schneller.

Damit war die 900 Megahertz-Vorgabe von Apple geschafft, auch das volle Gigahertz konnte auf gut produzierten Chips erreicht wer-

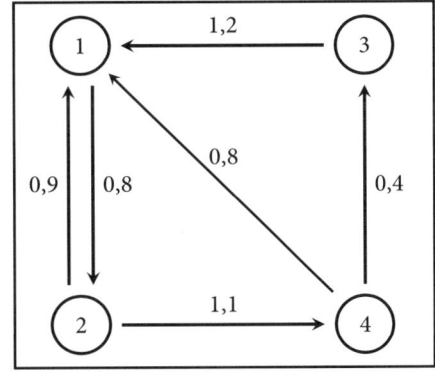

»BonnCycleOpt®« – die Idee

den. Und genauso, wie der optimierte Chip in Bonn entworfen wurde, wurde er dann auch in Silizium geätzt und in Millionenauflage in die G5 PowerMacs eingebaut und weltweit verkauft. Erfolg aus Bonn! Dieser Erfolg wurde gleich dreimal präsentiert: Einmal von Steve Jobs in seiner Show am 25. Juni 2003 in San Francisco; hier wurden die Entwickler, die am PowerMac mitgearbeitet hatten, natürlich nicht namentlich genannt. Von der phantastischen Zusammenarbeit mit IBM war da die Rede, aber Bonn wurde nicht erwähnt, die BonnTools© auch nicht. Und das ist bemerkenswert, weil der Bonner Erfolg für IBM und Apple Milliarden wert war: Um Verbesserungen der Zykluszeit in dieser Größenordnung zu erreichen, braucht man normalerweise eine ganz neue Technologie und eine neue »Silicon-Foundry« – eine Chipfabrik. Die kostet rund fünf Milliarden Dollar. »Mathematische Ideen haben null Investitionskosten. Man muss nur etwas nachdenken«, sagt Korte.

Die zweite Präsentation des Erfolgs (diesmal auch des Bonner Anteils daran) fand gut vier Monate später statt. Am 9. November 2003 stellten die Mathematiker Stephan Held, Bernhard Korte, Jens Maßberg, Matthias Ringe und Jens Vygen auf der Chipdesign-Konferenz ICCAD (»International Conference on Computer-Aided Design«) in San José im Silicon Valley ihre Arbeit vor. Der Vortrag unter dem Titel »Clock Scheduling and Clocktree Construction for High Performance ASICS« drehte sich um den U3 und die Ideen, die hinter BonnCycleOpt® stehen.

Der Chip im Museum

Die dritte Präsentation des Erfolgs (und vieler anderer der Bonner) findet sich in den Chip-Graphiken von Ina Prinz, die im Arithmeum ausgestellt sind. Zwischen alten Rechenmaschinen, alten Rechenbüchern (etwa von Adam Ries in Drucken von 1550 und von 1574), elektronischen Computern, geometrisch-abstrakter und konstruktiver Kunst finden sich auch Computer-Chips. Mehr als zweitausend von ihnen sind sozusagen »aus eigener Herstellung«, weil am Institut für Diskrete

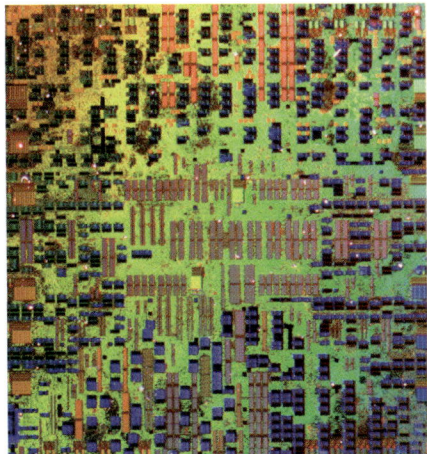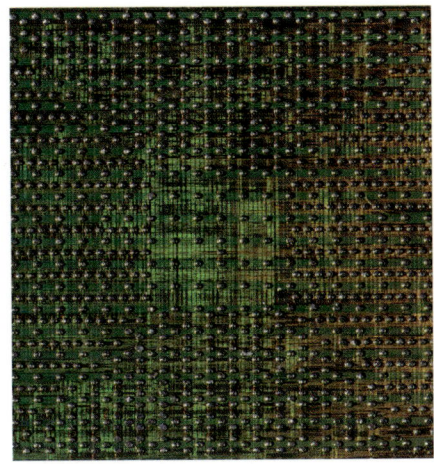

Der U3-Chip: Das Foto links zeigt tiefe Lagen; im »Last Metal«-Zustand
(rechts) sieht man nur noch die Kontaktpunkte an der Oberfläche

Mathematik entworfen, das im selben Gebäude »hinter dem Museum«
untergebracht ist.

Im Museum selbst findet man die Computer-Chips sowohl im winzi-
gen, unscheinbaren Original als auch als abstrakt-wirkende farbige
Großgraphiken aus der Hand von Ina Prinz. Der U3-Chip, einer der
größten Erfolge des Instituts für Diskrete Mathematik, ist im Arithmeum insgesamt in vier verschiedenen Versionen zu sehen: in der großformatigen blauen Entwurfsversion als Graphik, der Chip im Einsatz – eingebaut in einen PowerMac mit »Sichtfenster«, das einen Blick auf das
Herz des Rekord-PCs eröffnet –, der Chip in seiner »Lebensgröße« von
gerade einmal 9,3 mal 9,3 Millimetern, und schließlich noch als »Film-
held« in einem Video, das den Chip unter dem Polarisationsmikroskop
zeigt. Es ist eine beeindruckende Kamerafahrt, die die Millionen von
einzelnen Bauteilen eines nach dem anderen sichtbar macht. Das sind
so viele, dass das Video in voller Länge neunzig Stunden dauert: Eine
höchst faszinierende Reise durch eine Landschaft aus Millionen sagen-
hafter kleiner Details des technischen Wunderwerks. Mathematik, in
Silizium übersetzt!

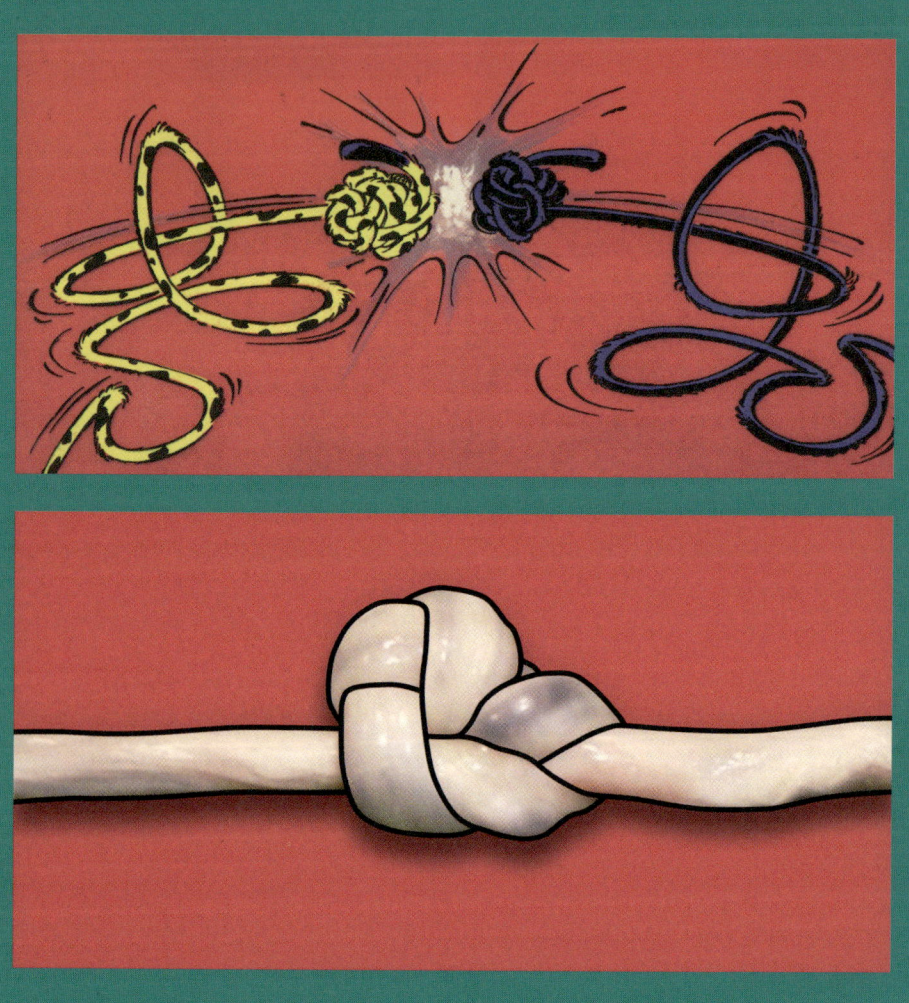

2003

Mein erster Knoten

Knoten als Waffe sind keine Erfindung der Marsupilamis, jener kleinen, putzigen Tierchen, die im Urwald von Paralumbien (und in französischen Comics) ihr Unwesen treiben: »Sein Schwanz ist bis zu acht Meter lang und dient in geknoteter Form als Verteidigungs- und Angriffswaffe«, berichten die Zoologen von Wikipedia. Nein, die Verbindung von Knoten und Kampf geht zurück bis in die griechische Antike – der Legende nach bis zu einem gewissen Gordios, König von Phrygien. Der ließ seinen Streitwagen im Tempel des Zeus weihen, wobei er die Deichsel mit einem kniffligen Knoten mit dem Zugjoch verband. Wer ihn lösen (und damit den Streitwagen wegziehen) könne, so prophezeite Gordios, der würde die Herrschaft über ganz Kleinasien erlangen.

Es gibt zwei Versionen davon, wie diese »Lösung« vonstatten ging: Die erste erzählt davon, dass Alexander der Große 334 vor Christus den Gordischen Knoten einfach mit dem Schwert durchschlug und danach halb Asien eroberte. In Version Nummer zwei wird behauptet, Alexander habe erkannt, dass er nur einen Deichselnagel aus dem Knoten herausziehen musste, damit dieser sich quasi von selbst löste.

Nennen wir die erste Variante die »Methode Marsupilami« (mit Gewalt), die zweite die »Methode Mathematik« (mit Hirn).

Knoten als Theorie

Das Verknoten und Entwirren von Knoten gehört bis heute zum Alltag der Menschen: Der Gordische Knoten war wohl kaum komplizierter als das Durcheinander in einem Topf voll Spaghetti. Wir binden unsere Schuhe, schnüren Pakete und Geschenke, knoten Krawatten und Fliegen. Und gerade beim Auspacken von Geschenken kann man die Menschen in zwei Kategorien teilen, je nach der Methode, die sie anwenden: die »Methode Marsupilami« oder die »Methode Mathematik«.

Zu den ersten Knoten, die in den Naturwissenschaften untersucht wurden, gehörten verknotete Kabel, mit denen Gauß im Rahmen seiner Studien zum Magnetismus zu tun hatte. Aber so richtig nahmen die Mathematiker den Knotenkampf erst Mitte des 19. Jahrhunderts auf – auf Anregung der Physiker. Eine sehr einflussreiche Hypothese kam damals von William Thomson, jenem Physiker, den man heute als Lord Kelvin kennt: er war wegen seiner Verdienste um das erste Transatlantikkabel (unverknotet) geadelt worden. Thomson / Kelvin stellte die Hypothese auf, dass Atome als Knoten im Äther zu interpretieren seien. Er wollte so die Vielzahl unterschiedlicher Atome mit der Vielfalt der Knoten erklären.

Die Anregungen und Ideen von Gauß und Thomson führten zu umfangreichen Studien, aus denen die »Knotentheorie« als mathematische Disziplin entstand. Aber während die Ideen von Thomson / Kelvin bald auf dem Schrottplatz der Wissenschaftsgeschichte landeten (spätestens als Einstein die Sache mit dem Ätherwind abräumte, und Bohr ein plausibleres Atommodell vorschlug), wuchs und gedieh die Knotentheorie nicht nur als Spielfeld der Amateure, sondern auch als wichtige mathematische Disziplin. Um Mathematik zu machen, braucht man aber erst mal ein mathematisches Modell dafür, was denn ein Knoten ist. Während ein Krawattenknoten geradezu davon lebt, dass er Volumen besitzt (davon gibt es übrigens fast so viele verschiedene, wie Atome: 85 verschiedene, zumindest wenn man den Physikern Thomas Fink und Yong Mao glaubt), gehen Mathematiker von einem beliebig dünnen Faden aus:

hauchdünne, geschlossene Kurven im Raum, die beliebig gedehnt und deformiert werden dürfen, sich dabei aber nicht selbst durchdringen.

Knotengalerien

Zunächst faszinierte die Forscher die Vielfalt der Knoten und ihrer zweidimensionalen Abbildungen, der Knotendiagramme. Die Pioniere des Feldes zeichneten immer neue Knotenbilder, sie betrieben eine regelrechte »Zoologie der Knotendiagramme«. Die auf der folgenden Seite abgebildete Knotentabelle stammt aus einem Aufsatz des Schotten Peter Guthrie Tait (1831 – 1901), der mit Thomson und Maxwell an der Knoten-Atomtheorie arbeitete, sich mit Knotendiagrammen beschäftigte, ab 1876 zahllose Aufsätze zur Knotentheorie publizierte und insbesondere 1884 die erste Knoten-Bildergalerie präsentierte – sozusagen die Comicversion dessen, was er vorher nur in Tabellen angegeben hatte. Sie basierte auf einer Liste aller Knotendiagramme mit bis zu neun Kreuzungen, die der Pfarrer Thomas P. Kirkman (1806 – 1895) erstellt hatte. Tait hatte in mühsamer Kleinarbeit Duplikate entfernt, also Diagramme, die auf den ersten (und den zweiten) Blick ganz unterschiedlich aussahen, aber räumlich betrachtet doch denselben Knoten darstellten. Taits Methoden waren nicht ganz verlässlich, er musste sich auf seine Intuition verlassen, aber seine Tabelle war korrekt.

Kirkman hatte auch eine Liste aller Knoten bis zu zehn Kreuzungen angefertigt, aus der Tait wiederum in mühsamer Kleinarbeit die Duplikate aussortierte. Als ihm dann der Bauingenieur Charles N. Little von der Nebraska State University eine eigene Liste schickte, stimmten die Ergebnisse nicht ganz überein: Tait gelang es aber rechtzeitig, seinen Fehler zu finden und zu korrigieren. Die Liste der verschiedenen Knoten mit bis zu zehn Kreuzungen wurde im September 1885 publiziert.

Als Kirkman Tait schließlich auch eine Liste von 1581 Knotendiagrammen mit elf Kreuzungen schickte, musste der Knotenmeister vor dieser Herkulesaufgabe kapitulieren. Seine Listen der Knoten mit bis zu

Die erste Knotentabelle aus P. G. Taits *On Knots II*, (1883 – 1884)

zehn Kreuzungen galten aber als fehlerfrei und vollständig – bis 1974
der Hobby-Knotentheoretiker Kenneth Perko in der »Tait-Little-Tabel-
le« der Knoten mit zehn Kreuzungen eine Dopplung fand, die bis dahin
allen Mathematikern entgangen war.

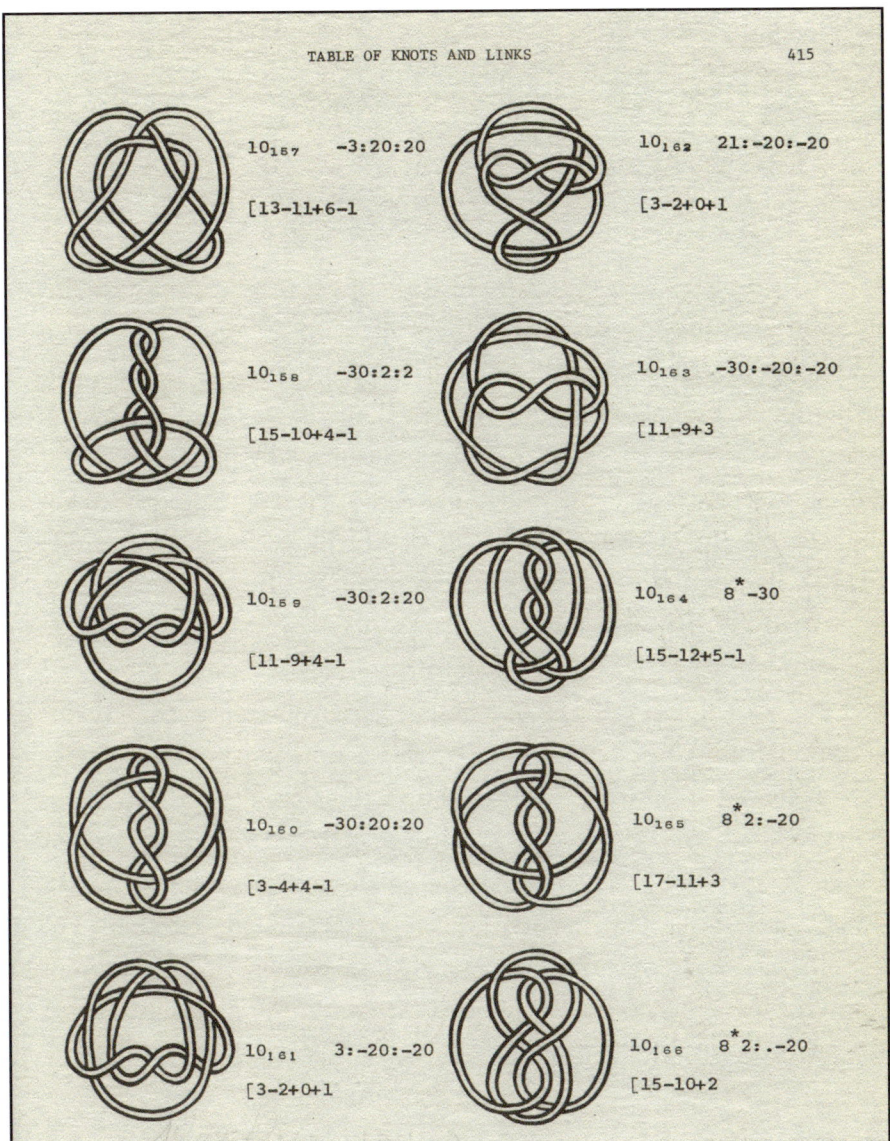

Die Perko-Knoten, links unten und rechts oben, in Rolfsens *Knots and Links*

Die Klassifikation der Knoten fasziniert die Knotentheoretiker bis heute: Im Jahr 1998 traten zwei Teams von amerikanischen Mathematikern gegeneinander an, um alle Knoten mit bis zu 16 Überschneidungen zu katalogisieren. Sie arbeiteten unabhängig voneinander mit unterschiedlichen Methoden – und kamen zu exakt demselben Ergebnis, einer Liste von genau 1 701 936 Knotendiagrammen.

Die Knoten der Physiker

Wie wichtig sind Knoten? Absolut fundamental, sagen die Physiker – nur die Begründung dafür haben sie inzwischen verändert: Seit den neunziger Jahren ist in der Physik die »Stringtheorie« en vogue, wonach sich die elementarsten Bestandteile der Elementarteilchen eben doch als geschlossene Kurven erklären lassen, die unendlich dünn sind, aber eine endliche Länge haben. Die Spekulationen dazu sind physikalisch und mathematisch sehr interessant, sie ergeben auch viele neue Ideen für die Knotentheorie, aber ein experimenteller Beweis dafür, dass an der Stringtheorie »was dran ist« steht weiterhin aus und wird auch so schnell nicht erwartet. Inzwischen interessieren sich aber auch Mathematiker für Knoten – für reale Knoten. Die Probleme werden dadurch allerdings nur komplizierter, denn reale Knoten haben zum Beispiel eine gewisse Länge und Dicke. Es kann auch sein, dass ein verknoteter Polymerfaden eine elektrische Ladung besitzt, die verhindert, dass der Faden sich selbst an Überkreuzungen allzu nahe kommt. Das führt zu komplizierten mathematischen Fragen wie: »Wie lang muss ein Draht bei einem gewissen Durchmesser sein, um daraus einen bestimmten Knoten biegen zu können?« Die Ergebnisse dieser Forschung fließen vor allem in die Molekularbiologie ein, wenn Forscher vorherzusagen versuchen, in welche Form sich ein Proteinfaden faltet.

Am Anfang war ein Knoten

Dass das Leben schon mit einem mathematischen Gebilde namens Knoten anfangen kann, führt besonders eindringlich ein Bild aus der Rubrik »Images in Clinical Medicine« des *New England Journal of Me-*

dicine vor Augen. Aus Rücksicht auf meine zartbesaiteten Leserinnen und Leser – die vielleicht Mathematik mögen, aber kein Blut sehen wollen – zeigen wir es (als zweites Bild in unserem Kapitelvorspann) nur in einer comic-künstlerisch bearbeiteten Version. Es zeigt die Nabelschnur eines Säuglings. Die Ärzte berichten, dass die Schwangerschaft der neunundzwanzigjährigen Mutter unauffällig verlaufen war, man aber in der zweiten Phase der Wehen mit Sorge eine gravierende, anhaltende, aber schwankende Verlangsamung der Herztöne registriert habe. Trotzdem sei eine spontane Geburt erfolgt, ohne Kaiserschnitt. Hinterher stellte sich heraus, dass nicht nur ein Knoten in der Nabelschnur des Säuglings, sondern zwei gleich nebeneinander (ein Kleeblattknoten und ein Überhandknoten) Ursache des Problems gewesen waren. Mathematisch ausgedrückt: das war kein Primknoten, sondern ein zusammengesetzter Knoten, dessen Komponenten sich gleich links oben als »3 A« und »4 A« in der Knotentabelle von Tait auf Seite 236 finden. Die beiden Knoten könnten bei unterschiedlichen »Turnübungen« des Babys entstanden sein, mutmaßte ein Leserbriefschreiber (seines Zeichens Arzt) im *New England Journal*. Knoten in der Nabelschnur sind, wie wir lernen, gar nicht selten – sie kommen bei circa einem Prozent der Geburten vor und sind ungefährlich. Zusammengesetzte kompliziertere Knoten wie dieser sind dagegen selten.

PS: Das Kind kam mit einem Geburtsgewicht von 3,7 kg gesund zur Welt. Ob es ein Junge oder ein Mädchen war, ist nicht bekannt. Auch nicht der Namen des Babys. Alexander oder Alexandra wäre vielleicht angemessen gewesen.

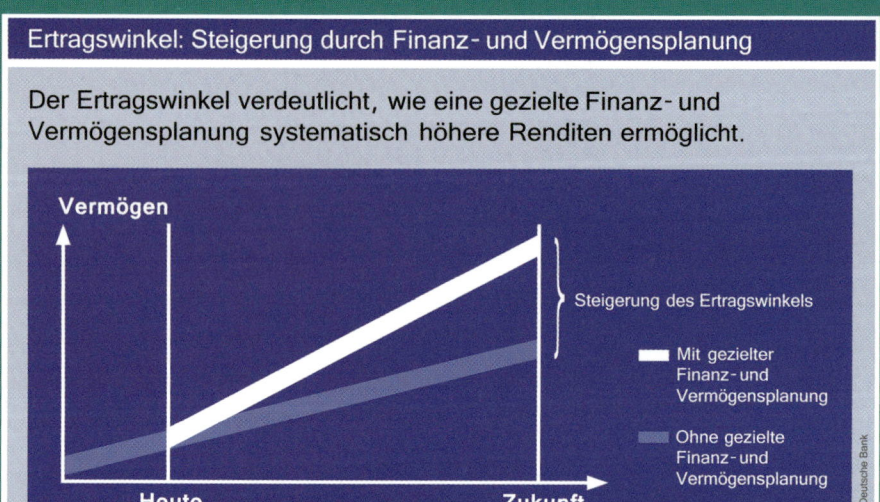

Ertragswinkel: Steigerung durch Finanz- und Vermögensplanung

Der Ertragswinkel verdeutlicht, wie eine gezielte Finanz- und Vermögensplanung systematisch höhere Renditen ermöglicht.

Vermögen

Steigerung des Ertragswinkels

Mit gezielter Finanz- und Vermögensplanung

Ohne gezielte Finanz- und Vermögensplanung

Heute

Zukunft

Quelle: Deutsche Bank

2004

Ertragswinkel

Steigern Sie Ihren Ertragswinkel mit
der db Finanz & Vermögensplanung.
Wir optimieren gemeinsam mit Ihnen
Faktoren, die für Ihren finanziellen Erfolg
entscheidend sind.
Sprechen Sie mit uns über Ihre Finanz-
und Vermögensplanung.
Weitere Informationen senden wir
Ihnen gerne zu.
Leistung aus Leidenschaft. Deutsche Bank.

Sechs Wochen lang, von der letzten September- bis zur ersten Novem-
berwoche 2004, lief in Deutschland diese großangelegte Werbekampagne. Sie war kaum zu übersehen: Anzeigen und Beihefter in Maga-
zinen wie dem *Stern*, dazu Onlinewerbung und Fernsehberieselung
an der besten (und teuersten) Stelle, nämlich direkt vor der Tages-
schau. Und dann natürlich die Plakate in den Schaufenstern jeder Fi-
liale, dazu Broschüren in großer Auflage und Aufsteller. Dem entgeht
man nicht. So zählten die Werber auch ganz stolz für die Print-Kam-
pagne 36 Millionen »Brutto-Kontakte« über 4,3 Millionen verbreitete
Auflage; für die Online-Kampagne wurden 5,3 Millionen »Ad Im-
pressions« (im Marketing-Jargon auch »Views«) gezählt. Wollen wir
wissen, was das gekostet hat? Nun: es war sicher teuer.

Entworfen wurde die Kampagne von Start, einer Werbeagentur aus München, sicherlich in enger Abstimmung mit der Konzernkommunikation (vulgo: Werbeabteilung) der Deutschen Bank in Frankfurt. Vermarktet wurde sie vom Verlagshaus Gruner + Jahr, was auch erklärt, warum mir der Ertragswinkel-Beihefter gerade im *Stern* aufgefallen ist.

In der Sprache der Werber und Vermarkter klingt das Konzept der Kampagne dann so:

> Fordern Sie uns heraus! Die Deutsche Bank zeigt Ihnen auf, wie Sie Ihren Ertragswinkel steigern können:
> * Aktion mit einer Tonalität, die die Deutsche Bank greifbar macht und die zur Teilnahme aktiviert.
> * Den Benefit »Die richtige Finanzentscheidung treffen mit der Finanz- und Vermögensplanung der Deutschen Bank« response-orientiert verpacken.
> * Positionierung der Deutschen Bank als idealer Partner für die Finanz- und Vermögensplanung über eine crossmedial angelegte Kooperation mit reichweitenstarken und zielgruppenaffinen Medien.

Dass die Kampagne viele Leute erreicht hat, wissen wir bereits. Ob sie aus Sicht der Bank ein Erfolg war, also neue Kunden gebracht (und die alten gebunden) hat? Wohl eher nicht: Immerhin hat die Deutsche Bank im Januar 2005, wenige Wochen später, die Agentur gewechselt … Das *Handelsblatt* mutmaßte am 28. Januar 2005, damit gehe der Agentur ein »zweistelliger Millionen-Euro-Betrag« flöten. Andererseits, sibyllinisch: »Aus kreativer Sicht betrachtet gilt das Ende der Kampagne aber weniger als Verlust, heißt es in Agenturkreisen.«

Woran lag's? Vielleicht daran, dass der zentrale Begriff der Kampagne, der »Ertragswinkel«, und die zugehörige Graphik, allemal ein »Bild aus der Mathematik«, die (potentiellen) Kunden dann doch nicht davon überzeugen konnte, dass die Bank ein kompetenter Partner für die Vermögensplanung sein könnte?

Der Ertragswinkel

Natürlich müssen wir uns die Sache mit dem Ertragswinkel in Ruhe anschauen. Schon deshalb, weil der Ertragswinkel im Text nicht wirklich definiert wird – er wird über die Graphik im Titelbild dieses Kapitels eingeführt (und definiert?). Was sehen wir da? Wo ist der Winkel? Erinnert Sie das an Schulunterricht? Da haben wir doch schon in der neunten Klasse immer Punktabzug bekommen, wenn die Achsen nicht ordentlich beschriftet waren. Und das ganz zu Recht.

Hier ist die Achse nach rechts, die wir üblicherweise die x-Achse nennen, mit »Heute« und »Zukunft« beschriftet. Also ist das eine Zeitachse, wobei die Zeitangabe »Zukunft« doch sehr vage ist, wo wir von unserer Bank am Ende doch messbare Erfolge erwarten, und zwar nicht »irgendwann in der Zukunft«. Die y-Achse ist mit »Vermögen« bezeichnet, das ist natürlich auch etwas vage: Sollen wir mal annehmen, dass das nicht alles bezeichnen soll, was ich besitze (Barschaft, Auto, Haus, Yacht, Schmuck von Oma etc.), sondern nur das Geld, das ich auf der Bank habe? Einheiten, Beträge, Währung oder so sind auch nicht angegeben. Noch mehr wundert mich aber, dass das Vermögen offenbar vor nicht so langer Zeit ganz klein war, mit der Zeit aber linear anwächst, was ich daran sehen kann, dass die hellblaue Kurve eine Gerade ist. Das ist merkwürdig. Wenn das eine Gesetzmäßigkeit ist, auf die wir bauen können, dann muss mein Vermögen ja etwas weiter in die Vergangenheit verfolgt negativ gewesen und dann langsam (aber linear) positiv Geworden sein. Sehr merkwürdig.

Aber jetzt kommt die db-Vermögensplanung ins Spiel. Mit ihrer Hilfe wird die Kurve »Heute« plötzlich weiß und steiler. Sie bleibt linear, aber wird steiler, mein Vermögen wächst schneller. Das ist natürlich gut so, da bin ich dankbar dafür. Aber wo ist jetzt der Ertragswinkel? Die »Steigerung des Ertragswinkels« ist mit geschweifter Klammer an einer senkrechten Achse abgegriffen. Vermutlich ist es so gemeint, dass mein Ertragswinkel der Winkel zwischen der hellblauen Linie und der x-Achse sein soll; gemessen natürlich an der Stelle, wo die beiden sich schneiden. Und der gesteigerte Ertragswinkel wird dann eben zwischen der weißen Linie und einer horizontalen Achse gemessen. Wenn die Steigerung des Ertragswinkels also der Winkel zwischen der hellblauen und der weißen Linie wäre – tja, dann steht die Klammer aber an der ganz falschen Stelle. Sie bezeichnet nicht etwa die Winkelsteigerung, sondern etwas, das man mit etwas Oberstufenmathe so formulieren könnte:

$$c_0 \cdot (t_{\text{Zukunft}} - t_{\text{Heute}}) \cdot (\tan(\alpha_{\text{gesteigert}}) - \tan(\alpha_{\text{alt}})).$$

Die Formel sagt unter anderem: Wenn der Abstand zwischen »Heute« und »Zukunft« größer wird, also »die Zukunft in die Ferne rückt«, dann wird die Steigerung des Ertragswinkels größer. Und den Tangens, der nämlich von Winkeln in y-Achsenabschnitte umrechnet, haben die Ertragswinkelerfinder auch weggelassen. Solange man es nur mit sehr kleinen Winkeln zu tun hat (also mit wenig »Erfolg« in der Sprache der db-Werber), geht das, man muss dann aber aufpassen, in welcher Einheit man die Winkel misst. Und überhaupt fehlt in unserer Formel auch noch der Umrechnungsfaktor c_0, der das Verhältnis der Einheiten auf der x- und auf der y-Achse angibt, der uns also sagt (Überraschung!), wie man Zeit in Geld umrechnet.

Haben wir jetzt zu genau hingeschaut auf die Formel?

Wäre es besser, sie aus der Entfernung zu betrachten?

Dass sich mit der Entfernung die Perspektive verändert, ist nicht neu. Schon Albrecht Dürer beschäftigt sich in seinem Geometriebuch von 1525 mit dem Problem, wie man mehrzeilige Inschriften auf einem Gebäude anbringen müsse, so dass die Buchstaben aus der Sicht des Betrachters alle gleich groß erscheinen. In Zeilen, die sehr hoch am Gebäude angebracht werden, müssen die Buchstaben sehr groß sein – und die Winkel, unter denen man die Buchstaben sieht, kann und muss man mit der Tangensfunktion ausrechnen: das wusste Dürer, und das ergibt schöne Aufgaben für das Mathematikabitur von heute. Aber wir müssen auch erkennen, dass das ja offenbar doch so kompliziert, so sehr »höhere Mathematik« ist, dass nicht nur die Deutsche Bank und ihre Werbetexter damit gravierende Schwierigkeiten haben, sondern auch Ingenieure, die solche Fragen eigentlich in den Griff kriegen sollten. Mein aktuelles Lieblingsbeispiel dazu stammt aus der *Goslarschen Zeitung*. Ein Journalist namens Riedel hatte am 15. Dezember 2012 im Autotest über die bemerkenswerten Steigungen berichtet, die der neue Vierrad-Panda angeblich bezwingen kann. Drei Wochen später, am 8. Januar 2013 antwortet ihm ein pensionierter Professor der Ingenieurwissenschaften, Experte für Fördertechnik (Stetigförderung von Schütt- und Stückgütern) und Lagertechnik für Schüttgüter:

> Wenn Herr Riedel sich jedoch auf »offizielle« Zahlen bezüglich des Steigvermögens bezieht und der Panda 4 x 4 »nach Anfahren in der Ebene eine Steigung von 65 Grad bewältigt und 55 Grad Steigung beim Anfahren am Hang«, kommen doch erhebliche Zweifel auf. Steigungen und / oder Gefälle werden im Straßenbau stets in Prozent angegeben und nicht als Steigungswinkel im Grad.
>
> Der Unterschied zwischen beiden ließe sich mittels einer einfachen Skizze erläutern: In einem gleichschenkligen rechtwinkligen Dreieck schneidet die längste Seite die Senkrechte bei einer Steigung von 100 Prozent. Dabei beträgt der Steigungswinkel 45 Grad. Eine Überschlagsrechnung führt hinreichend genau zu: Ein Prozent entspricht 0,45 Grad.
>
> Die von Herrn Riedel angegebenen 65 beziehungsweise 55 Grad entsprechen folglich Steigungen von 29,25 beziehungsweise 24,75 Prozent. Vergleicht man diese Angaben mit denen bekannter Alpenpässe, sieht die Praxis wie folgt aus: das Stilfser Joch mit zwölf bis 14 Prozent, das Timmelsjoch mit maximal 13 Prozent, französische Alpenpässe mit zwölf bis 14 Prozent. In der Schweiz liegen die Maximalwerte selten über 12 Prozent und damit bei Steigungswinkeln von 5,4 Grad.

65 Grad entsprechen einer Steigung von 29,25 Prozent?? Nachrechnen!

Über Zinseszinsen, Erfolgsfaktoren und Zitterkurven

Doch zurück von den Steigungswinkeln zu den Ertragswinkeln der Deutschen Bank. Wenn nun »Erfolg die Summe richtiger Entscheidungen« ist, wie die Deutsche Bank uns in ihrer Fernsehwerbung, mit Plakaten und Broschüren erklärt, und Erfolg »eine Frage des Ertragswinkels«, warum sind es dann sechs Faktoren, die den Ertragswinkel beeinflussen und sich positiv auf unsere Erträge auswirken?

In der Tat, es gibt diese Faktoren – immerhin ist doch gleich der erste Faktor, der laut DB-Werbung meinen Ertragswinkel beeinflusst, der »Zinseszinseffekt«. Ja, den sollten wir nutzen! Das ist auch keine sehr neue Entdeckung:

Adam Ries' *Rechenbüchlin* (siehe Deutsche Revolution 1522 / 1525) enthielt auch den Abschnitt »Vom Wucher«, in dem Zinsen erklärt wurden. Da heißt es dann:

> Item ein Jud leihet einem 20 fl. vier Jar, unnd alle halbe Jar rechent er den gewinn zum hauptgut. Nun frag ich, wie viel die 20 fl. angezeigte 4 Jar bringen mögen, so alle Wochen 2 dr. von einem fl. gegeben werden?

Das ist mit den komplizierten Währungen des 16. Jahrhunderts in der Tat eine komplizierte Aufgabe, wie man auch am Ergebnis ablesen kann, das mit »69 fl. 14 grosch. 9 dr. und $\frac{2125648028045}{3938980639167}$ theil« angegeben wird. (Nachrechnen?) Aber auch wenn's kompliziert war, Adam Ries' Rechenbüchlein war die erste echte Chance für die Deutschen, die Sache mit den Zinsen zu lernen und vielleicht auch zu verstehen – eine sehr grundlegende Sache für alle Bankgeschäfte.

Aber der Hauptteil der Aussage sollte klar sein: die Zinsen werden »zum Hauptgut« dazugerechnet, so dass die Schulden nicht linear, sondern exponentiell steigen – eben wegen der Zinseszinsen. Inzwischen haben sich die Dinge nur unwesentlich gewandelt; die Geldgeschäfte macht inzwischen nicht mehr »der Jud«, sondern die Bank, wir wollen uns im Moment auch nicht Geld leihen, sondern leihen der Bank selbiges, legen es also an – und erwarten wieder, dass die Bank die Zinsen, die sie uns zahlen möge, »zum Hauptgut« dazurechnet. Und die Kurve sollte dann eigentlich ganz anders aussehen, nämlich in etwa so:

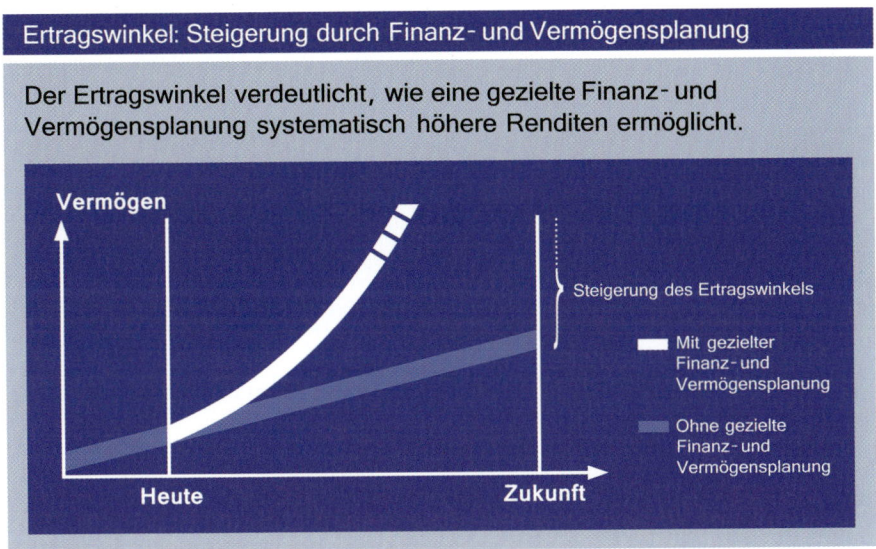

Ertragswinkel: Steigerung durch Finanz- und Vermögensplanung

Der Ertragswinkel verdeutlicht, wie eine gezielte Finanz- und Vermögensplanung systematisch höhere Renditen ermöglicht.

Vermögen

Steigerung des Ertragswinkels

Mit gezielter Finanz- und Vermögensplanung

Ohne gezielte Finanz- und Vermögensplanung

Heute   Zukunft

Vorschlag für die Werbung der Deutschen Bank: Ist das so besser?

Wenn wir mal (großes Wunschdenken!) annehmen, wir hätten sehr viel Vermögen, das wir den kundigen Kundenberatern der Deutschen Bank anvertrauen könnten (das mit den Oasen ist schließlich nichts Rechtes mehr), dann würden wir ja nicht annehmen, dass die das alles ganz ohne Zinsen oder festverzinslich für uns anlegen. Zumindest einen Teil des Geldes würden die auf den Aktienmarkt tun, und dann ist's aus mit den linearen Kurven oder auch mit der Exponentialfunktion, dann geht es eher um Zitterkurven, wie wir sie von der Anzeigetafel auf der Frankfurter Börse kennen. An schlechten Tagen sieht das so aus wie die Kurve auf dem Kapitelauftaktbild: sie zittert sich so langsam nach unten. Nicht gut. Oder wie auf unserer nächsten Graphik – Vorschlag für die Bankwerbung. Die zittert sich langsam nach oben.

Auch nicht so toll.

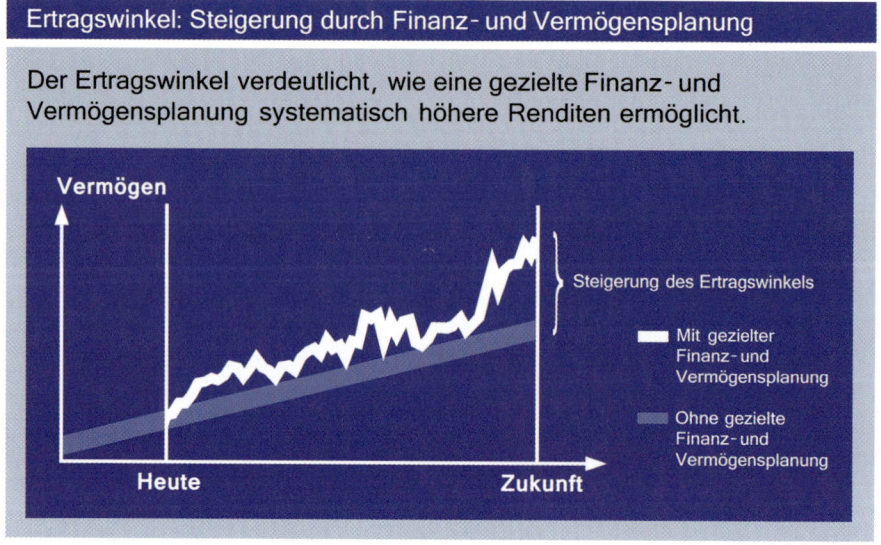

Ertragswinkel: Steigerung durch Finanz- und Vermögensplanung

Der Ertragswinkel verdeutlicht, wie eine gezielte Finanz- und Vermögensplanung systematisch höhere Renditen ermöglicht.

Noch ein Vorschlag für die Deutsche Bank: Ist das so realistischer?

Aber was für Kurven sind das? Die Mathematik dafür steht zwar nicht bei Adam Ries oder Albrecht Dürer, sie ist aber auch nicht ganz so neu. Wesentliche mathematische Grundlagen dafür hat Wolfgang Döblin gelegt, Jahrgang 1915, der zweite Sohn des Schriftstellers Alfred Döblin (*Berlin Alexanderplatz*); der war mit seinem Vater aus Nazideutschland emigriert, hat dort Mathematik studiert, im Zweiten Weltkrieg dann auf französischer Seite gekämpft, in den Kampfpausen seine mathematischen Studien vorangetrieben und im Februar 1940 schließlich die wesentlichen Erkenntnisse bei der Akademie in Paris »deponiert« – wo sie »im verschlossenen Umschlag« lange Zeit, genauer bis zum Jahr 2000, liegen geblieben sind. Döblin hat sich mit fünfundzwanzig Jahren in Housseras in den Vogesen das Leben genommen; seine

Wolfgang Döblin (1915 – 1940)

Einheit war von Deutschen eingekesselt worden. Den Ruhm für seine Erkenntnisse haben andere geerntet, darunter der Japaner Kyoshi Itō, dem zu Ehren die Variante der Differenzialrechnung, mit der man die Zitterkurven an der Börse mathematisch beschreiben kann, heutzutage auch »Itō-Kalkül« genannt wird. Die Zitterkurven an der Börse, die sind auch ein Vermächtnis des Soldaten Wolfgang Döblin.

Geometrie am Geldautomaten

Wir wollen unseren Ausflug in die Bilderwelt der Banken aber nicht mit den komplizierten Formeln und der tragischen Geschichte von Wolfgang Döblin beenden, sondern mit einem Abstecher in die Geometrie. Aufgepasst, ein kleines Suchbild: Was ist hier falsch? Dass hier etwas falsch ist, fiel vor einigen Jahren meinem Doktoranden Thilo Rörig auf, der da offenbar genauer hingeschaut hat.

Na? Haben Sie's erkannt? Der Magnetstreifen liegt quer, wo er doch sonst längs auf jeder Bankkarte entlangläuft! Nun kann man ja mal nachfragen bei der Pressestelle der Berliner Sparkasse, ob das wohl Absicht war? Die Antwort kam prompt. Die Pressesprecherin war von meiner Anfrage überrascht (»mir ist die Darstellung übrigens auch noch nicht als falsch aufgefallen«) und hat sie daher an die zuständige Fachabteilung

Geldautomat in Berlin

weitergeleitet. Von dort meldete sich einen Tag später Alexander Hartmann bei mir, »Bereich Infrastruktur, Vertrieb und Marktfolge« bei der Landesbank Berlin. Er teilte mir telefonisch mit, man habe das bemerkenswerte Symbolbild bei einer Umstellung der Geldautomaten im Jahr 2008 ganz bewusst so gestaltet. Bis dahin hatte die Berliner Sparkasse

Geldautomaten, in die die Karten mit dem Magnetstreifen oben eingeführt werden mussten. Das ist aber international unüblich – und wurde
im Zuge des Geldautomatenaustauschs gleich mit geändert. Um nicht
für Verwirrung bei den Kunden zu sorgen, wollte man ihnen ganz besonders deutlich anzeigen, wie die Karten in die neuen Automaten ein-
zuführen seien: Mit dem Magnetstreifen rechts unten. Herr Hartmann
argumentierte:

> Die formal »richtige« Anordnung des Magnetstreifens auf der
> Abbildung ist natürlich nicht vertikal, sondern horizontal –
> genau dies wäre aber sicherlich für unsere Kunden schwerer
> nachzuvollziehen, da der Magnetstreifen auf dem Pikto-
> gramm in diesem Fall quer zur Einschubrichtung der Karte
> abgebildet wäre. Die jetzt verwendete Variante hingegen wird
> von den Kunden intuitiv richtig erfasst, so dass bei der Um-
> stellung der Kartenleser an unseren Geldautomaten von »Ma-
> gnetstreifen oben« auf »Magnetstreifen unten« Verständnis-
> probleme minimiert wurden.

Den Experten bei der Bank war also eine Graphik, die *richtig verstanden*
wird, wichtiger, als eine, die *mathematisch richtig* ist. Die Rechnung ist
offenbar aufgegangen, denn die Bank wurde nie darauf angesprochen.
Anders gesagt: Es hat sich nie einer beschwert. Vielleicht hat's einfach
nur keiner bemerkt, obwohl das auch bei anderen Banken, aber auch bei
Kartenlesegeräten ziemlich oft falsch zu sehen ist. Dazu noch ein weiteres Suchbild, diesmal von einem dm-Drogeriemarkt: Raman Sanyal, der
das für mich fotografiert hat, merkt an: »Das kommt aus dem dm-Drogeriemarkt auf der Schlossstraße. Auf dem EC-Kartenleser bei Kaisers
war es auch so …« Und in der Tat: das ist häufig! Die Firmen, die solche
Kartenlesegeräte anbieten, stellen uns dafür Werbebilder zur Verfügung
– mit demselben Fehler. Geometrie ist wirklich schwierig!

Während die Graphik am Geldautomaten der Sparkasse also absichtlich falsch war, liegt zur Werbekampagne der Deutschen Bank leider

keine entsprechende Stellungnahme vor. Vielleicht hoffen die auch, das sei längst vergessen. Dann könnten die sich über dieses Kapitel ärgern. Eine Großbank, die ihre Werbeabteilung zum Kundenfang mit »Ertragswinkeln« losschickt, sollte sich nicht wundern, wenn man an ihrer Kompetenz zweifelt – denn Finanzindustrie ist Mathematische Industrie. Und das war auch im Herbst 2004 schon so.

Ich wünsche mir ja eine Bank nebst Bankberater, die ein *Gefühl* von »Ich weiß, was ich tu« vermittelt. Oder, noch besser eine, die die *Sicherheit* von »Ich weiß, was ich tu« bieten kann. Im Finanzgewerbe würde sich das auch daran zeigen, dass die Formeln stimmen und die Zinseszinsen nicht vergessen werden. »Ich weiß, was ich tu« ist übrigens der Slogan einer Werbekampagne, die im Oktober 2008

Kreditkartenlesegerät des dm-Marktes, Schlossstraße, Berlin

gestartet wurde – allerdings keine der Deutschen Bank, sondern (bisher) nur der Aidshilfe. Würde sich da nicht eine Zusammenarbeit, der Austausch von Expertise anbieten? Immerhin bietet ja auch die Großbank Finanzprodukte an, die so riskant sind, dass sie bestenfalls mit Kondom angeboten werden sollten …

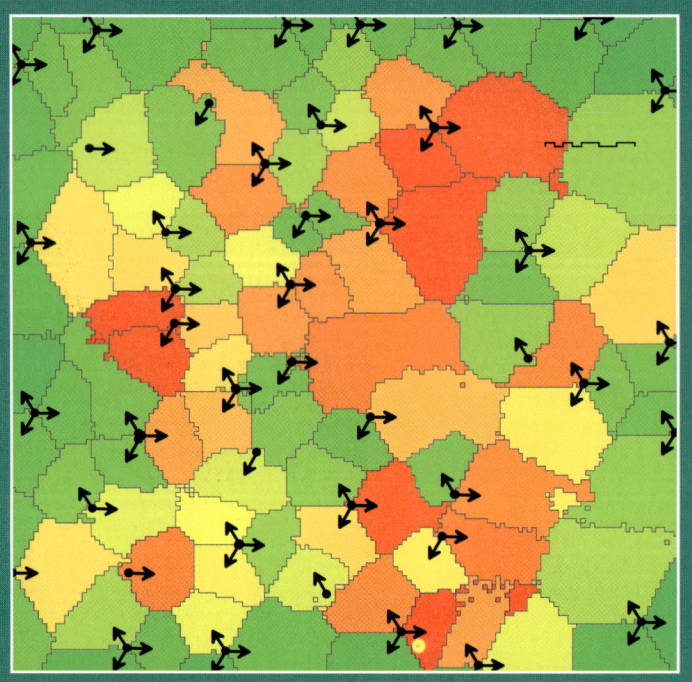

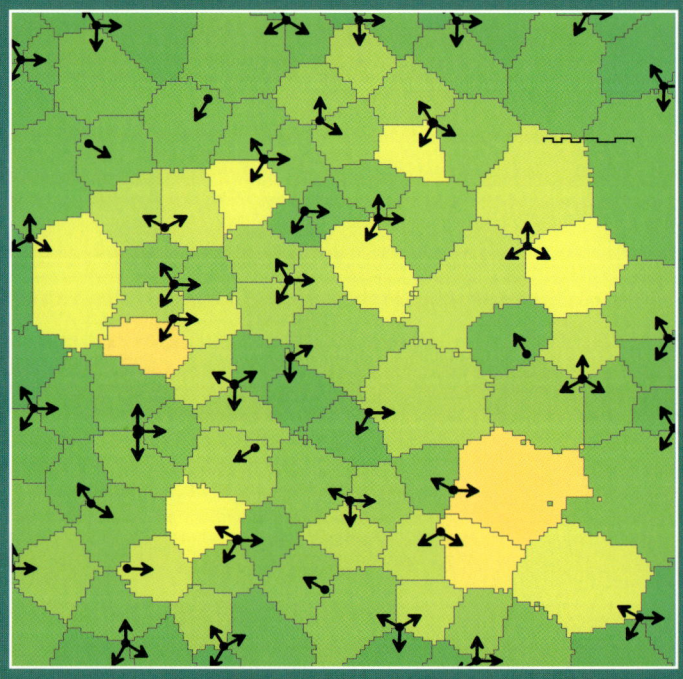

2008

Berlin Alexanderplatz

Die beiden farbenfrohen rot-gelb-grünen Bilder eignen sich für ein Quiz. Was stellen sie dar?

A: Computerspiel	B: Mobilfunkzellen
C: Pop-Art	D: Berlin Alexanderplatz

Allerdings funktioniert das Quiz nicht wie bei Günther Jauch – denn alle vier Antworten sind richtig!

Zunächst Antwort (C): Das ist Kunst, farbenfrohe Pop-Art. Warum die strahlenden Farben? Dazu werden wir den Künstler gleich befragen: Hans-Florian Geerdes, Jahrgang 1978, geboren in Berlin. Die Bilder entstanden im Rahmen seiner Promotion am Konrad Zuse Zentrum für Informationstechnik (ZIB Berlin) und waren Teil des Projekts B4 »Optimization in Telecommunication: Planning the UMTS Radio Interface« des DFG-Forschungszentrums Matheon »Mathematik für Schlüsseltechnologien« unter der Leitung von Professor Dr. Martin Grötschel und Dr. Andreas Eisenblätter.

Dann Antwort (A): Natürlich ist das ein Computerspiel – hinter dem, wie bei so vielen Computerspielen, viel Mathematik steckt.

In seinem Promotionsprojekt hat Hans-Florian Geerdes gezeigt, wie man mit fortgeschrittenen mathematischen Methoden die Kapazität von Antennensystemen für die Handy-Technologie der dritten Generation (die man als 3 G oder auch als UMTS kennt) stark verbessern kann. In seiner Dissertation zitiert Geerdes gleich in der Einleitung, dass »bekanntermaßen« durch gute Planung die Investions- und Betriebskosten für Antennenanlagen um bis zu 30 Prozent gesenkt werden können. Wenn man die Milliardeninvestitionen für die Antennenanlagen allein in Deutschland in Betracht zieht, geht es also letztlich um wirklich viel Geld, und damit hört dann eben auch der Spaß am Computerspiel auf.

Natürlich wollen wir auch wissen, was man auf den Bildern sehen kann – und mit der einsilbigen Antwort »(B) Mobilfunkzellen« werden wir nicht zufrieden sein. Etwas Konkreter: Das Vorher-Nachher-Bilderpaar zeigt, »was Mathematik kann«. Ich habe es von Hans-Florian Geerdes mit folgender Beschreibung bekommen:

> Die Bilder zeigen die Zellen eines UMTS-Funknetzes in der Berliner Innenstadt. Die Farbe in den Zellflächen steht für die Auslastung der Zelle; rote Zellen sind überlastet (vorher). Durch geschicktes Optimieren der Antennenrichtung und Zellstruktur wird Interferenz reduziert, dadurch kann mehr Verkehr bedient werden, und keine Zelle ist mehr überlastet.

Berliner Innenstadt also, inklusive Alexanderplatz, der allerdings auf dem Suchbild nicht so leicht zu finden ist. Antwort (D) ist trotzdem richtig. Die mathematischen Methoden, mit denen die Optimierung gelingt, wollen und können wir hier nicht erklären. Ich beschränke mich darauf, ein paar der Fachdisziplinen und »Werkzeugkästen« der Mathematischen Optimierung zu nennen, die in Stellung gebracht wurden: Dazu gehören zunächst die Lineare Algebra (das ist die Vektorrechnung der Gymnasialen Oberstufe bzw. die abstraktere Version davon, die man im Mathematikstudium in den ersten Semestern lernt und die uns auch kürzlich schon in dem Kapitel über das Google-Patent begegnet ist), Lineare, Ganzzahlige und Gemischtganzzahlige Optimierung (mit dem Kürzel »MIP« für »Mixed Integer Programming«), die Polyedrische Kombinatorik (also auch Werkzeuge, an denen auch Martin Grötschel in seiner Dissertation 1987 über das Travelling Salesman Problem gearbeitet hat), und vieles mehr.

Was sieht man auf den Bildern? Wie sind sie entstanden? Was steckt dahinter? Zu den Details und Hintergründen und Geschichten habe ich Hans-Florian Geerdes befragt, bei einem Kaffee in Berlin-Schöneberg, Samstagnachmittag, 27. Oktober 2012:

Was kann man auf den beiden Bildern sehen?
Es geht um die Optimierung von UMTS-Antenneneinstellungen. Die Bilder illustrieren eine Modellrechnung für Berlin. An jedem Sendemast sind drei bis vier Antennen angebracht, die in der Zeichnung durch Pfeile angezeigt sind und die man optimieren kann: Man kann sie horizontal drehen, aber auch vertikal schwenken. (Die vertikale Ausrichtung habe ich in meinen Graphiken teilweise durch die Länge der Pfeile angezeigt, aber in diesen beiden Bildern nicht.)
   Das obere Bild, »Vorher«, zeigt die Grundeinstellungen: da sind viele Zellen orange und rot markiert, die sind überlastet mit starken Interferenzen, weitere Teilnehmer können nicht aufgenommen werden. Das untere Bild, »Nachher«, zeigt das Ergebnis der Optimierung, alles »im grünen Bereich«. Wenn man genau hinschaut, sieht man, dass da Antennen gedreht worden sind; dass die auch teilweise vertikal geschwenkt worden sind, kann man wie gesagt an den Pfeilen nicht sehen, am Ergebnis aber doch.

Die Bilder zeigen Berlin-Alexanderplatz? Was ist das für ein Ausschnitt?
Das ist ein großer Kartenausschnitt der Innenstadt von Berlin, ein Quadrat von 7,5 Kilometern Kantenlänge. Rechts oben im Bild nahe am rechten Rand sieht man eine Zickzackkurve, die einen Maßstab von einem Kilometer markiert (das habe ich vorbereitet zum Beschriften).

Das Modell hat eine Rasterung von 50 Metern (ist also relativ grob), mit Geländemodell (das Stadtgebiet in Berlin ist ja nicht eben, und das ist relevant), aber ohne Gebäudemodell. Ein so detailliertes Modell, das dann auch Ausbreitung in Straßenfluchten und so weiter zeigen würde, wird zum Teil auch von den Mobilfunkern benutzt, aber solche Daten sind sehr teuer. Außerdem kann dann ohnehin niemand mehr genau »rechnen«. Der Kartenausschnitt geht von Tempelhof im Süden bis nördliches Mitte, von Rummelsburg im Osten bis Charlottenburg. Mitten drin also der Alexanderplatz.

Woher kamen die Daten für deine Rechnungen?
Die Daten sind von E-Plus; sie kamen aus einem gemeinsamen EU-Projekt, an dem auch unser Institut beteiligt war. Im Rahmen des Projekts haben sie die Daten veröffentlicht, sie sind also Public Domain gewesen. Deshalb wurden die Sendemasten eben doch noch ein Stück verschoben, weil die genaue Platzierung und Auslastung der Antennen natürlich Geschäftsgeheimnis ist.

Das sind Simulationsrechnungen gewesen. Wie relevant waren die?
Es geht hier ja um Mobilfunkantennen im Stadtgebiet. Die haben eine Sendeleistung von maximal 20 Watt, im Mittel höchstens die Hälfte, also 10 Watt. Optimierung sollte helfen, dass Überlastung vermieden wird. In Wahrheit war das damals wohl so, dass Überlastung in der Praxis kaum vorkam, also zumindest zu Beginn, nach Einführung der UMTS-Technologie im Jahr 2004, kein häufiges Problem war, jedenfalls weniger als befürchtet; die Leute haben einfach auch weniger Datentransfer über UMTS gemacht als erwartet. Das hat sich inzwischen ja stark verändert.

Sind deine Forschungs- und Rechenergebnisse wirklich benutzt worden?
Genau weiß ich das nicht – zumindest nicht so, dass eine Telekommunikationsfirma die Ergebnisse gekauft und viel dafür bezahlt hätte. Auch E-Plus nicht, die ja ursprünglich die Daten geliefert haben. Aber meine

Dissertation (im MATHEON entstanden, also aus Steuergeldern gefördert) wurde ja als Buch veröffentlicht, die Ergebnisse waren dadurch
also frei zugänglich. Ich habe von dem Buch auch um die hundert Exemplare verschickt, nicht nur an dich, sondern auch an Telekommuni-
kationsfirmen und so weiter. Und vermutlich haben Firmen, die Netz-
planungs-Software schreiben, die Ideen aufgegriffen und dann in ihre
Software »eingebaut«.

Apropos Steuergelder: Wie gesagt hat das MATHEON meine Promotion bezahlt, also ein DFG-Forschungszentrum, und das Geld für die
DFG-Forschungszentren kam ursprünglich aus der (ziemlich überteu-
erten) Auktion im Sommer 2000 für die UMTS-Sendelizenzen in
Deutschland. Die Auktion (die wiederum von Mathematikern entworfen worden war) hat damals mehr als 50 Milliarden Euro in den Staats-
säckel gespült, aus dem unter anderem indirekt meine Forschung finanziert wurde. Der deutsche Finanzminister, das war damals Hans Eichel,
hat wegen dieser Auktionsergebnisse UMTS ja auch mit »Unerwartete
Mehreinnahmen zur Tilgung von Staatsschulden« ausbuchstabiert. In
Wirklichkeit steht das ja für »Universal Mobile Telecommunications
System«.

Wir wollen aber ja nicht hauptsächlich über Geld reden, sondern über die
Bilder. Wie wurden die Bilder gemacht?
Dafür habe ich damals meine eigene Software geschrieben, in Java, und
damit PDF-Daten erzeugt.

Wann und warum hast du die Farbbilder gemacht? Hast du die schon
zur Visualisierung der Daten verwendet, waren die im Vergleich »vor-
her/nachher« zur »optischen Kontrolle« der Ergebnisse wichtig oder nur
im Nachhinein zum »Verkaufen«?
Das war und ist in der Optimierung sicher unüblich, dass man so viel
Mühe auf die Bilder verwendet, aber mir war das von Anfang an sehr
wichtig, weil die Arbeit an der Visualisierung der erste große Schritt zur
Analyse und Bewertung der Daten war. Deshalb habe ich während mei-

ner ganzen Promotionszeit auch sehr viel Arbeit in die Bilder für meine Vorträge gesteckt.

Wie hast du die Farben ausgewählt? Musste das auch gut aussehen? Ist
»Grün ist gut, Rot ist schlecht« eine politische Aussage?
Nein, Politik war das nicht, obwohl das so rot-grün wie typische Berliner Wahlergebnisse aussehen könnte. Das musste nur gut erkennbar sein. Die »Grün-gelb-rot«-Version der Bilder war für Vorträge, also Ampel-Farben. Für die Dissertation habe ich das in schlichteren Blau-Tönen gehalten, in der Druckfassung, als Buch, war das dann in Graustufen, mit »dunkel = schlecht«, »hell = gut«.

In deiner Dissertation sind die Bilder ja alle sehr klein, und nur schwarz-
weiß. Sind die überhaupt mal in Farbe gedruckt worden, oder ist das die
Premiere in meinem Buch?
Nein, in Farbe gedruckt ist das hier wohl die Premiere.

Ist das Kunst?
Nein, zumindest habe ich das nie so gesehen. Aber natürlich habe ich die Bilder mit viel Engagement so gemacht, dass man auf ihnen wirklich etwas sieht. Eigentlich sind die ja auch graphisch interessant. Man könnte sie im Großformat aufziehen und an die Wand hängen. Vielleicht lasse ich das mal machen, das könnte sich in meiner neuen Wohnung gut machen…

Unter anderem fällt in deine Promotionszeit ja auch eine legendäre Foto-
session für das SZ-*Magazin.*
Das Shooting war schon etwas Besonderes – das *SZ-Magazin* machte damals, im Februar 2006, ein Sonderheft zur Mathematik. Der Aufmacher dafür war eine Fotostrecke mit Mathematik-Studentinnen und -studenten unter der Überschrift »6^2 – sechs mal sexy«. Ich war ja enttäuscht, dass es nicht für das Cover gereicht hat. Aber immerhin war ich sozusagen der Mathematiker als Centerfold.

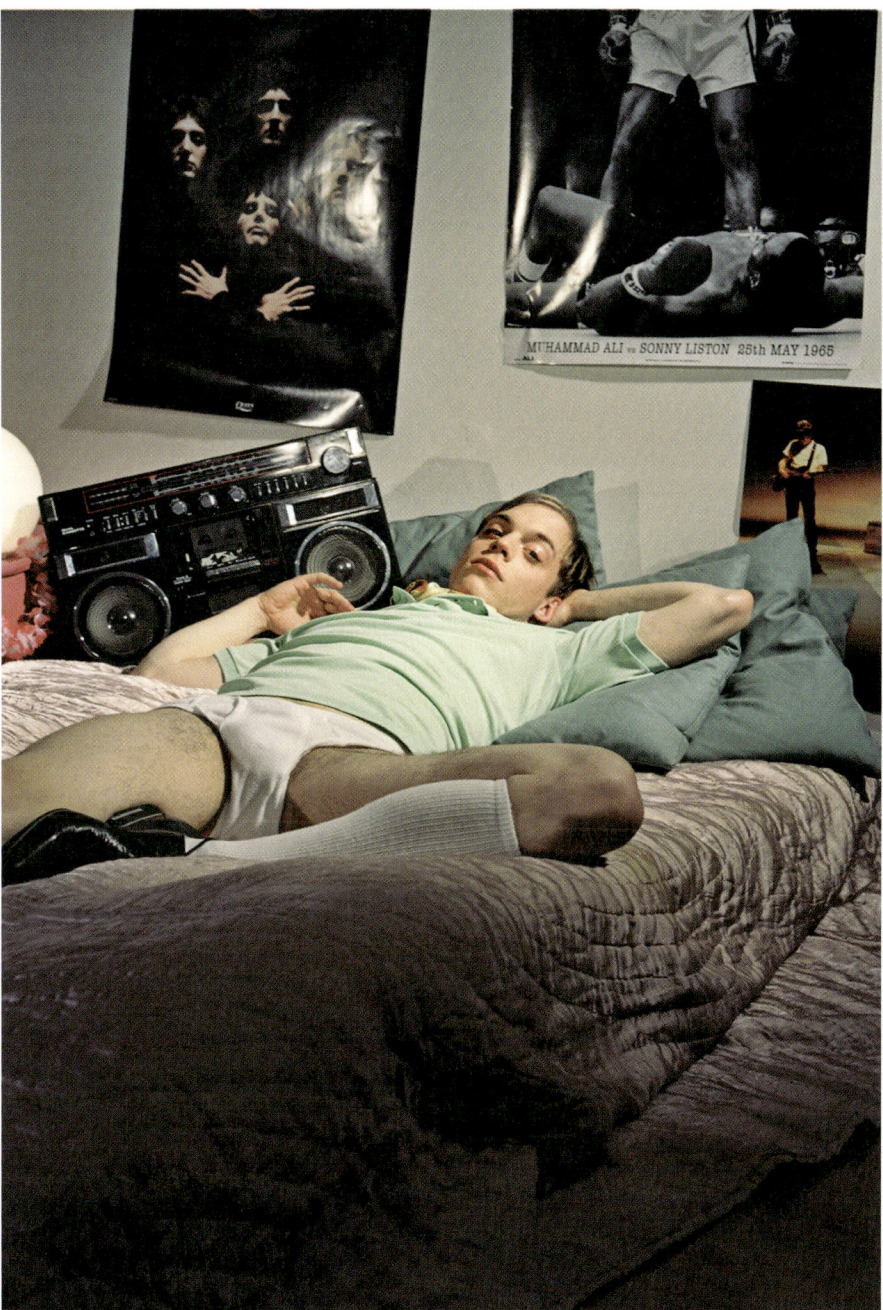

Hans-Florian Geerdes, Fotoshooting von Florian Kolmer für das
SZ-Magazin, Februar 2006

Kann ich das Bild verwenden?

(lacht) Klar, das kannst du gerne haben.

Dein Doktorvater, Professor Martin Grötschel, ist ja heute noch stolz darauf, dich im SZ-Magazin erfolgreich »platziert« zu haben. Was hast du für Reaktionen darauf bekommen?

Ein paar Komplimente-Mails und Anrufe und ein Angebot, einen Mathevortrag zu halten und dabei zu strippen. Das habe ich mir überlegt, aber dann nicht gemacht, weil es zu weit weg war und schwer einzuschätzen. All diese Angebote kamen übrigens von Männern!

Du bist ja für deine Dissertation, die dann im Februar 2008 fertig war, auch mit Preisen ausgezeichnet worden.

Das war nur ein Preis, der Dissertationspreis Fachgruppe »Kommunikation und Verteilte Systeme« der Gesellschaft für Informatik (GI) und der Informationstechnischen Gesellschaft im VDE (ITG). Der hat mir natürlich geholfen. Aus der Industrie ist nicht direkt etwas gekommen. Aber man kann's auch so sehen: Die Dissertation war von E-Plus angeregt worden, und ich konnte mit deren Daten arbeiten – und trotzdem habe ich dann einen Preis bekommen, der vom Fachverband der gesamten Industriebranche vergeben und finanziert war.

Das *SZ-Magazin* über die »Sinnlichkeit von Mathematik«

Du hast trotzdem nicht in der Wissenschaft weitergemacht, sondern bist zu einer Unternehmensberatung gegangen. Was machst du heute? Wie mathematisch ist das? Hilft das mathematische Denken in der Praxis?

Bewerbungsfoto: Dr. Hans-Florian Geerdes, 2008

Nein, mein Leben lang Forschung machen wollte ich nicht, da war ich nicht der Typ dafür. Ich bin deshalb nach der Promotion im Februar 2008 zu einer Unternehmensberatung gegangen. Bei der bin ich immer noch und gerade Projektleiter geworden, das ist ein wichtiger Schritt, man nennt das auch das Beraterabitur. Bei meinem Arbeitgeber bin ich der Experte für die Mobilfunkbranche, immer noch. Und ich bin auch immer noch einer, der in seinen Powerpoint-Präsentationen mit besonderen Graphiken glänzt.

In einem Satz: Was kann Mathematik?
Mathematik zwingt zum klaren, scharfen und sauberen Denken – das ist immer und überall wertvoll!

Bernar Venet, »Saturation«, 2006 Acrylique sur mur, 30 x 4.75 m. Installation: Galerie Philippe Séguin, Cour des Comptes, Paris, France / luxproduction; *S. 207, 209 u.:* Aus S. Eilenberg & N. Steenrod, Founda tions of Algebraic Topology, © Princeton University Press 1952; *S. 209 o.:* © Bernar Venet, New York; *S. 210:* Cover von NY Arts Magazine, Nr. 9, 2000, International Edition; *S. 212, 215:* United States Patent Office; *S. 220, 221:* © Dirk Frettlöh, Universität Bielefeld; *S. 222:* © Jens Vygen, Forschungsinstitut für Diskrete Mathematik, Universität Bonn (WH S. 6); *S. 224 l.:* Picture Alliance / dpa; *S. 224 r.:* logicbratsk.ru/my_pc/history/apple/apple_h.htm; *S. 225:* Jürgen Koehl, Bernhard Korte & Jens Vygen, Mathematik im Chip-Design, 2009; *S. 227:* architekturphoto Ralph Richter, © Arithmeum; *S. 231 l.:* © Arithmeum; *S. 231 r.:* Foto Christoph Eyrich; *S. 232 o.:* © Marsu 2013, www.marsupilami.com; *S. 232 u.:* Graphik Jan Schneider unter Verwendung eines Motivs von Dr. W. Camann und Dr. J. Marquardt; *S. 236:* Transactions Royal Soc. Edinburgh 32 (1883 – 1884); *S. 237:* Aus Dale Rolfsen, Knots and Links, Publish or Perish, Berkeley 1976; *S. 240 o.:* Deutsche Bank Werbung 2004; *S. 240 u.:* Reuters Staff / Reuters; *S. 247 / 248 o 247, 248 o.:* Graphik Merle Breitkreuz / Jan Schneider; *S. 248 u.:* DLA, Marbach; *S. 249:* Foto Christoph Eyrich; *S. 251:* Foto Raman Sanyal; *S. 252:* © Hans-Florian Geerdes, 2008 (WH S. 4); *S. 259:* © Florian Kolmer 2006; *S. 260:* Cover von SZ-Magazin Nr. 6, 10. Februar 2006, Foto: Christoph Eyrich; *S. 261:* Foto Hoffotografen, Berlin, © Hans-Florian Geerdes; *S. 262, 269:* Lufthansa Worldshop, http://www.world-shop.eu/, Halskette von Georg Jensen; *S. 264:* Abb. 3 aus Johann Benedict Listing, »Der Census räumlicher Complexe«, in: Abh. Königl. GeS. Wissenschaften zu Göttingen, Band 10, Göttingen 1862, *S. 97-182; S. 267 o.:* Max Bill: Unendliche Schleife Archiv Max Bill c/o max, binia + jakob bill Stiftung Ch-Adligenswil / VG Bild Kunst Bonn, 2013; *S. 267 u.:* Max Bill: Kontinuität, 1986 (Frankfurt am Main): Fotos Gerd Fischer, TU München / VG Bild-Kunst-Bonn, 2013 (WH S. 4); *S. 269:* Screenshot von http://www.world-shop.eu/worldshop/product/wscatalog/1731921/detail.jsf, 2009; *S. 270 l.:* Logo Deutsche Mathematiker-Vereinigung e.V.; *S. 270 r.:* Logo Commerzbank AG; *S. 271 Mitte:* Logo Deutsche Bank AG; *S. 271 u.:* Postbank-Werbung: BBDO, http://www.bbdo.de; *S. 272 o.:* Logo Landesbausparkassen; *S. 272 / 273:* Universe Architecture, Amsterdam / Janjaap Ruijssenaars, architect and founder; *S. 274:* © stadt-muenchen.net / VG Bild-Kunst Bonn, 2013; *S. 277, 278 r.:* Foto Gerd Fischer, TU München; *S. 278 l.:* © stadt-muenchen.net / VG Bild-Kunst Bonn, 2013; *S. 279:* Alexander Klier (WH S. 7); *S. 280:* Herwig Hauser, Universität Wien (WH S. 4); *S. 282:* Foto Deutsches Museum; *S. 283:* Ólafur Elíasson, »Model Room«, 2003, Studio Ólafur Elíasson, Berlin; *S. 284 o.:* Foto © Kirill Lebedev / Gazeta.ru; *S. 284 u. 292 bis 295:* Maxim Pshenichnikov; *S. 287:* Sergej Shpilkin; *S. 288 l.:* Maxim Pshenichnikov; *S. 288 r.:* Dmitrj Kobak; *S. 298:* Foto © Timofey Maximov, Moskau.

Die Rechteinhaber einiger Abbildungen konnten trotz intensiver Recherche nicht ermittelt werden. Der Verlag bittet Personen oder Institutionen, welche die Rechte an diesen Abbildungen haben, sich zwecks Rechteklärung zu melden.

Verlagsgruppe Random House FSC® N001967
Das für dieses Buch verwendete FSC®-zertifizierte Papier
Profibulk liefert Sappi, Alfeld.

1. Auflage
Copyright © der Originalausgabe 2013
beim Albrecht Knaus Verlag, München,
in der Verlagsgruppe Random House GmbH
Layout: Lisa Jüngst
Lektorat und Satz: Heike Gronemeier
Druck und Einband: Tesinska Tiskarna, Cesky Tesin
Printed in Czech Republic
ISBN 978-3-8135-0584-9

www.knaus-verlag.de